U0258775

魔鬼  物理学③

超级英雄故事里的
物理学

[美] 詹姆斯·卡卡里奥斯◎著
（James Kakalios）

徐立子◎译

中信出版集团·北京

图书在版编目（CIP）数据

魔鬼物理学 . 3，超级英雄故事里的物理学 /（美）
詹姆斯·卡卡里奥斯著；徐立子译 . -- 北京：中信出
版社，2018.3（2021.4重印）
　书名原文：The Physics of Superheroes: More
Heroes! More Villains! More Science!
　ISBN 978-7-5086-8548-9

　Ⅰ.①魔⋯　Ⅱ.①詹⋯　②徐⋯　Ⅲ.①物理学—普及
读物　Ⅳ.① O4-49

　中国版本图书馆 CIP 数据核字（2018）第 009805 号

魔鬼物理学 3：超级英雄故事里的物理学

著　者：[美]詹姆斯·卡卡里奥斯
译　者：徐立子
出版发行：中信出版集团股份有限公司
　　　　　（北京市朝阳区惠新东街甲 4 号富盛大厦 2 座　邮编　100029）
承 印 者：北京诚信伟业印刷有限公司

开　　本：880mm×1230mm　1/32　　印　张：12.75　　字　数：286 千字
版　　次：2018 年 3 月第 1 版　　　　印　次：2021 年 4 月第 5 次印刷
京权图字：01-2018-0169
书　　号：ISBN 978-7-5086-8548-9
定　　价：59.00 元

献给泰蕾兹

第一部分

力　学

第二部分

能　量

第三部分

现代物理学

第四部分

例外的变异

　　无论从哪个角度来说，歪心狼（Wile E.）都不能算作一个超级英雄，但我必须承认，它总能让我想到物理学。它是个倒霉的大坏蛋，动画中的每一集，它都在徒劳无功地追赶哔哔鸟（Road Runner），就像西西弗斯一样，但最后它总能捡回一条命。作为一个痴迷看电视的小男孩，当我看到歪心狼跑离悬崖，停在半空，意识到脚下空空之后才掉下去的场景时，我还是会产生些许怀疑。我总觉得，不管一个人是否意识到重力的存在，都不会影响重力发生作用。

　　这个例子跟超级英雄没什么关系，里面只是提到了电视动画片的角色，而不是漫画里的角色，但我之所以把这个问题提出来，是因为它说明了有关物理教学的很重要的一点：没有什么东西比挑战错误的见解更让人印象深刻的。事实上，一些专门研究物理教学的人认为，只有鼓励学生挑战自己的错误观念，才能帮助他们真正掌握你教给他们的东西。我不知道这是不是真的，但我确实知道，如果你想了解大众的误解，那么追溯其文化见解的源头是一个很好的做法。如果这意味着要研究超人或《星际迷航》，我也完全赞成！

然而，千万不要以为我把漫画与大众的误解相提并论是想要诋毁前者。完全不是！事实上，漫画书中有时候说的是对的，詹姆斯·卡卡里奥斯在这本书（讲述了从氪星的引力到《X 战警》中的量子物理学的广泛知识）的导论中提到，学生们经常抱怨，在物理学入门课上学到的知识跟他们毕业之后要面对的真实生活一点儿关系都没有。但当他们学习了超级英雄故事里的物理学之后，这种抱怨再也没有出现过！

有人可能会想，对于学生而言，超人是否比滑轮、绳子和斜面更真实。但学生不会抱怨的真正原因无疑是漫画中的例子更有趣，而斜面很无聊。这或许是我们应该学习超级英雄故事里的物理学的一个最重要的原因了。你不仅可以了解到许多有趣的物理学知识，比如日常现象或深奥的现代科学，而且思考过程本身也很有趣。此外，像量子力学这样的学科听起来似乎有点儿吓人，但谁又会被可爱的幻影猫吓到呢？

那些年轻时痴迷过漫画的人可能还记得，他们有时会憧憬我们的世界是否也能像漫画里超级英雄生活的世界那样激动人心、精彩纷呈，但这种想法往往令他们怅然若失。事实上，在过去的 400 年里，科学向我们揭示了大自然的种种神奇，了解这些科学知识其实是充满乐趣和激动人心的事情。真相远比小说更不可思议，哪怕是漫画小说。找出真相的过程更是妙趣横生。

劳伦斯·克劳斯

俄亥俄州克利夫兰

当我的研究生毕业论文即将完成的时候，我的论文导师对我说的话让我印象深刻：没有什么科学研究是"已完成"的。无论你得到了什么样的答案，总还有一些开放性问题有待解决——松弛的线还需拉紧。本书的英文版第一版出版之后，我发现写书也是一样，没有哪本书可以说是彻底完成了的。作者把稿子交给编辑，经过编校和印刷等环节，书终于摆在了书店的书架上，而此时线仍然是松弛的，因为作者总有更多的话想说，或者想把说过的话说得更好。

因此，很高兴出版社给我修订本书的机会，于是就有了第二版。2005 年本书首次出版后，我从读者那里得到了很多反馈，他们提出了很多值得关注的话题。我估算了超人在纵身一跃跳上高楼之前需要用多长时间起跳，这引起了许多读者友好的讨论，我很高兴有机会在第二版中对这个问题进行详细阐述。

此外，第一版出版后不久，我又找到了很多可以解释物理学原理的超级英雄漫画插图。如果我能早点儿发现它们，肯定会将其收录在书中。第二版还涉及流体力学、角动量以及材料科学，这些内容分布在关于海王、尖峰人、旋风以及其他美国正义联盟和复仇者联盟成员的章节里。为了优化问题讨论的流程，我对力学部分的章节进行了重新排序，并对每一章都进行了较大程度的修订。此外，数据分析表明，出第二版时有12.7%的笑话已经过时了，这些笑话在某些情况下是"三点法则"的反例（两句妙语之后总会跟着一句无聊的话）。我希望第二版可以让你们有趣、高效地学习物理学的基本原理。

除了我在第一版中感谢的所有人外，我还要对在第二版中给予我帮助的人表示感谢。这一版的英文编辑——哥谭出版社的帕特里克·马利根非常优秀且有见地。我要感谢我的儿子托马斯，他仔细阅读了新增章节，并提出了改进建议，这让我引以为豪。负责运营海王的非官方网站的劳拉·焦瓦格，以及海王朝拜网站的罗布·凯利，他们提供了很多必不可少的关于海王的信息和图片，我要感谢他们付出的时间和精力。我还要再次感谢珍妮·艾伦帮忙收集了第二版新增的各类数据。

　　我从小就是一个漫画迷，但跟大多数漫画迷一样，高中的时候我放弃了这一爱好，转而去追女孩子了。我母亲理所当然地趁机扔掉了我的所有"藏品"。几年以后，我读研究生时，又重新捡起了这个爱好，我把看漫画当成是疏解写论文压力的一种方式。现在，作为一个成年人，我的漫画藏品已大致恢复到高中时期的规模（我妻子称其为"火灾隐患"），但为了安全起见，我还是不让我母亲靠近我的藏品。

　　1998 年我在明尼苏达大学当物理老师，学校开了一门新课程叫作"新生座谈会"。这是面向大学新生开设的一种小型的座谈会形式的课程，学生可以得到学分，但并不绑定具体课程。学校鼓励教授们发掘不落窠臼的话题，具体课程包括生物伦理学和人类基因组，红色（化学课程），贸易与全球经济，从沙盘到华尔街的复杂系统等。2001 年，我开设了一门物理学课程，叫作"我从漫画里学到的物理学万象"。这门课程讨论的是传统物理学的基本知识，但我没有使用弹簧承受的重量、从斜面上滑落的物体等例子，我所用的例子都来自超级英雄四色漫画，着重讲述的是漫画里正确运用物理学知识的场景。

尽管本书的灵感来源于那门课，但这并不是一本教材。本书面向非专业人士，即那些希望以不太痛苦的方式学习现代科技生活背后的基础物理学知识的读者。书里讨论的话题包括力与运动、能量守恒、热力学、电与磁、量子力学、固体物理学和材料科学；书中也解释了真实的应用案例，比如汽车安全气囊、晶体管、微波炉等。我希望读者能全身心地享受这杯超级英雄冰激凌圣代，而不会意识到我偷偷摸摸给你吃了些菠菜。

本书既要献给漫画书的忠实粉丝，也要献给那些分不清蝙蝠侠和人蝠的人。因此，我会讲一讲漫画里那些超级英雄的历史和背景。为了介绍某个特定的超级英雄或者故事所涉及的物理学知识，我会用到不同漫画里的关键情节。所以，对于没有看过这些漫画的人来说，可要小心剧透的危险了。

如果读者希望找到相关引文的原始资料来源，可以参看本书末尾。我列出了参考书目以及最新版本的漫画书单。漫画封面上印刷的日期并不表示它初次上市的时间。为了延长销售时间，这个日期表示的是这本漫画退货给出版商的时间。为了吸引爱好收藏首期杂志的新读者，有时候漫画会重新开始编号，但漫画名称保持不变。如果没有特别说明，这些编号指的都是首印时使用的编号。我在本书最后的注释里列出了每本书的编剧或漫画师，有些人（墨线稿作者）没有出现并不代表他们对于最终的漫画作品没有贡献（这和"追本溯源"不是一码事儿），而只是反映了一个客观事实，即编剧或漫画师对某一个漫画场景中的物理学知识负主要责任。

漫画里关于物理学的所有讨论都会引起物理学家和漫画粉丝的仔

细审视，这两种人都以其对细节的关注而著称。我所选取的每一个案例刚好都可以解释一个特定的物理学原理。有时，最新一期的内容可能会与我在本书中解释的超能力的原理相矛盾。考虑到这些人物在不同的漫画里已经存在了半个多世纪，肯定会有与我所做出的解释相反的例子。因此，在多数情况下，对超级英雄的超能力的物理学解释只是提供了对他们这种天赋的一种可能的解读，漫画迷们敬请注意，本书并不是要对那些人物的超能力和经历做出一种确切的解释。

此外，也请物理学同行们注意，本书是写给非专业读者的。我会尽可能地把事情简单化，但我也承认，现实世界中存在很多不完美的地方，也更为复杂。如果对书中的多数内容进行详尽的讨论，几本书也讲不完，正如在阿兰·摩尔和戴夫·吉本斯所著的《守望者》中曼哈顿博士最后说的那句话："万物无终点，阿德里安。万物永无终点。"

物理学世界中所使用的语言从本质上说都带有数学性质。这是一个深奥的哲学问题（物理学家尤金·维格纳称其为"数学的不可思议的有效性"），所有研究过这个问题的人都深感困惑与不安。在一本关于超级英雄漫画的书里，我很想一点儿数学都不涉及。但这绝对是骗人的，就如同在一本介绍毕加索的书里却没有配上他的画，或者在一本关于爵士乐历史的书中没有附赠 CD（激光光盘）一样。想要好好讨论物理学，数学必不可少。

读者可能会说自己不懂数学，或者没办法用数学思维思考。但在本书里，我们需要知道的就只是 $1/2 + 1/2 = 1$。如果 $1/2 + 1/2 = 1$ 对你来说还可以接受，那么 $2 \times (1/2) = 2/2 = 1$ 应该也不难，很显然两个半个就是一个。这简单到让你不敢相信自己已经用上了代数知识（自从高中毕业后，你就再没想过会用上它）。

很多学生早就发现，代数中有个小窍门：如果有一个等式成立，比如 $1 = 1$，那么我们可以在等式两边同时加上、减去、乘以或者除以（除数不为 0）任一数字，等式仍然成立。所以，如果我们在 $1 = 1$ 这个等式的左边和右边同时加上 2，就会得到 $1 + 2 = 1 + 2$ 或者 $3 = 3$，这个等式仍然成立。如果我们在 $1 = 1$ 这个等式的左边和右边同时除以 2，就会得到 $1/2 = 1/2$。因为 $1 = 1$，所以 $1/2+1/2 = 1$，即 $2/2 = 1$。现在我跟各位读者约定：如果在出现数学等式的时候，你能做到不紧张，那么我用到的数学知识也不会比这个例子更复杂。数学能够让你畅通无阻，你的数学知识有益无害。但如果你想计算本书之外的某种情况下的速度或者力，你也可以应用本书教授的方法。不管怎么说，我向你保证，书的最后绝对没有小测验！

导论　科学是如何拯救超级英雄的

　　我曾经想，我的学生会不会觉得学物理是在浪费时间，但这个疑虑几年前就已经消散了。有一天我吃完午饭，回到学校的物理教学楼，听到迎面走来的两个学生正在聊天。从他们的表情以及我听到的只言片语中，我猜测他们应该刚考完分级考试。接下来我听到了如下对话（出于礼貌的考虑，我对其中的脏话做了删节处理）。

　　高个子学生向他的朋友抱怨道："我只想 ××× 低买高卖，我才不想知道什么 ××× 的球从 ××× 悬崖上扔下去是怎么回事。"

　　从这番话里我们可以知道两件事情：第一，发财的秘诀是低买高卖；第二，传统物理学课堂上的案例在很多学生看来与日常生活毫无关系。

　　现实世界是复杂的。为了在物理课上把一个概念讲清楚，比如牛顿第二定律或者能量守恒定律，几十年来，物理教师们创造出一大堆程式化的问题，像抛物线运动、动滑轮的承重或者弹簧质点的振动。这些问题实在太抽象了，学生们禁不住抱怨道："现实生活里什么时候会用到这些东西啊？"

　　我在教物理课的时候曾玩过一些新花样，就是用超级英雄漫画里的例子来解释物理学定律的应用。这非常有趣，当我在课堂上引用超级英雄漫画里的例子时，我的学生从来不会去想，他们什么时候才会在现实生活中用到这些东西。显然，他们心里都有一个梦想，毕业之后，他们会穿着紧身衣与恶势力抗争，保护我们的城市。作为一名守法公民，我觉得安全感倍增，因为我知道我的科学界同人里有很多人会被视为"疯子"。

　　我最开始把漫画和大学教育联系起来是在 1965 年，当时我以 12 美分的高价买了《动作漫画》（*Action Comics*）的第 333 期，里面讲述了关于超人的故事。那时候我还不是特别迷恋这位钢铁英雄，只是被书的封面文字所吸引（见图 1），据说书里介绍了高等学府的内部运作方式。那时候我还是个孩子，对于大学生活感到很好奇。

　　《动作漫画》第 333 期中有一个故事叫"超人的超级失误"，在这个故事里，超人由于对人类做出的杰出贡献，将被授予大都市工程学院的超科学荣誉博士学位（我要指出的是，我在读研究生的时候没听说有这么一个学位）。在这期漫画的封面上，超人身处学校的大礼堂，正用他的热视线在青铜奖状上"写下"自己的名字。他旁边那些穿着毕业礼服的年长教员惊恐万分，因为他们看到的不是超人，而是一条喷火的巨龙。这些幻象都是超人的死对头卢瑟搞的鬼，卢瑟的计划就是不停地扰乱超人的认知，让超人丧失判断力和斗志，从而无法阻止他的邪恶计划。[①] 尽管我当时只是一名小学生，但我仍觉得这期漫画

---

① 为此，莱克斯·卢瑟几次在公开场合帮助过超人，让超人看不穿他的真实意图。卢瑟把这一计划执行得非常彻底，当超人被另一个反派用致命的氪星剑威胁时，他还救了超人的命。你可能会认为在这个时候放弃"混淆视听"的计划，直接让那个坏蛋杀死超人不是更简单吗？但又有谁能真正理解犯罪天才莱克斯·卢瑟的想法呢？

图 1 《动作漫画》第 333 期的封面（描绘了超人造访大都市工程学院的不幸之旅）

对大学生活的这些描述可能不太真实。然而，这个封面上有两点倒是非常准确：第一，所有的大学教授都穿着长袍，戴着帽子；第二，所有的大学教授都是 80 多岁的白发老人。

这是我第一次意识到漫画和大学可以联系在一起，但绝不是最后一次。后来的几年里我一直兴致勃勃地看漫画，收集漫画。（对我来说，这可不是一种罪恶的享受，因为我觉得根本就没有罪恶的享受这回事。随大溜是没有安全感的表现，你喜欢什么就是什么，你不应该因为自己的兴趣爱好而感到愧疚。）我在看漫画的过程中发现，编剧和漫画师在创作漫画的时候所提到的科学知识经常是正确的，这超出了我的预期。那些对超级英雄漫画不太了解的人可能会很惊讶地发现，漫画里的许多事在科学上可能都说得通，我们确实可以从漫画里学到很多科学知识。

图 2 就是一个典型的例子，这幅图取材于 1958 年 4 月第 93 期《世界最佳拍档》中的一个场景。国家漫画出版公司（后来叫侦探漫画公司，现在叫 DC 漫画公司）的超级英雄包括超人、蝙蝠侠和罗宾，《世界最佳拍档》里的每一期都在讲述这三个超级英雄共同冒险的故事。在这一期的故事里，大坏蛋维克多·丹宁在试图偷取"大脑增强机"时，阴差阳错地获得了天才智商。他凭借自己的天才智商犯下了一系列"超级罪行"，引起了蝙蝠侠、罗宾和超人的注意。他的很多计划都被我们的超级英雄挫败了，于是丹宁决定铤而走险，试图找到蝙蝠侠和罗宾的大本营——蝙蝠洞（书里并没有解释为什么找到大本营就能打败蝙蝠侠和罗宾，它只是理所当然地说每个大坏蛋都想知道蝙蝠洞的所在）。

图2 第93期《世界最佳拍档》杂志中的一个场景（获得天才智商的大坏蛋正在讲解自己的计划，他想利用地下冲击波的频散确定蝙蝠洞的位置）

丹宁派出自己的心腹在哥谭市外围埋下炸药，并在他的地震探测仪上观察冲击波。丹宁的理论是穿过洞穴的冲击波速度与穿过岩石的冲击波速度不同，据此就能找到蝙蝠洞的位置。

在这个例子里，大坏蛋维克多·丹宁的做法是有可靠的科学依据的，声速或者冲击波的速度确实会受其所穿过物质的密度的影响。声波需要介质才能传播。在密度较小的介质中，比如空气，分子间的空隙较大，这使得气压波很难传播，远不如水、钢、公寓的薄墙等介质。大致来说，介质密度越大，声音传播速度越快，所以西方电影中的人物总是把耳朵放在钢轨上听声音，以此判断是否有火车即将到达。你可以通过钢轨听到火车振动的声音，而通常这时候火车的距离还很远，根本看不见，而且通过空气传来的声音也会更晚到达。事实上，地质学家正是用声波速度的变化来探测地下油田或者天然气矿藏的位置。然而，漫画里的科学家及其工作方式却与真实情况相差甚远。在同一期《世界最佳拍档》里，就有一处不太科学的描述（见图3）。大脑增强机的发明者约翰·卡尔博士在一次科学会议上介绍了他的最新实验。他吹嘘说，他的设备可以把任何人的智力提高 100 倍。不幸的是，卡尔指出了一点不足："目前缺少一项关键要素（来让他的设备运行起来），但我还没找到到底是什么！"这相当于发明了一台能把铅变成金子或者能把水变成油的机器，但只差一个要素就能让机器运转（没人知道到底存不存在这个东西）！在科学会议上，很少有人把这种未完成的工作拿出来介绍（至少不会有意这么做）。维克多·丹宁出席了这次会议（他正是在这次会议上动了偷取大脑增强机的念头，但这台机器存在内在设计上的缺陷），但他被贴上了"邪恶的前科学家"的标签。称丹宁为前科学家是有些道理的，因为对于物理学界，甚至是整个科学界来说，一旦被划归"恶人"的行列，你就会被踢出这个圈子，并被剥夺"科学家"的头衔。

图 3　第 93 期《世界最佳拍档》杂志中的另一个场景（"邪恶的前科学家"维克多·丹宁首次看到了只缺一个要素的"大脑增强机"）

科学原理与超级英雄故事的结合出现于 20 世纪 40 年代（漫画迷称那段时间为"黄金时代"），在 20 世纪 50 年代后期和 60 年代（所谓的"白银时代"）变得更常见。这两个时代之间是漫画的"黑暗时代"，当时漫画的销量直线下滑，超级英雄的概念受到精神病专家、教育家和议员的抨击。漫画所受到的犹如天壤之别的对待存在种种原因，而且有待商榷。由于在本书中，我将主要用超级英雄来解释科学概念，因此有必要先花一点儿时间来介绍一下这些神秘英雄的起源。

超级英雄从哪里来？

在漫画出现之前，先有了连环画①。在维多利亚时代的英格兰被戏称为"廉价恐怖小说"的宽幅周报上会刊登一些幽默连环画，它们带有典型的英国音乐厅式娱乐的特点。这些连环画在穷苦大众中的流行触犯了中产阶级的敏感神经。19 世纪 90 年代，约瑟夫·普利策和威廉·伦道夫·赫斯特两大报业巨头展开了激烈的竞争，催生了报纸连环画，这些连环画深受英语说得尚不熟练的新移民的喜爱。于是，报纸连环画成了那时发行量大战的有力武器。事实上，赫斯特报业与理查德·奥特考特极具视觉冲击力的角色——黄孩子（甚至在社论版出现过）是如此密不可分，以至于很多评论家把赫斯特富于煽动力的报纸也戏称为"黄色新闻"。

尽管之前偶有以杂志形式呈现的连环漫画（像 1903 年的《巴斯特布朗》、1906 年的《小尼莫》以及 1910 年的《马特和杰夫》），但真正意义上的漫画直到 1933 年才出现。那时，报刊亭里堆满了低俗杂志，10 美分就能买到一个原创故事。严格控制成本的一个手段就是用质量很差的纸印刷杂志。这些杂志中有顶着流行标题的悬疑小说，比如《侦探小说周刊》与《黑色面具》（最初刊登了达希尔·哈米特和雷蒙德·钱德勒的作品）；有科幻小说，比如《奇趣故事》和

---

① 用文字或者绘画讲故事 500 年前就出现了，中世纪木刻的"宽幅印刷品"中就配有镶板边界、速度线以及对白气泡。

《惊奇故事》（西奥多·斯特金、艾萨克·阿西莫夫和雷·布莱伯利都是从这里起步的）；有恐怖和幻想小说，比如《未知》和《诡丽幻谭》（这是霍华德·菲利普斯·洛夫克拉夫特、罗伯特·欧文·霍华德以及剧作家田纳西·威廉斯的大本营）；还有动作探险小说，比如《阴影》《蜘蛛》《G8 和它的撒手锏》《神秘的吴芳》《萨维奇博士》。在全盛时期，某些标题充满噱头的杂志甚至每个月能卖出数十万册。毕竟，在大萧条时期，10 美分也不是一笔小钱。在当时竞争激烈的市场环境中，乔治·亚诺希克、乔治·戴拉寇克、哈里·维尔登贝尔格和麦克斯韦尔·盖恩斯（在成为漫画出版商之前是一名教师）决定碰碰运气，他们把周日报纸副刊上的彩色漫画重新印在小报尺寸的纸上，再折叠成 $6\frac{5}{8}$ 英寸 × $10\frac{1}{8}$ 英寸[①] 的小册子（这建立了漫画的标准尺寸，并且沿用至今）。漫画《游行趣事》是随着宝洁公司的优惠券以及类似的赠品免费发放的。最开始印出来的 1 万本广受欢迎，于是他们决定把下一期贴上 10 美分的价签，拿到报刊亭去卖。报刊亭的漫画卖得很快（尽管里面的内容都是周日报纸上刊登过的内容），这说明这类"有趣的书"前景一片光明。

报纸连环画通过"分销辛迪加"被卖给本地报纸，这样一来，这些漫画的重印权就被牢牢控制了。为了满足那些没办法保障重印权（或者不愿意掏腰包）的漫画出版社对内容的需求，马尔科姆·维勒 – 尼科尔松少校雇用了一群急于找工作的年轻画家和作家，创作原创漫画。这些全新的故事被刊载在《新乐漫画》上，由国家联合出版公司出版。有了这些维勒 – 尼科尔松工作室出品的已画好、上色，且配了文字、即刻可以付印的漫画，出版商们就不用再去承担当时强大

---

① 1 英寸 ≈ 2.54 厘米。——译者注

的小说杂志开出的高昂价格了。很快，曾占据低俗杂志的故事开始用漫画的方式被讲述出来，各式各样的漫画占据了报刊亭。漫画的题材包括：侦探和警察故事，恐怖元素，滑稽的动物和直白的笑点，冒险英雄，情报机构，拥有神秘力量的反犯罪斗士等。1938年，来自另一个星球的奇怪访客整合了所有这些特点，他拥有远超地球人的力量和能力。

超人是由克利夫兰的两个年轻人杰里·西格尔和约瑟夫·舒斯特创作出来的漫画人物，他们的梦想就是通过创作大众喜爱的报纸冒险连环画赚大钱。他们把埃德加·赖斯·巴勒斯笔下的两个人物——泰山和火星上的约翰·卡特结合起来，创造出与传统的科幻探险小说的主人公截然不同的形象。故事讲述的并不是一个普通地球人到奇怪的陌生星球的旅程（像飞侠哥顿或者巴克·罗杰斯的故事），而是有着神秘力量的外星居民造访地球的经历。这项创新，以及英雄人物所穿的鲜艳的制服（灵感大概来自那时候马戏团里身着制服的大力士），再加上别出心裁地赋予英雄冒险家以秘密身份，使得他们的连环画完全与众不同，但这也导致每一家报纸"分销辛迪加"都断然拒绝了他们的作品。经过4年多的失败，西格尔和舒斯特备感绝望，于是他们打算把超人这个概念兜售给更小众的漫画市场。他们终于找到了一位乐于倾听的听众——年轻的编辑谢尔登·迈耶，他在西格尔和舒斯特粗糙的连环画中看到了市场潜力。维恩·沙利文即将出版的一本新漫画还欠缺一个主线故事，迈耶认为这个新角色正好可以解燃眉之急。由于没有时间把连环画改成漫画的格式，他们只得把原来的连环画（两周的内容）剪下来，再拼贴成一个13页的故事。然后，他们把连环画中的一幅画作为封面——超人将一辆现代轿车举过头顶，坏人们四散奔逃。1938年6月，第一期《动作漫画》上市，定价10美分。

后来的事，就像人们知道的，已被载入历史。

进化生物学告诉我们，随机的突变可能会产生新物种。当这些新物种表现出对变化的环境更强的适应能力时，它们就会占据一个生态位。漫画也是这样，它引起了大萧条时代读者的共鸣，迅速获得了成功。很快，报刊亭里就铺满了超级英雄漫画，每一个超级英雄都有不可思议的能力。

所有这些新角色所拥有的核心特质都与超人截然不同，只为了不再重蹈福塞特公司的惊奇队长的覆辙，该公司被国家漫画出版公司（其拥有西格尔和舒斯特作品的相关法律权利）起诉侵权。这些新的超级英雄大多数只有一种超能力，比如超快的速度（闪电侠和强尼快客）、飞行（鹰侠和黑兀鹰）、力大无穷（时侠和美国队长），也可能一种超能力都没有（蝙蝠侠）。有些超级英雄是靠"科学方法"获得了超能力，比如 20 世纪 40 年代出现的闪电侠，他因为在一场化学实验事故中吸入了某种"硬水"① 而拥有了超级速度；化学家雷克斯·泰勒发明了一种药剂，可以让人拥有一个小时的超强力量和超快速度，他因此成为时侠，致力于打击犯罪；完全不符合征兵条件的史蒂夫·罗杰斯在注射了"超级士兵"血清（在今天，这种东西相当于"类固醇"）之后成为美国队长。

更常见的情况是，主人公的超能力来自神秘或者超自然的力量，比如得到了地球某个隐秘角落的神奇物体，或者是受到了某种辐射。所以，受时代所限，漫画反映的仅仅是流行文化。比如，20 世纪 40 年代，超级英雄绿灯侠偶然得到了古代中国的一盏神秘的绿灯，他用

---

① 当水（H_2O）中的两个氢原子各自拥有一个额外的中子时，就叫作重水，而含有大量矿物质的水则叫作"硬水"。对于黄金时代的闪电侠来说幸运的是，20 世纪 40 年代还没有软水机。

它打造了一枚戒指，戴上戒指的人就可以拥有很多种超能力，但它对木制品无效。从当时的文化背景看，20世纪40年代的世界人民彼此还不够了解。在人们不甚丰富的想象中，远东和刚果还是一片充满魔力和神秘宝物的广袤大地。1959年，绿灯侠的形象被重新塑造，他换上了新制服，新的灯和戒指也都变成了外星物品，戒指对黄色的物体无效则被归因于它存在一些杂质。① 与此类似的是，绿灯侠的伙伴——鹰侠在20世纪40年代时，是由一位埃及王子化身而成，到了20世纪60年代却变成了纳冈星的星际警察。

这种变化一直持续到现在。1962年，彼得·帕克被一只从物理实验室里跑出来的受过辐射的蜘蛛咬了一口，获得了蜘蛛侠的超能力；2000年（在2002年的电影里也是一样）重新诠释这个角色时，咬了帕克一口的是从分子生物学实验室里逃出来的一只转基因超级蜘蛛。唯一没有变的是，超级英雄的出现与流行文化中的焦虑情绪密不可分，这种情绪可能来自20世纪40年代的遥远异族，可能来自20世纪60年代的核辐射，也可能来自目前的基因技术。

20世纪30年代后期和40年代的超级英雄形象，反映出大萧条和第二次世界大战时期的社会状况。"二战"结束后，那些在国外一直看漫画的士兵们回到国内，还是继续看漫画，一些出版商为了迎合这些读者的口味，推出了更多面向成年人的充满视觉暴力的漫画故事。一些年轻的编剧和漫画师曾经在军队服役，战时的经历使得他们在战后创作的故事带有一种更严肃，甚至更黑暗的基调。从他们开始，漫画的目标读者就是年青一代。1945年，麦克斯韦尔·盖恩斯结束了与国家漫画出版公司的合作，成立了一家新出版公司叫作"教育

---

① 因此，不管在哪个时代，一个可以有效应对绿灯侠的武器就是黄色的木质球棒。

漫画"，出版的作品包括《图解科学》《图解美国史》《图解圣经》等。1947 年在他不幸离世之后，他的儿子威廉·盖恩斯将公司的名字改为"娱乐漫画"（EC），出版的漫画也改成像《地穴传说》《犯罪悬疑故事》《奇异科学幻想》《恐惧之巅》这样的作品。这些漫画并不适合惊奇队长的读者们，也不是给他们准备的。总有人会发现这一点，并提出不同意见，这只是时间问题。

1953 年，弗雷德里克·沃瑟姆博士写了一本畅销书《诱惑无辜》，强烈抨击了这些惊悚故事，认为它们摧毁青少年的心智，导致青少年犯罪。每一代人都会经历这样一个循环，所以在第二次世界大战后，越来越多的家长和政治人士认为流行文化影响了年轻人的想法和习惯。由参议员埃斯蒂斯·基福弗领导的美国参议院青少年犯罪委员会举行了针对漫画与青少年犯罪关系的听证会。一开始，委员会只想集中探讨恐怖和犯罪漫画，但委员会顾问沃瑟姆提出了超级英雄漫画的问题。为了规避政府的审查和监管，几家主要的出版公司建立了一个自律性机构——漫画规则管理局（CCA）。这些出版公司制定了一系列规则，明确规定漫画中不能出现血腥、淫秽、滥用毒品、僵尸和吸血鬼之类的内容，合格的漫画封面上会有漫画规则管理局的认证章。管理局制定的大多数规则几乎让 EC 公司的漫画全军覆没（唯一幸存的是一部比较新的讽刺漫画《疯狂》）。所有的漫画故事出版前都要交由 CCA（CCA 雇员的薪水由各个出版公司支付）审批，这有点儿像现在的电影分级委员会。

在 20 世纪 50 年代和 60 年代，漫画规则管理局扮演了一个相当重要的角色，有了它，家长们就能确信孩子们看的漫画是无害的。但是，随着漫画的核心读者群渐渐长大，漫画规则管理局的影响日渐式微。一个直接的表现就是，封面上印有 CCA 认证章的漫画书越来少了。1964 年，认证章的大小相当于一枚邮票，即 2/3 平方英寸①（这是一项重要的营销手段，让家长相信书中的内容是适合孩子阅读的）；到 1984 年，认证章的大小已不到 1/4 平方英寸；2004 年时认证章小到了 1/10 平方英寸，几乎不太容易看到。（我们说的主要是 DC 漫画，漫威漫画 2001 年时就退出了 CCA，改用自己的分级体系，类似于电影分级中的 PG 级、PG-13 级和 R 级。）

主要分销网络的缩水以及电视的竞争造成漫画销量大幅下滑，这几乎使漫画行业遭受灭顶之灾。1953—1956 年，只有屈指可数的几种超级英雄漫画还在出版，而在鼎盛的黄金时代，报刊亭里销售的超级英雄漫画有 130 多种。这一时期，对于还在坚持出版漫画的那些公司来说，只有滑稽的动物故事、西部故事或者青春爱情故事是相对安全的题材。

1956 年，为了试水超级英雄市场，国家漫画出版公司决定在《展示橱》第 4 期中塑造全新的闪电侠形象。《展示橱》各期的销量表明，超级英雄市场已经开始回暖，在后来的几年里，国家漫画出版公司又创造了一系列新人物，包括绿灯侠、原子侠、鹰侠等。漫画书的"白银时代"开始了，从此，超级英雄成为漫画书的支柱。

从《展示橱》第 4 期开始，漫画故事里就出现了正确的物理学原理。1957 年"冷战"高峰时期，苏联发射了"史波尼克"号人造卫星，导致美国国内对于在校学生的科学教育质量产生明显的焦虑情绪。漫画规则管理局的认证章确保了漫画书的内容对于年轻读者是无害的，书中的科学概念则使一些人相信，这些四色的奇幻之旅也有着正向积极的意义。

---

① 1 平方英寸 ≈ 6.45 平方厘米。——译者注

除了准确的科学知识，白银时代的漫画书里还会出现其他学科的深度知识。比如，《原子侠》第 21 期"被取消的生日冒险"（作者加纳·福克斯既是一名律师，也是流行科幻杂志的作者）中有一个情节就来自 1752 年的一段鲜为人知的历史：当时，英国用格里历[①]代替了罗马儒略历，由于新旧历法的转换，少了 11 天。为了使英国的日期与欧洲其他国家一致，1752 年 9 月 2 日的下一天变成了 9 月 14 日。两期之后，《原子侠》的读者来信栏目中刊载了一名粉丝的信，抱怨角色选得不怎么样，比如法官菲尔丁根本没什么名气。《原子侠》漫画的编辑尤利乌斯·史瓦兹（也叫朱利·史瓦兹），也是 1956 年重塑闪电侠的那个人，在读者来信栏目里对此进行了申辩。他指出，现在正是读者了解《汤姆·琼斯》一书的作者——亨利·菲尔丁的好时机，毕竟，原子侠就是这么做的。

有时候，即便与剧情没什么关系，漫画故事里还是会出现一些历史或者科学小常识。这些常识通常出现在一个文本框里，比如，在《英勇与无畏》第 28 期里，国家漫画出版公司的超级英雄们首次以"美国正义联盟"的方式亮相，海王靠河豚游泳，他用自己的"鱼类心灵感应"与这条河豚沟通，这条河豚漂浮在海面上时能够获取一些重要信息。漫画中有个文本框里写着"通过向喉咙后面的一个气囊吸入空气，河豚会膨胀得像个足球，背朝下浮在水面上"。

为什么要花力气写这些知识呢？这可能是因为作家们以前创作低俗小说时养成的习惯。在成为国家漫画出版公司的漫画编辑之前，莫特·韦辛格和尤利乌斯·史瓦兹一直是科幻小说的忠实粉丝，还是科幻小说和奇幻小说作者的出版经纪人，雷·布莱伯利、罗伯特·布洛

---

① 格里历就是我们现在使用的公历。　　译者注

克和霍华德·菲利普斯·洛夫克拉夫特也是这样。部分漫画编剧以前是低俗科幻小说家，所以，他们简直就是偏门的历史和自然知识的移动"图书馆"。雨果奖获得者阿尔弗雷德·贝斯特著有经典科幻小说《被毁灭的人》和《群星，我们的归宿》，在20世纪40年代的时候也创作过漫画故事，最初的绿灯誓词就出自他之手。在一篇自传性的文章里，贝斯特提到，他曾在纽约公立图书馆花费了很多时间，查阅参考书，搜集奇闻逸事，来构思自己的故事。了解很多知识也可以帮助这些低俗小说家获得经济收入，因为他们的报酬都是按字数计算的。因此，他们经常会在故事里放入各种各样与内容关系不大的素材，就像下面这个笑话一样：

> 问：换灯泡需要多少位低俗小说家？
>
> 答：灯泡的历史可以说是一段遥远而有趣的故事，故事开始于1879年新泽西的门罗公园，直到今天……

白银时代的漫画编剧之所以把作品写得啰啰唆唆，可能是出于一些经济上的原因，另外，他们也有可能是为了自我保护而在故事中添加了知识性内容。正如前文中提到的，在故事中加入科学知识和原理，可能是出自编剧和编辑想让作品起到教育作用的真实愿望，或者出于躲避政府部门关注的求生本能。

看漫画书的物理学家

作为一名物理学博士，无论是读经典漫画还是最新的超级英雄漫画，我都发现书里有很多关于物理学概念的解释和应用是正确的。当然，几乎所有的超能力本身都明显违反了基本的物理学定律。但是，很多漫画书其实只有一个"不合常理的奇迹"，你只有认可这一点，超级英雄的故事才能成立，而关于英雄与反派人物的其他内容都符合科学原理。因为这些故事的主要目的是娱乐读者，所以如果在阅读的过程中，读者也获得了一些知识，就是意外收获了。

我要讲的就是这些意外收获，正如图 2 所展示的一样。在本书中，我将会介绍一些科学原理，并用我在漫画书里找到的情节来作为例证。我会有选择地介绍跟物理学概念有关的人物和情节，而不是对一系列超级英雄故事中的物理学原理进行系统性讲解。在本书的最后，读者将看到物理学入门课程中的一些关键概念，为了增加趣味性，我还加上了一点儿量子力学和固体物理学的进阶知识。通过了解一些漫画故事中蕴含的物理学原理，我们同时可以了解这些原理在真实生活中的应用，包括电视、电话以及元素的恒星核合成。

我将侧重介绍白银时代的漫画史（从 1956 年《展示橱》第 4 期中闪电侠的重塑到 1973 年《超凡蜘蛛侠》第 121 期中的格温·斯黛西之死），因为这一时期的作者比黄金时代的作者更努力地把科学原理融入自己创作的故事中。此外，白银时代的超级英雄也更为大众熟知，这些英雄的偶像地位使其事迹更广为人知，你不需要去当地漫画店成堆的过期杂志里搜寻他们的故事。漫画故事里引用的科学知识有问题，这实在太常见了，本书的重点并不在这里。如果这样做，就会显得我太过苛刻（很明显，这些漫画书本来也不是作为科学课本使用的，尽管偶尔会有学生偷偷摸摸把它们带进课堂），而且支持性材料都是反面例子的话，也很不利于我阐述自己的观点。然而，有时候我们会发现漫画书中的有些场景在物理上根本不可行，就连"不合常理的奇迹"都算不上。

在正式开始之前，我想先简单讲讲人们对于物理学家常见的误解。大家通过看电影会对物理学家形成一种错误的印象，事实上物理学家不需要了解所有方程式和基本常数，也不需要有像机器一样的心算速度和准确度。物理学家不可能记住所有问题的答案，他们只知道应该提出什么问题。对于一种现象如果能提出正确的问题，答案很快就会显露出来，至少我们能知道找到答案的方法。

为了说明为什么提出正确的问题比给出一大堆正确的答案更重要，我们可以想象一个简单的物理实验：把球抛出去。对此我们可以提出很多问题，比如，球会飞到多高？球会向右偏多少？球多久会落地？球的速度有多快？球的轨迹是什么样的？然而，我要说的是，有一个简单的问题包含了以上所有问题，它才是关于球的运动的核心问题：这个球有选择吗？如果这个球在运动中没有任何选择，它的轨迹就完全是由外部力量决定的。一旦我们判定这些力的本质及其对球的运动的影响，我们就能计算出由掷球者给定了初始速度的球的运动轨迹。这个轨迹包含我们想知道的所有问题，包括球会飞到多高、多远，过多久才会落地，速度有多快等。如果我们以完全相同的位置和速度抛出这个球，它就一定会以特定的轨迹运动，因为它别无选择。

这就是物理学的美与吸引力所在，至少对于像我们这样以研究物理学为生的幸运儿而言是这样。如果我们能确定施加在物体上的力，以及这些力是如何影响物体运动的，我们就能预测其未来的发展。通过严谨的实验，这些预测是能够被验证的；如果这些预测是正确的，它们还能证实我们对于自然规律的认识。而如果这些实验结果与模型不符（开始时这样的结果更常见），我们就要修正方程式，然后再次尝试。① 通过这种方式，我们对自然的认识不断增加，最后我们终于得到了一个有效的模型，形成了一种理论。把通过这种详尽的检验所得出的理论贬低为"不过是一种理论"，就相当于把希望钻石轻视为"不过是一块水晶"。

获得科学知识的代价就是我们的质疑也在不断增长：我们知道得越多，就会更加确信尚有未知。科学拥抱质疑，因为我们能够相信的唯一答案就是从一次次的质疑和实验中提炼出的答案。在本书中，我将要跟你们分享这种真正的乐趣，看看为数不多的关键问题是如何丰富我们对于这个世界的认知的。

跟所有标准的物理学入门教材一样，我将首先介绍由艾萨克·牛顿阐释的基本运动定律。通过把这个深刻的贡献与现代思想相结合，我们要举的漫画中的第一个例子对西方文明做出了同样重要的贡献。他是第一位真正的超级英雄，他的速度快过子弹，力量大过火车头；跟我们要讨论的内容关系最密切的一点是，他纵身一跃就能跳上高楼。

---

① 我们对于世界的了解已经如此之多，以至于物理学家只有专注于实验或理论研究其中一个领域，才能取得进一步的进展。实验主义者在实验室进行研究和测量，而理论家则忙于计算和计算机模拟。我是一个实验主义者，而史蒂芬·霍金是一个理论家（我们两个的差别就始于此）。在实验和理论研究中都取得骄人成绩的最后一位物理学家是恩里科·费米。

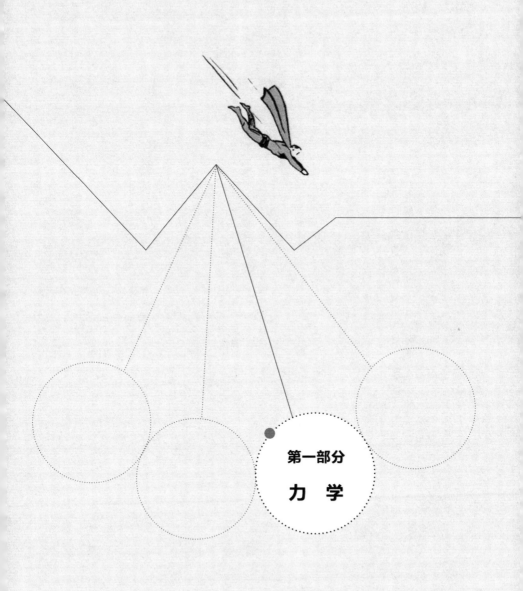

第一部分

力　学

第 1 章　超人诞生

《超人》第 1 期中介绍说，在遥远的氪星，有一位科学家乔 – 艾尔（Jor-El），他发现自己所在的星球即将爆炸，没人能够幸免。由于只有一艘小型飞船，他和妻子决定保护他们尚在襁褓中的儿子卡尔 – 艾尔（Kal-El），把他送到地球上以逃过此劫。[①] 飞船穿过浩瀚的宇宙，坠落在地球上，婴儿毫发无伤。堪萨斯的一对膝下无子的肯特夫妇发现了他，把他送到孤儿院。后来，肯特夫妇出于愧疚返回孤儿院（超人宝宝已经把那里搅得天翻地覆了），领养了卡尔 – 艾尔，给他起名克拉克，并把他抚养长大。克拉克·肯特长大成人之后，拥有了一系列超能力，从此他踏上了为真理、正义和美国之路而战的漫漫征途。

当超人在黄金时代首次现身时，他的能力与现在大不相同。比如，他举过头顶的是汽车，而不是整块大陆；他速度很快，快过火车，但达不到光速；他还不会飞行，只能跳得很高（最开始是 1/8

---

① 我已为人父，对于乔 – 艾尔此举深有感触。我无数次想把我的孩子们装进飞船送到遥远的太空。

英里^①）。

杰里·西格尔和约瑟夫·舒斯特最初创作出来的超人形象是在动作英雄的基础上加入了一些科幻小说的成分，以使英雄的超凡力量带有那么一丝现实色彩。超人在地球上的力量源自他的氪星血统，因为他在母星上的重力比在地球上的重力更大。因为月球比地球小很多，所以同一个物体在月球上的重力也更小，比在地球上更轻。这样的话，一个肌肉和骨骼适应了地球引力的地球人在月球表面上就能跳得更远，举起更重的东西。超人的力量也是一样，他的超强力量（"力量大过火车头"）和坚韧的皮肤（"子弹也无法穿透"）都是因为他移居的这个星球比氪星的重力作用小得多。尽管超人在婴儿时期就被送到了地球，但是氪星人的 DNA（脱氧核糖核酸）还是让他的肌肉和骨骼能适应比地球更强的引力。

到了 20 世纪 40 年代后期，超人掌握了飞行能力，他能在空中选择和变换飞行轨迹。^②这时候，我们可以认为超人的自由意志超越了物理学原理。渐渐地，他获得了更多不能由其母星的超强引力解释的其他超能力。这些超能力包括各种超级视力（热视线、X 射线视力等）、超级听力、超级呼吸，还包括超级催眠术^③。

1960 年 3 月出版的第 262 期《动作漫画》修改了超人的超能力

---

① 1 英里 ≈1.61 千米。——编者注

② 在 1941—1943 年由弗莱舍工作室（之后是菲莫斯工作室）出品的动画片里，超人经历了首次飞行。超人不断屈膝跳跃，这样的动作制作起来实在太花时间，也太耗经费，编剧索性就让超人飞了起来。渐渐地，这个能力也被移植到漫画里。

③ 最后这种超能力——超级催眠术是用来解释为什么一副简单的眼镜就能使超人完美地伪装自己，以致没有人发现温文尔雅的记者克拉克·肯特和举世闻名的超人其实是同一个人。根据《超人》第 330 期中的描述，超人显然是对看到他的每个人都施了超级催眠术，让他们相信他的脸与克拉克·肯特的脸完全不同。

来源，称超人之所以具有这些非凡的能力，是因为地球围绕着黄色太阳运行，氪星则围绕着红色太阳运行。太阳颜色的作用既体现在它的表面温度上，也体现在它外部的大气层上。太阳光谱中的蓝光被大气层极大地散射了，因此天空是蓝色的。太阳大部分时间看上去是黄色的，这是因为大气层吸收了光谱中的蓝色部分。只有清晨和黄昏例外，这时太阳接近地平线，太阳光要在大气层中穿越更长的距离，几乎所有波长的光都被吸收了，除了低能量的红光，因此落日才呈现为红色（黄昏时空气中含有比清晨时更多的颗粒物，所以造成了太阳的色差）。这些光谱特征基本不受地球表面大气层化学成分的影响。至于为什么太阳光从黄色（波长为 570 纳米）变成红色（波长为 650 纳米）能让一个人拥有赤手掰弯钢铁的能力，我也无法解释。所以，在这个时期，《超人》不再是科幻故事，而是关于一位神奇英雄的漫画故事。在漫画书里，为了更好地解释超级英雄因获得新能力或者接触新环境而改变出身是一件很常见的事，漫画迷还造了一个词——"重塑"（retconning），以说明这种持续不断的变化。

有趣的是，超人的对手在这段时期也经历了相似的变化。在早期的《动作漫画》和《超人》中，西格尔和舒斯特为年轻落魄的大萧条读者编织了复仇的幻想。超人最早的打击对象是那些腐败的房产主、煤矿主、军火商，以及华盛顿的说客。在一个早期的故事里，超人抓着一名说客与其同时从高楼上坠落，以达到从心理上威吓对方的目的。在超人的英雄生涯刚开始时，很少有人知道超人的存在，所以那个说客觉得自己掉下去必死无疑。于是，他赶紧说出超人想得到的信息，不想再掉下来一次。到了 20 世纪 50 年代，不仅《超人》漫画每个月的销量有数百万册，超人还成了广播剧、电影短片（动画片或真人动作片）和流行电视节目里的明星。在这一时期，超人的对手也变成了各式各样的犯罪高手，比如玩具人、恶作剧大王、莱克斯·卢瑟。超人会挫败他们试图攫取财富或者统治世界的计划，同时不打破既有的权力结构。对手的能力不断增强，相应地，超人的超能力也日益强大，以至于编剧也没办法给他找到势均力敌的对手。来自超人母星的放射性碎片，也就是氪石，成了超人的常用道具。[①]

我在这里想讨论的就是氪星最后的子民——黄金时代的超人。

跳跃公式

在最初的漫画故事里，超人不会飞行，他只能纵身一跃跳上高楼，因为地球的引力较小。

那么，他到底能跳多高呢？根据《超人》第 1 期，超人最高能跳 1/8 英里，也就是 660 英尺[②]。假设他能在垂直方向上跳得这么高，那就相当于 30 多层楼的高度，这在 1938 年已经很不可思议了。下面我们把这个问题换一个问法：超人从人行道上跳起来的时候，若想跳到 660 英尺高，他的初始速度至少是多少？

不管我们要描述的是跃起的钢铁之躯还是前文例子中那个被抛出的球的运动轨迹，我们都要从艾萨克·牛顿在 17 世纪中期提出的关于运动的三个定律开始。这三个定律通常表述为：第一，如果没有外

---

① 母星上的放射性元素对超人的影响非常强烈，而他对地球上的放射性同位素却始终免疫，这更像谈判的结果，而不是出于身体的原因。氪石的首次出现是在 1943 年《超人的冒险》系列广播剧中，可能是给超人配音的广播剧演员疲惫不堪需要休息的时候，氪石自然而然就出现了。广播剧的编剧创造出让超人惧怕的矿石，另一个演员就可以在广播里发出呻吟声以扮演受伤的超人了。几年后，漫画书的编剧也采用了这种创造性装置，对超人有不同作用的五彩缤纷（绿色、红色、金色、银色等）的氪石就这样被引入漫画世界。

② 1 英尺 ≈ 0.30 米。——译者注

力的作用，静止的物体将保持静止，做匀速直线运动的物体将保持这种运动；第二，如果施加了外力，物体的运动速度或者方向将发生改变，运动速度的变化率（加速度）乘以物体的质量等于外力；第三，对于施加在物体上的每一个外力，都存在与其大小相等、方向相反的反作用力。前面两个定律可以简单地用下面这个数学方程式来表述：

$$力 = 质量 \times 加速度$$

也就是说，施加于物体的外力 F 等于物体速度的变化率（加速度 a）乘以物体的质量 m，即 $F = ma$。

加速度是衡量物体速度变化率的指标。一辆静止的汽车加速到 60 英里 / 小时，它的速度变化是 60 英里 / 小时 − 0 英里 / 小时 = 60 英里 / 小时，用这个速度的变化量除以变化所用的时间就可以得到加速度。所用的时间越长，达到某个速度变化量所需要的加速度就越小。如果一辆汽车从 0 英里 / 小时加速到 60 英里 / 小时用了 6 秒，它的加速度就远远大于用时 6 小时或者 6 天的加速度[①]。在三种情形下，虽然最终的速度都是 60 英里 / 小时，但加速度却截然不同，因为速度变化所需要的时间各不相同。根据牛顿的公式 $F = ma$，产生更快加速度的力要明显大于产生较慢加速度的力。

当加速度是 0 的时候，物体的运动状态保持不变。这时，运动的物体将继续保持直线运动，而静止的物体将继续静止。在 $F = ma$ 这个表达式中，当 $a = 0$ 时，$F = 0$，这就是牛顿第一定律的主要含义。

从数学的角度看这很简单，但这却引发了一场挑战常识的革命。牛顿认为（他这么说是没错的）对于一个正在运动的物体，若没有外

---

① 你永远也忘不了你第一次开车时速度有多慢！

力的作用，那么这个物体就会一直保持直线运动。然而，不管是你我，还是牛顿，从来都没见过这种情况真的发生。日常生活经验告诉我们，要想让一个物体保持运动，我们必须持续施加外力推或拉它才行。行驶的汽车不会一直跑，只有当我们一直踩着油门时，才能提供足够的动力。当然，当我们停止推或拉的时候，受摩擦力和空气阻力的影响，物体的运动速度就会变慢，并最终停下来。在实际生活中，我们不施加外力并不意味着没有其他力作用于这个物体。牛顿提出的定律没有错，只不过我们在应用时要考虑到摩擦力和空气阻力。我们只有战胜这些看不见的阻力，才能让物体一直运动下去。如果我们的推力或拉力刚好等于摩擦力或者空气阻力，物体所承受的力的净值就是 0，这个物体就会一直保持直线运动。若把推力或拉力加大，就会产生一个与当前运动方向相同的力。质量 m 把力与加速度联系在一起，它反映了物体对于改变其运动状态的抵抗程度。

在此有必要指出，重量和质量是两个不同的概念。"重量"衡量的是物体受到的重力作用，而"质量"衡量的是某个物体含有多少物质（对于专业人士来说，这些物质就是"原子"）。物体内部原子的质量使物体具有惯性，惯性指的是物体对于外力的抵抗。即使在外太空，物体的质量也跟在地球上一样。物体在外太空可能"没有重量"，因为周围星球对它的引力微乎其微，但它还是不愿意改变其运动状态，因为它具有质量。在太空中行走的宇航员不可能抓起空间站然后把它扔出去（假设他有一个能立足的地方），即便空间站"没有重量"。事实上，空间站的质量非常大，即使宇航员使出浑身力气，其产生的加速度也是微不足道的。

对于地球（或者其他星球）表面的物体而言，由重力产生的加速度用字母 g 来表示。重力作用于质量是 m 的物体所产生的力，就是这个物体的重量。重量 = 质量 × 重力加速度（$W = mg$），这其实是当 $a = g$ 时，$F = ma$ 的另一种表现形式。质量是物体的固有属性，在公制计量法中用千克来衡量；而重量代表了重力对物体所施加的力，在美国用磅力来衡量。在欧洲，重量通常也用千克来表示，严格来说这是有问题的，但总比用公制计量法中的单位"千克·米／秒²"（也称为"牛顿"）要方便一些。如果对 1 千克的物体与 1 磅力的物体做个比较，二者之间的换算关系就是 1 千克相当于 2.2 磅力。我用的词是"相当于"而不是"等于"，这是因为磅力是重量单位①，而千克是质量单位。这个物体在月球上的重量会小于 2.2 磅力，在木星上会大于 2.2 磅力，但它的质量始终是 1 千克。在公制计量法下进行计算时，我们会继续用千克·米／秒² 而不是"牛顿"，以此来提醒自己任何一个力都可以用 $F = ma$ 来表示。

　　我们来简单概括一下，超人的质量在任何时候都是一个常数，因为质量反映的是他的身体里有多少个原子。但是，他的重量反映的是他身处的某种大质量的物体与他之间的引力。跟在地球上的重量相比，超人在木星上的重量会大一些，在月球上会小一些，但他的质量始终不变。一个人离某个星球或者月球的距离越远，引力就越小，但从理论上讲引力永远不会是 0，除非这个人与星球之间的距离无限远。人们总喜欢把质量和重量当成一回事，特别是对于地球上的物体来说，重力加速度是不变的。由于接下来我们要做的事就是比较超人在氪星上的重量和在地球上的重量，所以一定要抵制住这种倾向。

　　牛顿第三定律讲的是一个常见概念：当你按压一个物体的时候，那个物体也会反过来对你施加压力。这个定律又被表述成："每一个

----

① 1 磅力 ≈4.45 牛顿。——编者注

作用力都会有一个与其大小相等但方向相反的反作用力。"你能靠墙站着的前提是墙对你有支撑，即用大小相等但方向相反的力推你。如果反作用力与作用力的大小不相等，就会产生一个非零的合力以及加速度，你可能会撞进墙里。当我们前文中提到的宇航员用力推空间站时，他对空间站施加的力产生了一个很小的加速度，但空间站对他施加的反作用力会产生一个大得多的加速度（因为他的质量小得多）。

假设超人和绿巨人浩克手里拿着体重秤（这个设备可以衡量引力所产生的作用力，也就是你的重量）互相对抗。当他们朝对方推体重秤的时候，不管左边的超人使多大的劲，只要他们保持静止，右边绿巨人的体重秤的读数就会保持一致。另外，不管超人推得多用力，只要绿巨人浩克一点儿不用劲，而是拿着自己的体重秤向后退，超人体重秤上的读数就是 0 [①]。力总是成对出现的，你推或者拉某个东西，这个东西一定会反过来推或者拉你。当你站在人行道上时，引力把你拉向地心，你的脚会对地面施加一个压力。地球另一端的人不会掉下去，是因为引力把每一个人拉向地心，不管这些人身在何处。你站在地面上时没有加速度，是因为地面对你有反作用力，大小刚好等于你的重力。在超人一跃而起的那个时刻，他的腿对地面施加了一个大于他的重力的力。因为力都是成对出现的，他对地面的推力也产生了地面对他的推力。因此，这个向上的力让他跃向高处。

牛顿的运动定律可以总结为两点：第一，运动状态的任何变化都是由外力造成的（$F = ma$）；第二，这些力都是成对出现的。我们在描述物体运动的时候，不管是简单运动还是复杂运动，从抛出一个球到星球的运行，只要有这些知识就足够了。实际上，我们现在懂得

---

① 绿巨人浩克可比多数人以为的要聪明得多（毕竟他变身之前是个物理学家）。

的物理学知识已经足以让我们搞清楚超人跳上高楼所需要的初始速度了。

轻轻一跃

　　超人跳起来时的初始速度非常快（见图 4）。他跳跃达到的最高处距离地面 660 英尺，这时他的速度是 0，否则这一点就不是最高点了。超人会减速是因为一个外力，也就是重力的作用。这个力的作用方向是向下的，朝向地球表面，与超人跳起来的方向相反。所以这个加速度事实上是减速度，让超人的速度变慢，直到达到 660 英尺高，他才停了下来。

　　想象一下顶着狂风滑冰。你用脚蹬了一下冰面，迎着风飞快地滑去，但是风对你施加了一个与你的运动方向相反的阻力。如果你不再蹬冰，大风就会使你的速度变慢，最后你会停下来。但风仍在向后推

超人纵身一跃，
沿着高楼墙壁高高跳起。

© 1938 National Periodical PublicationsInc. (DC)

图 4　在《超人》第 1 期（1939 年 6 月）中，超人纵身一跃跳上……你们懂的

你，所以你会有加速度，只不过此时是向后退。当你回到你的出发地点时，你的运动速度就跟出发的时候一样，只不过方向相反。这个水平方向上的恒定不变的风对滑冰者的影响就跟超人跳起来的时候地球引力对他的影响一样。在超人跳起来的那一刻、在跳跃的过程中，以及在最高点处，重力都是一样大的。由于 $F = ma$，他的加速度也始终保持不变。为了计算出多大的初始速度能让超人跳到 660 英尺高，我们先得弄清楚，在加速度 g 恒定不变的条件下，超人在下落的过程中速度会有什么样的变化。

我们都知道，一个人要想跳得越高，他离开地面时的速度就得越快。那么，初始速度和最高点之间到底有什么样的关系呢？当你行进时，距离是由平均速度和时长决定的。假设你开车开了一个小时，平均速度是 60 英里 / 小时，你与出发点的距离就是 60 英里。因为我们不知道超人那一跳持续了多久，只知道最后高度为 660 英尺，所以我们就要进行一些代数运算。根据定义，加速度是一定时间内速度的变化量，而速度是一定时间内距离的变化量。最后我们发现，超人的初始速度 v 与最终高度 h 之间的关系是 $v \times v = v^2 = 2gh$。那就是说，超人跳的高度取决于他的初始速度的平方。如果他的初始速度增加一倍，他的高度将是原来的 4 倍。

为什么超人跳的高度取决于初始速度的平方呢？因为他这一跳的高度是由他的平均速度乘以他在空中停留的时间得到的，而他在空中停留的时间是由初始速度决定的。当你踩刹车的时候，你的车速越快，车停下来需要的时间就越长。同样，在离地的那一刻，超人的速度越快，地球引力让他变慢并最终停下来（也就是到达最高点）所需要的时间就越长。由于重力加速度约为 32 英尺 / 秒 ^{2}（这是实验观测值，也就是说，一个物体掉落的时候，初始速度是 0，第一秒后它的速度是 32 英尺 / 秒，第二秒后是 64 英尺 / 秒，以此类推），通过表达式 $v^2 = 2gh$，我们可以得知，要想跳到 660 英尺高，超人的初始速度应约为 205 英尺 / 秒，相当于每小时 140 英里！所以，你现在知道为什么我们这些弱小的地球人没法跳上高楼了吧，能够跨过垃圾桶已经不错了。

在上面的论证中我们用到了超人的平均速度，即用他的初始速度（v）加上最终速度（0）再除以 2。在这里他的平均速度是 $v/2$，这也是 $v^2 = 2gh$ 这个公式里 g、h 前面的系数"2"的出处。实际情况是，超人跃起后，他的速度在不断变慢，位置在不断升高。要解决连续变量的问题，就得用到微积分（别担心，我们不会用），而到目前为止我们只用到了代数。牛顿为了应用他的运动定律发明了微积分，这样他就可以进行各种运算了。当然，微积分对我们而言有些难度。还好，就目前这个例子而言，用严谨的微积分方法算出来的表达式，和我们用简单方法推导出来的表达式基本一样，就是 $v^2 = 2gh$。

超人是怎么获得超过 200 英尺 / 秒的初始速度的呢？就像我们在图 5 中看到的，他是通过一个被物理学家称为"跳跃"的力学过程实现的。超人蹲下来，向地面施加了一个很大的力，从而让地面对他产生反作用力（根据牛顿第三定律，力都是成对出现的）。我们可以想见，要想在跳起来的时候达到 140 英里 / 小时的初始速度，需要非常大的力。为了计算出这个力到底有多大，我们需要用到牛顿第二定律：$F = ma$，即力等于质量乘以加速度。如果超人在地球上的重量是 220 磅力，他的质量就应该是 100 千克。为了计算力，我们需要知道他从静止到跳起来达到 140 英里 / 小时的初始速度的过程中加速度是多少。我们知道，加速度描述的是速度的变化量除以对应的时间。如果超人用腿蹬地的时长是 1/4 秒，他的加速度就是 0 到 200 英尺 / 秒的速度变化量除以 1/4 秒的时长 [1]，即 800 英尺 / 秒 ^{2}（在公制计量法中相当于 250 米 / 秒 ^{2}，因为 1 米约等于 39 英寸）。这个加速度相当于一辆汽车用 1/10 秒的时间从 0 加速到 100 英里 / 小时。超人的加速度来自他的腿产生的蹬地力，这个力使他飞向空中。$F = ma$ 这个公式的关键在于，运动中的任何变化必然与作用力相关，变化越大，力越大。如果超人的质量是 100 千克，能让他跳到 660 英尺高的力就是 $F = ma = 100$ 千克 $\times 250$ 米 / 秒 $^2 = 25\ 000$ 千克 · 米 / 秒 ^{2}，约为 5 600 磅力。

图 5 《动作漫画》第 23 期中描绘了超人为了实现惊人一跃，达到极大的初始速度的详细过程

超人的腿能产生 5 600 磅力的力，这合理吗？不是没有可能，条件是超人的腿在氪星上能支撑起自己的身体。假设这比在氪星上静止站立时所需要的腿部力量大 70%，那么，在这个例子里，超人在其母星上的重量大约是 3 300 磅力。他在氪星上的重量取决于他的质量和氪星的重力加速度。我们假设超人的质量是 100 千克，不管他在哪个星球上都一样。如果超人在地球上的重量是 220 磅力，在氪星上是

---

① 专家们会说，这个蹬地时间太长了，实际应该不到它的 1/10。我们会在下一章中详细讨论这一点。

3 300 磅力，氪星上的重力加速度就是地球的 15 倍。

根据 $F = ma$，"距离 = 速度 × 时长"以及"加速度就是一定时间内速度的变化量"，还有我们观测到的超人能够"纵身一跃跳上高楼"等条件，我们可以得知，同一物体在氪星上受到的引力是在地球上受到的引力的 15 倍。

恭喜各位，解出了一道物理题。

第 2 章　氪星引力的秘密

我们已经知道，要想跳上高楼，超人应该来自一个引力是地球15 倍的星球。那么接下来的问题是，这样一个星球是如何形成的？要想回答这个问题，我们必须先了解星球引力的本质，并且要再一次仰仗牛顿的天才发现。尽管这可能要用到更多的数学知识，但请少安毋躁。再看几页，你就会了解牛顿的苹果与引力之间存在什么样的联系。

艾萨克·牛顿在阐明了三个运动定律、发明了微积分之后觉得还不够，又提出，由于两个物体间存在万有引力，所以会对彼此产生作用力。为了说明行星的轨道，牛顿总结出，两个相隔距离为 d 的具有一定质量的物体（分别为质量 1 和质量 2）之间的引力可以由以下公式得出：

$$引力 = G \times （质量 1 \times 质量 2） / 距离^2$$

其中，G 是万有引力常量。这个表达式描述了任意两个物体之间的万有引力，包括地球和太阳、地球和月亮，也包括地球和超人。如果一个物体是地球，另一个物体是超人，两者之间的距离就是地球半径（从地心到地球表面超人站立的地方的距离）。对于一个质地分布均匀的球体，比如行星，所有物质受到的引力都指向这颗行星的中心。因此，我们用地球半径来作为牛顿等式中两个物体（地球和超人）之间的距离。这个力就是超人所感受到的（也是我们每个人感受到的）重力。有了超人的质量（100 千克）、地球的质量，以及超人与地心之间的距离（地球半径）、万有引力常量，我们就可以算出超人与地球之间的引力，即 $F = 220$ 磅力。

但这只是超人在地球上的重力。有意思的是，这两个关于超人所受地球引力的表达式其实是一回事。我们比较一下这两个表达式：超人的重量 = 质量 $1 \times g$，引力 = 质量 $1 \times [(G \times$ 质量 $2) /$ 距离 $^2]$。因为两个等式的左边是一样的，超人的质量 100 千克也没有变化，所以重力加速度 g 就等于（$G \times$ 质量 2）/ 距离 ^{2}。把地球的质量和地球半径代入公式，使其分别代表质量 2 和距离，就得到 $g = 10$ 米 / 秒 ^{2} = 32 英尺 / 秒 ^{2}。

牛顿的万有引力公式的奇妙之处在于，它可以告诉我们重力加速度这个数值的来历。对于月球表面的某个物体，其重力加速度只有 5.3 英尺 / 秒 ^{2}，大约是地球的 1/6。

这才是牛顿和苹果这个故事的真正意义所在。并不是说在 1665 年，牛顿看到一个苹果从树上掉下来，就突然意识到重力的存在；也不是说，他看到一个苹果掉下来，就马上写出 $F = G (m_1 \times m_2) / d^2$ 这个公式。事实上，牛顿在 17 世纪提出的这一见解告诉我们，将苹果拉向地球的力和将月球拉向地球的力是完全相同的。为了使月球按固定轨道绕地球运行，必须有一个力量拉动它不断改变方向。

根据牛顿第二定律 $F = ma$，如果没有施加额外的力，物体的运动状态就不会发生变化。如果你把一根绳子系在一个水桶上，然后水平绕圈，你就必须一直拉紧绳子。如果绳子所受的拉力不变，这个桶就会一直保持规律的圆周运动。绳子的拉力没有作用于桶的运动方向上，因此它只能改变速度方向，而不是大小。一旦你松开绳子，桶就会飞出去。

回到月球的例子。如果没有与地球间的引力，月球就会沿着一条直线从地球旁边掠过。如果存在引力，而月球本身是静止的，它就会受引力作用撞向地球。月球与地球的距离以及它的运行速度刚好与引力平衡，因此它能够沿着一个固定的轨道运行。月球不会飞出去，因为它与地球的引力拉着它，使它"落向"地球，同时它的运行速度又让它不会被地球引力拉得更近。月球沿着圆形轨道绕地球运行，地球沿着椭圆形轨道绕太阳运行，苹果从树上落向地面，都是同一种力作用的结果。这个力还让超人跳起来之后的速度不断变慢，最后落到大楼的楼顶。我们知道，为了完成如此有力的一跃，他的身体必须能适应重力加速度是地球 15 倍的环境，这也告诉了我们氪星的地质情况。

根据牛顿的引力定律，如果两个物体之间的距离增加，那么它们之间的引力变化与距离的平方成反比，这使得所有行星都是球形的。球的体积与半径的立方成正比，表面积与半径的平方成正比，引力与半径的平方成反比，这些因素决定了只有球体才是强大引力下最稳定的存在形式。事实上，关于如何区分小行星和小型行星这个天体物理学问题的一个方法，就是看它的形状。你手里握着的小石头的形状是不规则的，因为它自身的引力不足以将其形塑成球体。然而，如果这块石头有冥王星那么大，它的引力就会很大，它的形状也只能是球体。所以，像《超人》中的比扎罗母星那样的立方体行星必须非常小。如果不想变成球体，那么从这个行星的中心到地表的平均距离不应超过 300 英里。然而，这么小的立方体行星也没有足够的引力稳住其表面的大气层，所以那将是一片没有空气的不毛之地。可是，从漫画中我们看到，比扎罗母星的天空和地球一样，都是蓝色的。（如果这真是比扎罗的出生地，它的天空难道不应该是别的颜色吗？）这表明，在这个立方体行星上，其实是有空气的。我们只能得出这样的结论：虽然在读漫画书的过程中我们有很多次都感觉自己穿越到那个世界，但从物理学角度讲，这颗行星是不可能存在的。

我们还是接着讨论像氪星这样的球状行星。如果氪星上的重力加速度 g_K 是地球上的重力加速度 g_E 的 15 倍，这两个加速度的比率就是 $g_K/g_E = 15$。前文说到行星的重力加速度是 $g = Gm/d^2$。距离 d 是行星的半径 R。行星的质量（或者某个物体的质量）就是它的密度（通常用希腊字母 ρ 来表示）和体积的乘积，在这里体积是指球体的体积（因为行星是个球体）。由于氪星与地球的万有引力常量一样，所以 g_K/g_E 这个比率可以用以下这个公式表达：

$$g_K/g_E = [\rho_K R_K] / [\rho_E R_E] = 15$$

ρ_K 和 R_K 分别代表氪星的密度和半径，ρ_E 和 R_E 分别代表地球的密度和半径。我们在比较氪星的重力加速度与地球的重力加速度时，只需要知道每个行星密度与半径的乘积即可。如果氪星的大小与地球一样，它的密度就应是地球的 15 倍；如果它们的密度一样，氪星的体积就应是地球的 15 倍。

正如我们在本书开头讨论的，如果说物理学的本质是提出正确的问题，那么在生活中也是这样，每一个答案都会引出更多的问题。我们已经知道，如果超人在地球上轻轻一跃就能跳到 660 英尺高（一栋高楼的高度），那么他的母星氪星的密度乘以半径就必须是地球的 15

倍。我们接下来就要问，在氪星与地球大小相同（$R_K = R_E$）的条件下，氪星是否因为具有更大的密度（准确地说就是 $\rho_K / \rho_E = 15$）而产生更大的重力？事实证明，如果地球上的物理学原理同样适用于氪星（不适用的话，就趁早别讨论了），那么氪星的密度根本不可能是地球的 15 倍。

我们刚刚说到，质量等于密度乘以体积，也就是说，密度是某个物体单位体积的质量。接下来，为了搞清楚到底是什么决定了密度，以及为什么不能简单地说氪星的密度是地球的 15 倍，我们需要从原子的层面进行分析。物体的质量和体积都是由组成它的原子决定的。原子是由位于原子核内的质子和中子，以及绕原子核运动的电子组成的。带有一定数量正电荷的质子与带有相同数量负电荷的电子取得了平衡。中子是位于原子核内比质子稍重的不带电粒子（关于中子在原子核中到底起什么作用，我们将在第 15 章具体讨论），与质子或者中子相比，电子非常轻。原子的质量基本上是由原子核内的质子和中子决定的，因为电子的质量只有质子的 1/2 000。

原子的大小则是由电子决定的，准确地说，是由电子的量子化轨道决定的。原子核的直径大约是一万亿分之一厘米，原子的半径是电子与原子核的距离，大约是原子核半径的一万倍。如果把原子核比作小孩玩的弹珠（直径是 1 厘米），把这颗弹珠放在足球场一侧的球门区里，电子轨道的半径就相当于弹珠到另一侧球门区的距离，大约为100 码[1]。物体中原子之间的空隙主要由原子的大小决定（原子的体积摆在那里，你不可能让这些原子离得更近了）。

如果氪星上的量子力学原理和地球上一样，由一定数量的原子

---

① 1 码 ≈ 0.9 米。——编者注

组成的石头的大小就跟这块石头到底在哪颗行星上没什么关系了。在引力更强的行星上，这块石头会更重，但是它内部的原子数量以及原子之间的距离（这两个因素决定了它的密度）跟这块石头在何处没有关系。由于原子的数量还决定了石头的质量，所以任何一种物体的密度都是不变的，不管它来自于哪颗行星。多数固体物质的密度都很相近，处在同一个数量级。比如，水的密度是 1 克 / 立方厘米，铅的密度是 11 克 / 立方厘米（1 克等于 1 千克的 1/1 000）。铅的密度更大，主要是因为铅的原子比水大 10 倍。地球的表面有很多水，也有很多岩石，因此地球的平均密度是 5 克 / 立方厘米。事实上，地球是太阳系中密度最大的行星，水星和金星紧随其后。即使氪星是由固体铀组成的，其平均密度也只有 19 克 / 立方厘米，不到地球的 4 倍。如果想让氪星具有 15 倍于地球的引力，氪星的密度就必须是 75 克 / 立方厘米。然而，自然界中还没有哪种物质具有这么大的密度。

如果氪星的密度跟地球一样，为了具有更强大的引力，它的半径就必须是地球的 15 倍。但是，这并不比密度问题更简单。在太阳系中，行星的大小各不相同，行星的地质构成与其大小有着密切的联系。天王星的半径是地球的 4 倍，比天王星大的还有海王星、土星和木星。但这些行星都是由气体组成的巨行星，没有牢固的地幔，无法建造城市，更不可能让类人生命存活。事实上，如果木星再大 10 倍，就跟太阳差不多大了。这样一来，木星的引力就会引发核聚变，太阳耀眼的光也是来自核聚变。所以，如果木星再大一点儿，它就不再是一颗巨大的行星，而是会变成一颗小恒星。大型行星都是气态的，因为如果要形成一个很大的星球，就需要大量的原子，而宇宙能够提供的原材料基本上只有氢气或氦气。准确地说，宇宙中的基本物质，有73% 是氢气，有 25% 是氦气。要形成一颗固态的行星，你要用到的其他物质——比如碳、硅、铜、氮等——在已知的宇宙中只占基本物质的 2%。所以，大型行星通常都是气态的，它们在远离恒星的地方运行，那里的太阳辐射很弱，不会把这些行星表面的气体蒸发掉。构成固态行星所需的重元素的浓度比较低，所以这些行星会小一些，离恒星也近一些。如果这些固态的内行星太大，太阳引力就会立刻让它四分五裂。[①] 氪星上的科学家既然能够建造出超人宝宝乘坐的飞船，这样的事情就不可能发生在半径是地球 15 倍的一颗气态行星上。

难道超人以及地表与地球类似但重力加速度是地球 15 倍的氪星，根本就不可能存在吗？也不尽然。我们刚才提到，自然界中没有一种常见物质的密度是地球的 15 倍。但是，天文学家发现了超物质这种超新星爆炸后的残余物，其密度大得离谱。我们知道，当气态行星的大小超过一定阈值的时候，其中心产生的引力的压缩作用会非常强，让不同原子的原子核产生聚变，变成更大的原子核，同时释放大量的能量。这种能量的来源可以用著名的爱因斯坦方程 $E = mc^2$ 来表达，也就是能量 E 等于质量乘以光速的平方。聚变后的原子核质量实际上比两个单独的原子核要轻一点儿。这个质量上的小差异，乘以光速的平方（一个很大的数字），就会产生非常大的能量。这股能量从恒星的中心向外辐射，产生向外的动能，与向内的引力作用平衡，从而使恒星的半径保持稳定。当所有的氢原子核聚变成氦原子核之后，又有一部分氦原子核会聚变成碳原子核，碳原子核又会聚变成氮、氧以及其他较重的元素，包括铁。随着恒星产生越来越重的原子核，这个聚变过程会不断加速，所以铁和镍都是在这个恒星的生命走向尽头的时候生成的。原子核越来越重，聚变的效率在不断降低，所以当铁原

---

① 这是由于行星的一侧靠近太阳，会产生不平衡的作用力。

子核发生聚变时，产生的能量已经不足以平衡向内的引力作用了。于是，引力占了上风，迅速把这颗星球压缩到很小的体积。此时，恒星中心的压力非常大，最后一次核聚变会产生包括铀在内的各种更重的元素，同时释放出巨大的能量。大型恒星生命的最后这个阶段叫作"超新星"阶段，伴随着最后一次能量爆发，恒星内合成的各种元素在宇宙中四处飞散。最终，宇宙中的引力会把它们聚合在一起，形成行星或者恒星。你身体中的每一个原子，你坐的椅子，或者《动作漫画》第 1 期的纸张和油墨中的每一个原子，都是由某颗消逝的恒星的残余物质合成而来。所以，我们全都是由星尘组成的，如果你不喜欢这个词，我们也可以说自己是由太阳的"排泄物"组成的。

大型恒星中心的引力非常大，以至于在超新星爆发之后还留下一个巨大的残核。引力将质子和电子压缩成中子，最后挤压在一起，成为由核物质组成的固体。这种大型恒星的残余物被称为"中子星"，它们的密度仅次于黑洞（来自更大的恒星残骸，其引力强到连光都无法逃逸）。与铅的密度（11 克 / 立方厘米）相比，中子星的密度约为 10^{14} 克 / 立方厘米。也就是说，在地球上，一茶匙的中子星物质重量会超过 1 亿吨。所以，这种物质应该可以增强氪星的引力。

如果一个行星的大小跟地球差不多，在其中心有些许的中子星物质，就会极大地提升这颗行星对其表面物体的引力。事实上，在这颗和地球差不多大小的行星的中心，只需要有一个半径为 600 米（相当于 6 个足球场的长度）的由中子星物质组成的球体，就能产生 150 米 / 秒^2 的重力加速度，而地球上的重力加速度仅约为 10 米 / 秒^2。所以，如果氪星的引力要达到地球的 15 倍，它的中心就必须有中子星物质。

这样一来，我们就知道氪星为什么会爆炸了。密度这么高的核心会对星球表面产生巨大的压力，导致那里很难有稳定的物质分布。在这样一个星球上，火山活动和板块运动都会导致巨大的灾难。强地震来临前的种种信号会向科学家们发出警告，促使他们把小孩用飞船送到其他遥远的星球去，最好是没有中子星核心的星球。

我们应该向杰里·西格尔和约瑟夫·舒斯特这么伟大的科学见解致敬。1938 年，这两个来自俄亥俄州克利夫兰的年轻人对天体物理学和量子力学的了解甚至超过当代的许多物理学教授，又或者他们只是非常幸运地猜中了答案。在他们创作出这个故事的 5 年前，天文学家沃尔特·巴德和弗里茨·兹维基刚预言了中子星的存在，而相关的确切证据直到 20 世纪 60 年代才被发现。也许，如果国家漫画出版公司的谢尔登·迈耶没有尝试推出超人漫画，西格尔和舒斯特就会在像《物理评论》这样的科学杂志上发表文章，那样的话，科学和漫画的历史都将被改写。

在上一章里，我提到了一个问题：当超人纵身一跃跳上高楼的时候，他离地那一刻的加速度应该是多少。通过计算我们得知，为了跳到 1/8 英里的高度，他起跳时的速度应该是 200 英尺 / 秒，或者说是 140 英里 / 小时。如果他蹬地用的时间是 1/4 秒，那么他对应的加速度就是 800 英尺 / 秒^2，也就是重力加速度的 25 倍。

本书英文版第一版出版后，有细心的读者指出，我高估了超人起跳所用的时间。用于确定起跳速度的公式 $v^2 = 2gh$，也可以用于计算他跳起来时的加速度。在这种情况下，速度仍然是 200 英尺 / 秒，但我们用的不是 g，而是他的跳跃加速度。之前我们用的高度是建筑物的高度，也就是 1/8 英里，现在我们用的高度是从他准备起跳时蹲着的高度到他将要跃离地面时站直的高度之差。这个距离最多也就是 3 英尺，所以我们之前估计他的跳跃加速度能达到 800 英尺 / 秒^2，而重新计算之后我们发现他的加速度肯定超过了 6 600 英尺 / 秒^2。这也就是说，他起跳用的时间不是 1/4 秒，而只有 0.03 秒。没错，他真是太厉害了。

如果起跳时间是 1/4 秒，那么跳跃的加速度也比较小，而超人的腿需要施加在地面上的力就是 5 600 磅力。如果起跳时间只有 0.03 秒，那么更大的加速度就导致施加在地面上的力会超过 46 000 磅力。基于我们在第 1 章中所讨论过的知识，我们可以得出以下结论：氪星上的重力加速度 g_k 是地球上的重力加速度的 125 倍，而不是之前我们估计的 15 倍。

在第 1 章里，我取了一个比较长的时间，也就是 1/4 秒，原因主要有两个。我在课堂上曾经做过一些非正式的实验，我让学生们跳起来并记录下他们蹬地的时间，基本上时间都不到一秒，平均下来大约是 1/4 秒。当然，我的学生里没有谁能跳上高楼。第 1 章的目的就是为了解释什么是加速度，了解速度变化的时间间隔。更重要的是，在这一章里，我有意使用了较小的跳跃加速度和腿部力量数值。如果我采用了 0.03 秒这个跳跃时间，得出的结论就会是氪星上的重力加速度是地球上的 125 倍，我估计大家应该都会觉得不太可能会存在这样一颗星球。相对来说，引力为地球 15 倍的行星似乎还比较合理，而且要说明这样的星球同样是不可能存在的，就需要讨论物质的密度和大型行星的地质情况。我的目标是用超级英雄的力量来阐明真实世界中的物理学。

时不时会有读者要求我解释清楚，氪星上的重力加速度怎么会只有地球的 15 倍。我就会用以上的论述来解释我的理由。一些漫画迷会抗议说："看吧，跳起来的时间只有 1/4 秒，根本就不符合现实！"对此我想说的是，我们正在讨论的是氪星之子的英雄事迹，他能够徒手使钢铁弯曲，让河水逆流，而这些人觉得不现实的，竟然是他纵身

一跃跳上高楼时蹬地所用的时间！而关于这一点，几乎所有人的意见
又都一致了。我毫不介意有人纠正我的错误，事实上，我震惊地看到
热情的读者拿起笔来，认真地计算，这让我更加诚实和严谨。毕竟，
这才是最重要的。

第 3 章　格温·斯黛西之死

　　如果说参议院的听证会标志着漫画的黄金时代的结束，那么给了白银时代致命一击的则是漫画本身。现在看来，白银时代（从 20 世纪 50 年代后期到 20 世纪 60 年代）的漫画充满了对未来的乐观预期，而且近乎盲目。20 世纪 50 年代末期到 60 年代初期，DC 漫画公司的尤利乌斯·史瓦兹和他的同事们重新塑造了黄金时代的漫画人物，像闪电侠、绿灯侠、绿箭侠（结合了蝙蝠侠和罗宾汉的特点，箭袋里装满了各式各样的箭头，比如"拳击手套箭头"和"手铐箭头"，这些东西违反了好几个空气动力学基本原理）。这些人物延续了他们在黄金时代的积极与正义，故事长度通常为 20~22 页，由情节驱动，但没有给人物的发展留出多大的空间。DC 漫画书中白银时代的超级英雄会通过某种根本不可行的方法获得超能力，然后自然而然地用这些超能力去打击犯罪、保护人类（当然，还要穿上花花绿绿的制服），却从来不会质疑自己的职业诉求。

　　DC 漫画公司的主要竞争对手漫威漫画公司中的超级英雄则完全不一样，像绿巨人浩克或者 X 战警这些故事人物都具有一定的悲情色彩，走霉运对于他们而言简直是家常便饭。1961 年，漫威漫画公司（原名时代漫画公司）濒临倒闭。在黄金时代的巅峰期时，它曾经创造出霹雳火、海王子纳摩以及美国队长等人物，但后来却沦落到只能靠怪物漫画、西部漫画、搞笑的动物故事以及年轻人的浪漫爱情故事苟延残喘。然而，DC 漫画公司的老板杰克·利博维茨和漫威的出版人马丁·古德曼之间的一场高尔夫球比赛，将这一切都改变了。利博维茨吹嘘说 DC 漫画公司的成功源自一个特别系列——《美国正义联盟》，这个联盟中有神奇女侠、闪电侠、绿灯侠、海王、火星猎人以及其他英雄，他们携手与各个超级反派做斗争。古德曼回到办公室之后，叫来了编辑斯坦·李（他是古德曼的外甥，也是公司仅存的最后一名全职员工），让他出版一本包含一系列超级英雄的漫画。那时候漫威漫画公司已经不出超级英雄漫画了，所以斯坦·李没办法像 DC 漫画公司那样把不同漫画里的人物组合在一起。最后，他创造出一个全新的英雄系列。这个由斯坦·李编剧，由杰克·科比绘制的《神奇四侠》系列取得了巨大的成功，将漫威带出绝境，并走上成功之路。[①]

　　斯坦·李和杰克·科比最具独创性的贡献在于，他们让漫画角色不断成长，并拥有独特的个性。与 DC 的超级英雄的一个显著不同是，漫威的超级英雄并没有把自己的超能力当成是上天的恩赐，而总是感叹命运的捉弄。在《神奇四侠》第 1 期里，当宇宙辐射把本·格瑞姆变成巨大的橘红色石头人时，他并没有因为获得新的超能力而扬扬自得，反而愤愤不平地贬损自己变成了移动的红砖小院，一心想回

---

　　① 　DC 漫画公司和漫威漫画公司的知情人士否认有过这样一场高尔夫球比赛。尽管如此，但这场比赛仍被许多粉丝视为"漫威漫画"化腐朽为神奇的契机，它已经成为公认的传奇，不管是不是事实。

归人形。在漫威漫画里，最爱抱怨生活的当然是蜘蛛侠。

1962 年，在由斯坦·李编剧、斯蒂夫·迪特科绘制的《惊奇幻想》第 15 期里，年轻的彼得·帕克是个瘦小而木讷的高中生，总是没完没了地受到学校里的风云人物的欺负。帕克是个孤儿，与疼爱他的梅婶和本叔生活在一起。他没办法和那些受欢迎的学生一起参加课后活动，只能独自沉迷于科学，因此参加了一次关于辐射的物理学实验。正如白银时代漫画里的常见套路一样，辐射事故给他带来了超能力。在这个故事里，一只意外受到辐射的蜘蛛咬伤了帕克，并在他体内留下受到辐射的蜘蛛血。

帕克发现，被蜘蛛咬的这一口让他获得了很多蜘蛛才有的习性，比如高度的灵活性和飞檐走壁的能力。因为蜘蛛可以举起比自身重几倍的物体，帕克的力量也有了"几倍"的增长。帕克还获得了第六感，可以提前感知危险，你称之为"蜘蛛感"。大家猜测，斯坦·李可能因为没能打死浴室里的蜘蛛，就将其归咎于蜘蛛有一种预知灾难的第六感。幸运的是，帕克没有像蜘蛛一样，从肛门中喷出蜘蛛丝，而是利用化学和力学知识，制造出一个戴在手腕上的蛛丝喷射器，这一点可能要感谢漫画规则管理局。①

帕克受尽了同学们的嘲笑和欺辱，所以他最开始把这些超能力当作能让他扬名立万的手段。在职业摔跤比赛中成功展示了自己的能力之后，他又给自己做了一套红蓝相间的制服和面具，作为比赛服装。在电视首秀的前夜，他觉得自己充满力量，还傲慢地拒绝帮助保安追捕逃跑的小偷，虽然这对他而言易如反掌。然而，等他回到家时却发

---

① 在 2002 年的电影《蜘蛛侠》中，帕克被基因变异的超级蜘蛛咬伤，于是获得了用手腕上的喷射器射出蛛丝的能力。这让制作电影的人无须解释，为什么少年蜘蛛侠能够发明和制造出一种革命性的黏合蛛丝，却一直负债累累。

现本叔被歹徒杀害了。在他用超能力抓住了这个歹徒后，他懊恼地发现，这就是他前几天放过的那个小偷。此时，他终于明白本叔对他说过的那句话，"能力越大，责任越大"。从此以后，帕克便致力于打击犯罪、惩恶扬善，成为众人喜爱的蜘蛛侠。

但是每一期里，他还是会不停地抱怨生活。李和迪特科的一个创新之处就在于，他们在《蜘蛛侠》中引入了一系列让蜘蛛侠头疼的现实生活中的问题和困难，甚至比他的对手们还要讨厌。彼得·帕克要面对高中生轰轰烈烈的恋爱与妒忌、囊中羞涩、对梅婶身体的担心、过敏反应，还包括扭伤的胳膊（在《超凡蜘蛛侠》第 44~46 期里，他的胳膊一直吊着绷带），还要与秃鹫、沙人、章鱼博士、绿魔对抗。而最具破坏性的现实问题（这个问题也宣告了盲目乐观的白银时代的终结）则是，1973 年《超凡蜘蛛侠》第 121 期中彼得·帕克的女朋友格温·斯黛西死了。她的死并非出自编剧、编辑或是读者的意愿，而是由于牛顿运动定律。

在《超凡蜘蛛侠》第 14 期中，绿魔作为神秘的反派头目首次登场，并成为蜘蛛侠的头号对手。在经典的《超凡蜘蛛侠》第 39 期里，绿魔不但变得更强大，得到了更多的高科技装备，比如恶魔滑翔机和南瓜炸弹，他还撕下了蜘蛛侠的面具，知道了他的真实身份是彼得·帕克，这让绿魔在二人的对决中占据了优势地位。在《超凡蜘蛛侠》第 121 期中，绿魔绑架了蜘蛛侠的女朋友格温·斯黛西，把她带到了乔治·华盛顿大桥①的顶端，以她为诱饵引来蜘蛛侠。在打斗的过程中，绿魔将格温从桥上推了下去（见图 6 和图 7）。

---

① 虽然漫画中绘制的桥很明显是布鲁克林大桥，但它在故事中被称为乔治·华盛顿大桥。2004 年，斯坦·李承认这是个错误。在后来重印的版本中这座桥就被更正为布鲁克林大桥了。

© 1973 Marvel Comics

图 6　在《超凡蜘蛛侠》第 121 期中，格温·斯黛西从乔治·华盛顿大桥坠落，濒临死亡的边缘，注意倒数第二幅图里的文字——"咔嚓"

图 7 目睹格温·斯黛西的死，让蜘蛛侠学到了一堂残酷的物理课，而绿魔的所谓科学天赋也让人产生了质疑

尽管在格温坠入河水前的最后一刻，蜘蛛侠用蛛丝拉住了她，但格温还是死了。"你用蛛丝拉住她之前，她就死了！"绿魔嘲讽道，"从那么高的地方摔下去，不管是谁都死定了——根本不用撞到地面！"显然，发明了恶魔滑翔机和南瓜炸弹这些高科技装备的绿魔，对于动量守恒定律存在一些误解。

如果可怜的格温确实因为"高空坠落"而死，那么跳伞运动员和伞兵们秘而不宣的命运则说明航空业存在着不可言说的阴谋。所以长久以来，漫画粉丝们一直在争论，到底是高空坠落还是蛛丝害死了格温。在 2000 年 1 月的《巫师》杂志里，这个问题被列为漫画中的头号争议问题。（其他问题还有：绿巨人浩克和超人谁更强壮？闪电侠和超人谁速度更快？ [①] ）现在，运用物理学的知识我们就可以知道格温·斯黛西真正的死因是什么了。

我们要问的关键问题就是：蜘蛛侠的蛛丝拉住高空坠落的格温时要承受多大的力？

格温·斯黛西的最终命运

要想知道拉住格温·斯黛西的力有多大，我们先要知道在蛛丝拉住她的时候，她的坠落速度是多少。我们前面讨论过超人轻轻一跃跳上高楼所需的速度，当时我们发现初始速度 v 与最终高度 h（此时他的速度是 0）有关，这个关系可以用 $v^2 = 2gh$ 来表示，其中 g 代表重力加速度。从 h 这个高度以 $v = 0$ 的初始速度坠落，并以万有引力常量为加速度不断加速的过程，其实就是从起始点向高度为 h 的点跳跃的反向过程。

———————

[①] 答案是闪电侠！

因此，我们可以用 $v^2 = 2gh$ 这个表达式来计算在蛛丝拉住格温之前，她的速度是多少。假设蜘蛛侠是在她掉落了大约 300 英尺的地方拉住了她，那么格温的速度大约是 95 英里 / 小时。同样，空气阻力会让她的坠落速度稍稍减慢，但正如我们在图 6 中看到的，她是沿着流线型的轨迹掉下去的。我们接下来要说的是，对于格温来说，危险并非来自速度，而是来自水面对她的冲击力。

要想让格温的速度从 95 英里 / 小时变成 0，就需要由蜘蛛侠的蛛丝施加一个外力。这个力越大，格温的坠落速度的变化量就越大，或者说减速越快。为了算出在格温落入河水之前把她拉住需要多大的力，我们又要用到牛顿第二定律，即 $F = ma$。我们知道，加速度就是某段时间内速度的变化量。在表达式 $F = ma$ 的两边同时乘以减速所花费的时间，就可以得到：

$$力 \times 时间 = 质量 \times 速度的变化量$$

一个物体的动量等于质量与速度的变化量的乘积（即等式的右边），而等式左边力与时间的乘积叫作冲量。那么，由上面这个等式我们知道，要想改变一个运动物体的动量，就必须在一定时间内施加一个外力。时间越长，改变同样的动量所需要的力就越小。

这也是汽车安全气囊的原理。当你开车沿着高速公路行驶时，假设行驶速度是 60 英里 / 小时。当你的车撞到障碍物停下来时，你的身体仍会以 60 英里 / 小时的速度继续向前冲，因为除非有外力作用（瞬间产生），否则物体会继续保持运动。在没有安全带和安全气囊的年代，施加这个外力的通常是方向盘。你的头撞上方向盘只是一瞬间的事，所以让你的头停下来所需要的力也是非常大的。安全气囊遇到压力会迅速膨胀，与撞上方向盘相比，你的头与膨胀起来的安全气囊接触的时间更长，让你的头停下来所需要的力也就更小。所以，安全气囊能够减轻紧急刹车造成的伤害。当然这个力还是很大，可能会让开车的人失去意识，但它不会造成致命伤害。力与时间的乘积始终不变，因为结果都是一样的，即速度从 60 英里 / 小时减至 0。这个物理学原理也解释了为什么拳击手会在受到击打时蜷缩身体，他们这样做是为了延长自己的脸和对手的拳头接触的时间，以减轻脸部所承受的力。

我们再来说蜘蛛侠，他的蛛丝没有弹性，这对格温·斯黛西来说是一件好事，但这也意味着阻止她跌落的时间会很短，这可不是一件好事。这个时间越短，达到一定动量所需要的力就越大。对于格温而言，她的速度变化量是 95 英里 / 小时 − 0 英里 / 小时 = 95 英里 / 小时，我们假设她的体重是 110 磅，在公制计量法下是 50 千克。如果蛛丝只用了 0.5 秒就让她停止坠落，蛛丝所施加的力就约为 970 磅力。因此，蛛丝的力差不多是格温重量的 10 倍。我们知道，一个物体的重力是 $W = mg$，其中 g 是重力加速度，因此我们也可以说在 0.5 秒的时间内蛛丝所施加的力约相当于 10 个 g。我们在图 6 中可以看到，当蛛丝让格温停止坠落的时候，她脖子旁边的声音效果（"咔嚓！"）表明在这么短的时间里受到一个这么大的作用力会产生什么后果。与此相反，蹦极的人从很高的地方跳下来时，蹦极绳要花几秒的时间才能伸展开，这样一来，制动力就能够保持在安全范围内。

以这么快的速度坠落，又在这么短的时间内停下来，对格温而言，其实被蛛丝拉住和撞上水面基本上没什么区别。然而，也有记录显示，有人承受了比格温·斯黛西更大的力却能死里逃生。1954 年，约翰·斯塔普上校驾驶一辆尚处于试验阶段的火箭滑车从高空中坠落下来，他承受了相当于 40 个 g 的力，他的生还简直可以与经受住"无麻醉拔牙"相提并论。当然，斯塔普上校被牢牢固定在滑车内的位置上，滑车对他起到了支撑作用。更典型的例子是，从桥上跳下来自杀的人，死因大都不是溺水，而是脖子被摔断。以很快的速度撞击水面和撞击地面的效果是一样的，因为你坠入水中的速度越快，水发生位移的阻力就越大（第 4 章说到闪电侠的时候我们会详细讨论这个问题）。这对于格温·斯黛西和蜘蛛侠来说都是一件不幸的事，但却说明漫画里的物理学知识有时候是对的。所以作为读者，我们什么时候都不应停止怀疑。

蜘蛛侠似乎也学到了关于冲量和动量变化的物理学知识。在《蜘蛛侠：极限》第 2 期里有个故事叫"测试"，这个名字可谓恰如其分。在这个故事里，当擦窗工人从蜘蛛侠身边急速跌落的时候，蜘蛛侠先是牢牢地攀附在摩天大楼的楼顶，然后紧随着坠落的工人跳了下去，他需要解决一个存在于实际生活中的物理学问题，这可比期末考试的压力大多了。当他和擦窗工人之间的距离渐渐缩短（因为蜘蛛侠从楼顶跳下去的时候初始速度比擦窗工人大）时，他想道，"我不能出错。如果我的蛛丝拉不住他，他就会摔断脖子。"正如我们在图 8 里看到的，蜘蛛侠找到了一个好办法，那就是让自己的速度跟那个工人一样，在两个人相对静止的时候抓住他。（我不知道蜘蛛侠怎样才能放慢自己的坠落速度，变得跟擦窗工人一样——也许是用脚摩擦墙面？）然后，蜘蛛侠射出蛛丝，他强有力的双臂能够经受住动量的变化所产生的巨大冲力。

2002 年电影版《蜘蛛侠》里也用到了这个方法。当绿魔把玛丽·简·沃森从皇后区大桥的塔顶扔下去的时候，蜘蛛侠并没有用蛛丝拉住她，这很明显是在向《超凡蜘蛛侠》第 121 期致敬。这一次，蜘蛛侠随着她一跃而下，抓住她之后，才用蛛丝把两个人吊在（相对）安全的地方，整个过程跟图 8 所示的一样。看来，英雄的非凡智

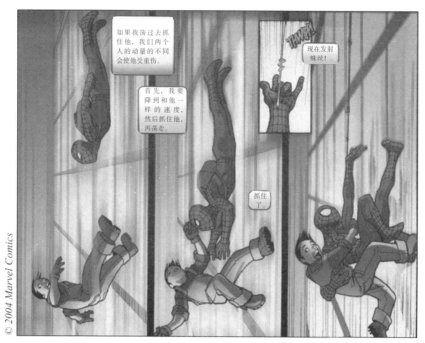

© 2004 Marvel Comics

图 8 《蜘蛛侠：极限》第 2 期（2004 年 5 月）中的故事"测试"中的一幕，漫画中的文本框描述了蜘蛛侠在应用牛顿第二定律时的思考过程

慧之一就在于吃一堑长一智。

　　当然，不仅是蜘蛛侠，绿魔从中也有所收获。我们刚才提到，2000 年 1 月的《巫师》杂志描述了格温·斯黛西之死所引发的争议在漫画领域内没有结论这件事。在那期杂志出版的几个月之后，我给《巫师》杂志的编辑写了一封信，信中简述了以上的物理学知识。两年后，2002 年 8 月《彼得·帕克：蜘蛛侠》第 45 期中的一个故事表明，绿魔也掌握了这些物理学知识。他把格温·斯黛西之死的视频发给媒体，想让蜘蛛侠受到心理折磨。在这段视频里，绿魔把自己刻画成这桩惨剧中一个无可奈何的英雄，他说道：

我发现这个女孩掉下去了，便赶忙调整滑翔机的方向去救她。我开始俯冲，但还没等我抓住她，蜘蛛侠就干了一件蠢事：在她坠落速度那么快的时候，竟然用蛛丝拉住了她。于是，她的脖子就像腐朽的树枝一样断了。

绿魔花了将近 30 年的时间才搞清楚害死格温·斯黛西的并不是高空坠落，而是骤停。像绿魔这么扭曲邪恶的疯子都能把这个物理学知识搞明白，你们当然更没问题了。

第 4 章　闪电的真相

一个漆黑的夜晚，狂风大作，中心城警察局的一位科学家巴里·艾伦正准备离开办公室。他驻足在化学储藏室旁，惊叹这里竟然有如此多的化学药剂。尽管他受过科学教育，但还是在这样一个雷电交加的夜晚站在了一扇打开的窗户旁边。突然一道闪电射进室内，击碎了化学容器，容器中的药剂洒在了艾伦身上，同时一股电流也经过他的身体。

幸运的是，这次事故只是把他击晕而已。当天晚上醒来后，他惊奇地发现自己徒步就能轻松地超过行驶的出租车，还能瞬间接住从盘子中掉落的食物并放回盘中。这次事故让他拥有了超级速度，他穿上简单而优雅的红黄制服，利用他的超能力去打击犯罪，成为闪电侠。[①]

跟速度相关的物理现象有很多，在白银时代早期，《闪电侠》的几位主要编剧约翰·布鲁姆、罗伯特·卡耐尔和加德纳·福克斯就提到了

---

① 这种电气化学的奇怪事故再次出现是在《闪电侠》第 110 期，另一道闪电把相似的化学物质溅到了年轻的沃利·韦斯特身上，让他具有了超快的速度。年轻的沃利成了一名打击犯罪的斗士，他还有一个很有想象力的名字——闪电小子。

一些。由于闪电侠跑得很快，所以经常会飞檐走壁或者在海面飞奔，他甚至能够抓住射向他的子弹。以上这些是否符合物理学原理呢？答案是若闪电侠的超乎寻常的速度成立，一切就都符合物理学原理。

闪电侠在白银时代的第一次亮相是在《展示橱》第 4 期"雷霆英雄之谜"中，他跑上一座办公楼的外立面，因为他的"超凡速度使其克服了重力作用"。在前文中，我们讨论了一个人的初始速度与他能跳到的最大高度之间的关系。当一个人上升的时候，他的速度会因重力作用而下降，直到达到高度 h，此时他的速度为 0。在第 1 章中，我们计算出，超人要想跳到 660 英尺的高度——相当于三四十层楼，他的初始速度至少要达到 140 英里 / 小时。但由于闪电侠的奔跑速度比这快得多，因此他应该能轻易跑上 40 层建筑的楼顶。当他接近建筑物墙壁的时候，只要他的速度大于 $v = \sqrt{2gh}$，他就应该能够沿着外墙跑上楼顶，而不违反任何物理学定律（除了他每小时能跑几百英里这件事）。相反，一个没有超能力的普通人最快的奔跑速度差不多是 15 英里 / 小时（不排除跑得更快的可能），这个速度只能让他冲上一个小小的工具棚顶。

但是，关键问题并不在于闪电侠凭借足够快的速度能到达多高的高度，而在于是否有一个牵引力，使他能沿着垂直的墙壁一直跑到楼顶。即便是走路这个简单的动作，也包含着一系列有趣的物理学原理，如牛顿第三定律所说，力总是成对出现的。你在跑步或者走路的时候，你的脚向地面施加了一个水平的力，它的方向与你前进的方向正好相反。地面对你的脚也会施加一个大小相等、方向相反的力，这个力就是摩擦力。想象一下走在均匀覆盖着一层机油的楼梯上的情况，你就会明白摩擦力有多重要，即便只是对于简单的走路而言也是如此。如果闪电侠的靴子与地面没有摩擦力，他将寸步难行。闪电侠难缠的死对头之一——冰冻队长有一把"冰冻射线"枪，能让所有物体的表面结冰。冰冻队长经常使出这招，在闪电侠面前制造出冰层，没有了摩擦力，闪电侠的超级速度便没有了用武之地。

由于在日常生活中普遍存在并起着基础作用，摩擦现象常常被视为理所当然，事实上这是一种很复杂的现象。为什么在一个平面上拖拉一个物体时会有阻力呢？列奥纳多·达·芬奇和阿蒙东先后在 16 世纪初期和 17 世纪中期以科学的方式论证了摩擦力的基本特性，但直到 20 世纪 20 年代原子被发现，人们才对这一现象的根本原因有了准确的认识。

物质的原子构成方式主要有两种：第一，以统一的、周期性的晶态结构存在；第二，以随机的、非晶态的聚合物形式存在。当然，多数固体物质都介于这两种方式之间，有序晶态区域之间通常是随机连接的，有时也会被非晶态部分隔开。因此，即使看起来非常光滑的物体表面，从原子层面看也不一定是平滑的。实际上，即便是千分之一毫米（比单个原子大得多）大的物体，其表面就已经像连绵起伏的山脉了，而不是波澜不惊的湖面。因此，如果两个物体相互摩擦，不管这两个物体的表面看起来有多光滑，从原子层面上看，都不啻把落基山脉倒过来压在喜马拉雅山上，然后以某个固定的速度拉着上下颠倒的落基山脉在喜马拉雅山上移动。我们自然会想到像板块运动那样剧烈的地面隆起和大范围的扭曲变形，事实上，原子层面上的摩擦的剧烈程度不亚于此。每移动一下，原子间的连接就会断裂，产生原子雪崩和原子地震。原子重新排列的阻力就是"摩擦力"，没有摩擦力，闪电侠也只能原地踏步。

物体沿着平面运动时受到的摩擦力的大小与物体的质量是成正比的。物体越重，它移动时所要克服的摩擦力就越大。就算有足够大的力，拉动一个又大又重的东西还是比拉动一个又小又轻的东西难。古埃及人为修建金字塔发明了很多巧妙的方法来挪动巨大的石块。

其中一个典型的方法就是利用斜坡。在水平的平滑表面上，物体的全部重量都垂直作用于这个平面。然而，在倾斜的表面上，虽然重量仍然是向下的并指向地心（想象斜坡上的一条铅垂线），但只有部分重量垂直作用于斜坡表面，其余的重量则都作用于斜坡下方。而摩擦力只与垂直作用于表面的重量成正比，所以，物体在倾斜表面上的摩擦力比在平滑的水平表面上要小。即使表面很粗糙，只要斜坡的倾斜角度足够大，将物体固定在上面的摩擦力就不足以克服重量所产生的向下的拉力，物体就会滑下斜坡。然而，闪电侠是在垂直的墙面上跑，他身体的重量完全没有垂直作用于大楼外墙。因此，从理论上说，他的鞋和墙面之间完全没有摩擦力，他根本跑不起来。

那么，他到底能不能沿着大楼外墙跑上楼顶呢？从理论上说是不行的，至少不是我们通常所理解的"跑步"。他可以跳上墙面，在上面前后迈动双腿，让自己看上去就像在跑步。通常，当闪电侠跑动的时候，他的脚与路面成一定角度，向路面施加压力，路面对他的反作用力（牛顿第三定律）也与路面成一定角度。产生的结果就是，他在垂直方向和水平方向上同时在加速。垂直的速度让他从地面上弹起来，而水平的速度使他向前飞奔。垂直方向上的速度越快，他弹得越高；水平方向上的速度越快，他前进的距离越远。在这短短的一瞬间，重力战胜了小小的垂直速度，把他的脚拉回地面，并准备迈出下一步。跑得快的人，当然也包括闪电侠，在两步之间双脚都是离地的。他们跑得越快，在"空中"停留的时间就越长。如果闪电侠每步弹起的垂直距离是 2 厘米，在重力把他拉回地面并迈出下一步之前，他在空中停留的时间大概是 1/8 秒。1/8 秒对于闪电侠来说可不算短。如果他的水平速度是 5 250 英尺 / 秒，也就是 3 600 英里 / 小时，他两步之间的距离就将超过 660 英尺。这大约是 1/8 英里，也就是第 1 章中超人纵身一跳的高度。只要闪电侠不低于这个速度，他就不用担心脚步失控，因为他迈一步就可以达到一栋楼的高度。

在闪电侠跑上楼顶之前，他需要把自己的奔跑方向从水平调整为垂直。在后面的章节我会继续讨论，运动方向上的任何变化，不管是蜘蛛侠凭借蛛丝飞檐走壁，还是闪电侠在建筑外墙上变换方向，都需要一种外力产生加速度。把运动路线调转 90 度需要借助一个很大的力，这个力来自闪电侠的鞋与地面的摩擦。除了超级速度之外，闪电侠的"不合常理的奇迹"自然还包括他能够产生并且承受住除超人以外的超级英雄几乎承受不了的加速度。

牛顿运动定律也可以解释为什么闪电侠能在海面或是湖面上奔跑。对于格温·斯黛西来说，撞击水面的最终速度是决定其生死的关键因素，而闪电侠的超级速度则使他能够在水面上飞奔。当一个人在空气、水或者机油等流体介质中移动时，这些介质会随着你的脚步散开。介质的密度越大，人的动作就越缓慢。在有水的游泳池里走比在空游泳池（也就是装满了空气）里走需要费更大的力气；如果游泳池里装的是糖浆，就更费劲儿了。流体对于运动的阻力就是"黏度"，介质的密度越大，在其中运动的速度越快，黏度就越高。

对于像空气这种比较稀薄的介质而言，相邻分子之间的距离较远。在室内温度和压力条件下，相邻空气分子之间的距离大约是氧分子或氮分子直径的 10 倍。此外，每一个空气分子都在以 1 100 英尺／秒（750 英里／小时）的平均速度（这也是声音在空气中的传播速度）快速移动。当我们在空气中行走时，我们的面前不会形成一堵高密度的"墙"，因为我们的速度比空气分子的平均速度小得多。我们可以想象一下放牛的场景：在牛群奔跑的过程中，如果你想把一头牛赶进牛群，其他牛就会散开。如果这群牛在慢慢走，你用同样的速度把一头牛赶进牛群，它们就能聚成一群。当然，人的移动速度有可能超过声速（1947 年，查克·耶格尔上校率先实现此举），但也要为此付出巨大的努力。如果你以比空气分子的移动速度更快的速度挤走空气，你的面前就会产生一块空气密度很大的区域（即冲击波）。

事实上，在"天气巫师的挑战"这个故事中，闪电侠就是用冲击波击退了天气巫师。马克·马东是个不入流的骗子，他偷了已故科学家弟弟的"天气魔杖"，从而能够控制天气。跟漫画里其他那些自我感觉良好的反派一样，一旦拥有了能够掌控大自然的武器，他就马上穿上华丽的制服，自称"天气巫师"，抢劫银行、扰乱警局。在故事的结尾，就像我们在图 9 中看到的，"闪电侠以极快的速度向他的死对头冲过去，他前方的空气形成了冲击波，就像一块厚厚的玻璃板砸向马东"。这从物理学角度准确地描述了闪电侠的超声速移动的效果，也是 20 世纪 40 年代困扰试图突破音障的战斗机飞行员的原因所在。当闪电侠以声速或超声速移动时，他产生的压力波就会形成"声波炸弹"，比如《展示橱》第 4 期中，一声巨响宣告了闪电侠的首次登场。

图 9 "天气巫师的挑战"（《闪电侠》第 11 期）中的一幕，说明一个人移动得越快，就越难赶走前方的空气

当闪电侠将自己前面的空气挤压在一起之后，他身后的空气密度就会减小。与正常密度的空气相比，闪电侠身后的这种低密度空气可被视为部分程度的真空。空气会流动过来填补真空，而闪电侠身后这股空气流就会形成尾流区域。他跑得越快，他身后的空气与周围空气的压力差越大，纠正压力失衡所需的力也越大。在运动速度较慢的物体上，我们也能观察到这种现象，比如驶入隧道的地铁列车。封闭的隧道会强化驶离的列车所造成的上升气流，让列车后面的报纸和垃圾飞起来。虽然闪电侠周围并没有密闭空间，但他能够创造出一块低气压区，减缓路人、汽车或者巨型炸弹的坠落，他也可以像图 10 中那样绕着圈奔跑，形成一个旋涡，把坏人困在里面。

图 10　当闪电侠以极快的速度奔跑时，就会在身后形成一个低密度区域，轻松地把强壮的博拉兹（对，这就是他的本名）和他的赃物送归警局。见《闪电侠》第 117 期

我们再接着讨论声音在空气中的传播速度问题。当闪电侠的速度大于 1 100 英尺 / 秒（或者 750 英里 / 小时）时，他与其他人就只能通过视觉信息交流了。站在他身后甚至他身边的人都没办法跟他讲话，因为闪电侠的速度比声波的速度还要快。当然，对于站在闪电侠前面的人来说，他们之间可以进行语言交流，但还是会存在障碍。即便他能听到别人讲话，那种声音对于闪电侠来说也会十分尖锐刺耳。

我们所谓的"声波"实际上指的是在一个膨胀与收缩交替出现

的区域，介质密度的变化。相邻的两个声波收缩（或膨胀）区域之间的距离叫作声波的"波长"，这与我们听到的音高有关。音高（或者频率）衡量的是每秒经过某个特定点的完整声波周期的数量。波长较长，音调较低（想想看低音提琴的音调，琴弦的长度与其发出声音的波长有关）；波长较短，音调较高。当闪电侠奔跑的时候，即便他没有超过声速，他的高速运动也会影响他听到的音高。假设他朝着一个人跑过去，那个人正在大声地向他发出警告。声波具有一定的波长，表示相邻的两个收缩或者膨胀区域之间的平均距离。当这些密度不同的声波传播到闪电侠耳朵里的时候，如果他是静止不动的，他听到的音调就是由讲话者的声音的波长决定的。但在闪电侠奔跑的时候，先是一个收缩的声波传到他的耳朵里，然后很快下一个收缩的声波又抵达他的耳膜。所以，闪电侠就会听到波长更短、频率更高的声音，因为他正在朝着声音的源头奔跑。他跑得越快，声音的波长和频率的变化就越大。

这种现象被称为"多普勒效应"。如果知道一个静止波源的波长，并用一个移动探测器测量这个波长，就可以确定探测器的速度。或者，你可以发出一个已知波长的波，让它在一个静止的目标处反弹，它就应该以同样的波长返回。如果目标朝着声源移动，反弹回来的波的波长会变短；如果目标朝着声源的反方向移动，探测到的波的波长会变长。天气观测站经常使用多普勒雷达去探测波长的变化，气象学家可以据此计算即将抵达的风暴速度。

这也是雷达枪的基本原理，它使用的是已知波长的无线电波。根据反射波与发射波的波长变化，来确定反射这些波的物体（像是扔出去的棒球或者疾驰的汽车）的速度。目标移动的速度越快，波长的变化就越大，探测到的声波音调就越高。如果闪电侠以 500 英里 / 小

时的速度向一个人跑过去，这个人用正常的声音讲话，音高大约是
每秒振动 100 次，闪电侠听到的声音就会变成每秒振动 166 次。虽
然声音听起来会很奇怪，但闪电侠可以听清那个人的话。如果他跑得
更快，会不会就听不到了呢？人类能够听到的音高极限值是每秒振动
20 000 次，为了让闪电侠听到的音高能达到这个水平，他必须以超
过 150 000 英里 / 小时（也就是声速的 0.02%）的速度向讲话者奔去。
但如果闪电侠以这么高的速度奔跑，那么除了多普勒效应之外，还会
有其他问题产生。

　　闪电侠抓住飞行的子弹的绝技也符合牛顿运动定律。如果你跑
得比子弹快，就不需要防弹技术了。可是那些枪口下的无辜路人怎
么办？图 11 从物理学角度展示了在这种情况下超级速度的用处。在
《闪电侠》第 124 期里，一个潜在的受害者这样描述：“……这位神奇
的极速者仅仅靠与呼啸而过的子弹保持同样的速度，就能够在子弹射
中目标之前用手拨开所有的子弹。”也就是说，闪电侠能让自己的奔
跑速度与子弹的飞行速度一样，即二者的相对速度为零。你能在飞行
的飞机上毫不费力地拿起一本书或者一个杯子，这是因为你和飞机是
相对静止的。同理，闪电侠能抓住在空气中飞行的子弹，是因为他与
子弹都以 1 500 英尺 / 秒或者超过 1 000 英里 / 小时的速度向同一方
向运动。《闪电侠》第 124 期的编者注中指出，“闪电侠抓住子弹就像
棒球守场员接住一个速度很快的滚地球，后者是靠迎着棒球的飞行方
向挥动手套做到的！”

　　我们在第 3 章中讨论过，高空坠落的问题不在于速度而在于减速
的过程。对于格温·斯黛西来说，她的制动时间非常短，以至于制动
力非常大。我们在前面提到，拳击手受到击打时会蜷缩身体，是为了
延长时间，让所受伤害最小化。正如编者注所指出的，闪电侠运用的

也是相同的原理。除了能够急速奔跑，巴里·艾伦显然也能够承受加速或者减速时产生的巨大加速度。因此，当闪电侠停下来的时候，他抓住的那颗子弹也停下来了，这样他才能帅气十足地把子弹扔到对手脚下。

© 1961 National Periodical Publications Inc. (DC)

图 11　闪电侠表明动量定理依然很重要，即便你奔跑的速度快如子弹（见《闪电侠》第 124 期）

第 5 章　蚁人的大世界

在以蚁人的身份行侠仗义、打击犯罪、抓捕间谍之前，汉克·皮姆博士只是一名普通的生物化学家。他的初次亮相是在"蚁丘中的男人"中，那时候他正在与现代科学家的"克星"——筹集研究资金苦苦纠缠。我们来简要回顾一下这个故事的情节。在一次科学大会上，科学家评审组拒绝了皮姆申请研究项目资金的请求，甚至无情地嘲笑了他。"呸！你研究的那个可笑的理论，简直就是浪费时间，"一个教授嘲笑道，"根本没什么用！"另一位教授说："你应该做点儿实用的研究！"但是皮姆说："我只想做能激发想象力的事……比如我的最新发明！"我必须指出，这番交流有两个地方显得特别真实：第一，直到现在，在大学和科研实验室里，仍有两种类型的研究派别互不相让，即为了实际应用而进行的研究和受好奇心驱动的研究；第二，跟一般人不一样，科学家在日常交流里经常会用到"呸"这个字眼。

皮姆在第一次意外（你很自然就会得出这样的结论，因为几乎所有的超级英雄都很容易发生意外，至少在获得超能力的时候）接触缩小药剂时，有了一段在蚂蚁窝里的悲惨经历，这不禁让人想起 1954

年的一个科幻小说《不可思议的收缩人》。在皮姆用增长药剂恢复到正常身高之后，他立马把这两种药剂都倒进水槽冲进下水道。他意识到这些药剂"太危险了，不能再用在任何人身上"。他发誓说："从现在起，我要开始研究实用项目了！"至于皮姆觉得什么样的研究比可逆微缩技术更实用，就留给读者自己想象吧。

皮姆的这个誓言在销量喜人的《惊异故事》第 27 期才被打破。正如图 12 中所示，在《惊异故事》第 35 期"蚁人归来"（Return of the Ant-Man）里，这位博士再次（在《惊异故事》第 27 期以前的故事里，他从未称自己为博士）使用了缩小药剂，并设计出一身醒目的红黑连体衣和一个可以跟蚂蚁交流的电子头盔。事实上，蚂蚁是靠分泌一种含有信息素的化学物质相互交流的，所以，关于皮姆头盔的工作原理我们就不深究了。穿戴上这身装备，科学家汉克·皮姆变身成了不可思议的蚁人，开始与普通罪犯、入侵的外星人以及像豪猪和蛋头这样的超级大反派作战。在与这位正义使者面对面（考虑到体量的差别，当然不是真的面对面）的战斗中，没有哪个坏蛋能获胜，而他凭借的超能力就是 11 毫米的身高。

把故事人物缩小到昆虫尺寸的冒险之旅，50 年来已经成为经典科幻和漫画作品的主打情节。尽管我们身处 21 世纪，却始终没有找到能把重量减轻的关键技术。究竟问题出在哪里呢？

不断涌现的新闻报道似乎确认了这样一个等式：科学事实等于科幻小说加上时间。比如，机器人能够组装汽车、打扫公寓；计算机在国际象棋比赛中击败人类世界冠军；治疗性克隆技术有望治愈许多恶性疾病；人类成功登月，在月球上行走后，又安全返回地球，而且是很多次；人类还实地探索了其他星球，至少是太阳系里的星球，但目前主要靠无人飞船。著名物理学期刊刊发了科学论文，讨论以"负能

图 12 在《惊异故事》第 35 期 "蚁人归来" 的首页，我们第一次看到了汉克·皮姆博士变身后的样子

量"的概念来制造"时空穿梭机"的问题。（这种负能量能够防止虫洞坍缩——广义相对论中的概念，是翘曲速度的理论基础，即实现超光速旅行。）

从技术角度看那些关于未来的预测，《星际迷航》里的手持通信设备已经成为现代人的日常用品。事实上，某些类别的手机已能够进行数字化存储和转换，与互联网连接，这已经超出了 20 世纪 60 年代

《星际迷航》作者的想象。《星际迷航》里的三录仪——一种和精装书尺寸差不多，能够进行化学和生物学分析的手持设备——也许很快就能买到了。掌上电脑已经普及，DNA 芯片分析及相关功能正在研发中。尽管还没有便携式喷气背包和机器人管家，但平板电视、微波炉以及能提供人体内部三维图像的核磁共振成像都表明，我们确实已经来到了未来世界。

虽然以上这些奇妙的想象已经成真，但我们还是没办法随心所欲地把人变大或缩小。与微缩技术相比，实现翘曲飞行和时空穿梭的可能性更大。然而，20 世纪 60 年代，漫画和电影里都在说军方的机密科学实验室很快就会发明出缩小射线。

1966 年的科幻电影《神奇旅程》描述了一个外科医疗小组在一个微型潜艇上的冒险之旅，他们被缩小到细菌的尺寸，并被注入一位科学家的血液中，以移除他大脑中的血液凝块。在电影开始之前，屏幕上先出现了一段文字："这部电影将带你进入未曾涉足之境，看到未曾目睹之景。在我们生活的这个世界上，月球之旅即将启程，我们身边一直有不可思议的事情在发生。总有一天，也许就是明天，你们在这部电影中看到的奇妙之旅终会成真。"3 年后，人类成功登上了月球；与 30 年前相比，今天的奇迹更是随处可见。但是，要等到这样一群细菌尺寸的医生出诊还要过很长时间。到底是什么不可逾越的鸿沟导致皮姆博士无法从根本上改变自己身体的尺寸呢？

微缩过程在物理学上是不可行的（就我们目前所知而言），其原因在于，物质是由原子组成的，原子量级是自然界中的一个基本尺度，无法进行调整。艾萨克·阿西莫夫创作的《神奇旅程》提到，把一样东西变小至少需要满足以下三个条件之一：第一，把原子变小；第二，移除部分原子；第三，让原子排列得更紧密。

我们先来看看原子的大小。在描述原子的动画形象中，或者在"小心放射性物质"这样的警示招贴画里，围绕原子核运动的电子轨道呈现椭圆形，就像太阳系里围绕太阳运行的行星轨道。我们通常认为，从太阳中心到行星运行轨道最外侧的距离决定了太阳系的大小。同理，原子的直径也是由围绕原子核运动的电子的活动范围决定的。原子的大小一般是 1/3 纳米，1 纳米是十亿分之一米（1 米约为 39 英寸）。在一根人类头发的横截面上，排列着超过 300 000 个原子。

每个原子都有一个原子核，它是由一定数量的带正电荷的质子和不带电的中子组成的。原子中除了带正电荷的质子，还有带同等数量负电荷的电子。如果带相反电荷的物体互相吸引，那为什么带正电荷的质子不会把带负电荷的电子拉进原子核呢？确实有可能这样，但前提是电子保持静止。我们在第 2 章中讨论过，地球和月球之间相互吸引，月球沿固定轨道围绕地球运行，月球与地球之间的距离和月球的运行速度平衡了地球的引力。同理，电子也是按照一定的轨道围绕原子核运行的。有趣的是，不同原子的大小差别不大，不会超过两倍。原子核中质子的数量与"在轨道上运行"的电子的数量刚好相等。比较重的原子含有更多质子，能够更有力地把电子拉向原子核，但是，电子越多意味着带负电荷的电子间的排斥力越大，它们又会相互远离。这样一种平衡使得原子的大小通常是一亿分之二或一亿分之三厘米。

在这里我必须指出，电子并不是精确地按照椭圆形轨道运行的。事实上，量子力学不是要找到电子的确切位置，而是提供了一种计算与原子核有一定距离的电子的排布概率的方法。电子有可能到达的最远距离（"概率云"的覆盖范围）就是原子的"半径"，这与原子的大小直接相关。在计算原子半径的公式中，我们只需要知道电子的质量及其电荷数、原子核中的正电荷数，以及宇宙的基本常数 h（h 也被称为普朗克常量）。在第三部分中，我们将进一步讨论 h，所以目前我们只需要知道 h 是一个确定的数值，就如同公式里电子的质量及电荷数一样。一旦确定了原子核中正电荷的数量（它决定了我们研究的是哪一种元素），所有因素就都确定了。所以，原子的大小是由一系列基本常数决定的，无法改变。

在艾萨克·阿西莫夫接下来的《神奇旅程：目的地大脑》中，他提出了一种微缩技术，即制造一个"局部畸变场"，以某种方式改变普朗克常量。如果 h 成了一个可变量，把它的值缩小为现值的 1/10，就可以把原子的大小缩小为现值的 1/100。无须多言，在现实世界里我们还不知道如何做到这一点，正因为如此，h 仍被视为一个恒定的常量。如果我们能够找到一种改变自然界中的基本常数的方式，比如改变光速或者电子的电荷数，我们的生活将会发生天翻地覆的变化。在那一天到来之前，这些常数还是恒定不变的，因为这些常数决定了原子的半径，所以原子的大小也是不变的。这样一来，我们就无法把原子变小，至少目前是这样。

那么，关于微缩技术的第二个条件，也就是移除物体的部分原子呢？物体都是由原子组成的，去掉一些应该能让物体变小。当然，电子产品的尺寸缩小表明，有些器件可以用更少的材料制成，还不影响其性能。但对于更复杂的生命体来说，去掉一部分原子可能会造成严重的后果。一个人从 6 英尺高变成 6 英寸高，高度缩小为原来的 1/12。当然，因为人是立体的，所以在宽度和厚度上也缩小为原来的 1/12。用去除一些原子的方法（假设我们能做到这一点，把这些原子存储到安全的地方，当你想要恢复正常身高的时候还能把这些原子放回原处）达到这个目标，意味着你每去除 1 727 个原子的同时只能保留 1 个原子。即使我们假设原子的移除是均匀的——从所有细胞中去除相同部分的原子——人体的生物功能仍会丧失，至少是严重受损。

想想大脑神经元吧。人们一直有个迷思，为什么只有 10% 的大脑得到了充分利用？进化论认为，这是对可用脑资源的巨大浪费。如果神经元可以变得更小，并且仍能在大脑中发挥应有的作用，这种突变将具有很强的竞争优势。不仅构成一个人所需要的原子会更少（相应地，通过食物摄取能量的需求也会大大降低），而且如果大脑容量不变，我们还能拥有更多的神经元和突触连接。典型的神经元的尺寸约为千分之一厘米，不管是蚂蚁的神经元还是人类的神经元。人类比蚂蚁聪明（一般来说是这样，但我相信我们肯定能找到反例），是因为我们的神经元数量大约是蚂蚁的 40 万倍，以及我们也有更多的突触连接，而不是因为我们的神经元尺寸是蚂蚁的 1 000 倍。去除 99% 的原子后，你的身体细胞会缩减 99%，但它们再也无法正常工作。

最后，我们来看第三个条件，即让原子排列得更紧密以增加人体密度，从而压缩人的体积。很不幸，这个方法也不能成功实现人体微缩，道理就和氦星的密度不可能是地球的 15 倍一样。一方面，固体中的原子已经排列得很紧密了；另一方面，原子周围充满带负电荷的电子，它们没办法挤在一起。这就好比一个容器里装满了弹珠，这个容器的绝大部分空间都会被弹珠占据。除了极少数情况外，每个弹珠基本上都会紧挨着几个相邻的弹珠。当然，弹珠之间还有点儿空隙，却不足以再塞进一颗弹珠。因为弹珠是坚硬的球体、不可压缩，所以从外部挤压这个容器并不会让容器的体积明显减小。把容器的体积变为原来的 1/10 需要施加足够大的压力，以至于会碾碎所有弹珠。用同样大的压力去压缩一个人只会产生一个拙劣的漫画故事，无法通过漫画规则管理局的审批。

既然微缩技术如此难以实现，那么皮姆，也就是蚁人，是怎么做到的呢？在《惊异故事》第 27 期里，生物化学家皮姆博士潜心研究数年，希望找到能把物体变小的药剂，直到他被注射了一种抗生长血清。后来，皮姆把他的缩小药剂制成了易于吞服的小药丸。至于他如何缩小其他物体，比如他的制服、头盔、武器，故事里说他发明了一种"皮姆粒子"，这种粒子可以把物体变大或者缩小。但是关于缩小药剂或者皮姆粒子到底是什么原理，漫画未做说明，所以它们只能被归为"不合常理的奇迹"。

第6章　水下的英雄

超人、蜘蛛侠、蝙蝠侠和绿巨人都是非常著名的超级英雄，但也有一些英雄人物，同样在打击犯罪，却没有得到足够的重视。他们是各个英雄团队的创始成员，也面临着巨大的威胁，但我认为这些英雄人物受到了不公平的对待，有些沦落为替补队员，有些甚至更糟。这些英雄包括：蚁人（复仇者联盟的创始成员），弹力男孩和饕餮少年（他们都是超级英雄战队的早期成员），以及美国正义联盟的最初成员——七海之王（也叫水行侠、海王）。

在第8章里，我们将会探讨汉克·皮姆是如何成功地从纸袋里钻出来的（这恐怕是超级英雄世界的最低门槛了），只有11毫米高的蚁人始终竭尽所能弘扬正义。当讨论静电和接地的时候，我会介绍一下弹力男孩（只是简要介绍）。从比斯摩星球来的饕餮少年的真实姓名是丹泽·金，那个星球上的居民已经进化出咀嚼和消化所有类型固体的能力，比如石头、金属、塑料，在他身上我们实在挖掘不出什么重要的物理学原理。然而，超级英雄战队的邪恶敌人会悔恨地发现，没有什么监狱能关得住饕餮少年。在本章中我们将会看到，最不应该被低估的英雄其实是海王。

在 1941 年 11 月出版的《多趣漫画》第 73 期里海王首次登场（见图 13），他是由漫画师保罗·诺里斯和编剧莫特·韦辛格联手打造的，后者在 20 世纪 50 年代时还担任了超人漫画的编辑。在这个故事里，德国潜艇发射的鱼雷不慎击中了一艘难民船，为了掩盖错误，他们决定击沉载有幸存乘客和船员的救生艇。这时，海面上突然出现了一位英雄，他穿着橙色的上衣和绿色的裤子。他拯救了难民和船员，又教训了德国潜艇的船员。虽然他从未像超人、蝙蝠侠或神奇女侠一样深入人心，但却享有同样的待遇，在 20 世纪 50 年代中期的漫画黑暗时代仍然保持每月出版一期的频率，而其他超级英雄漫画则几乎全军覆没。这对于一个能跟鱼聊天的英雄来说还是相当不错的。

图 13　在《多趣漫画》第 73 期里，海王首次登场，他一拳就把潜艇打出了一个洞，本来潜艇应该是能够承受海底的压力的

从 1941 年海王首次亮相起，我们就可以看到，他能在水下呼吸，力大惊人，游泳速度超群，拥有即使在黑暗的海洋深处也能看清物体

的敏锐视力 [①]，还能跟鱼交流（在他的第一次冒险之旅中，他用植物作为媒介向海豚发送消息。而从第 5 期开始，他已经能直接对锯鳐发号施令了）。海王的所有这些技能都与已知的流体力学特性相一致（当然，"鱼类心灵感应"需要用到一点儿电磁理论，我们将在第 20 章讨论这种超能力）。

水下的新鲜空气

海王、漫威漫画中的海王子纳摩 [②]，以及漫画中住在亚特兰蒂斯的各个城市的居民，他们的最突出的能力之一就是在水下直接摄取氧气。没有这种超能力，成为一个水下超级英雄似乎也就没什么意义。事实证明，这是一种特殊的能力，它要求自然界中存在"不合常理的奇迹"。海王为什么不通过水来呼吸呢？毕竟，我们就是这么做的！

我们都知道，当肺里充满水时，人就会溺水。但鲜为人知的是，如果肺里没有少量的水，人就不可能正常地呼吸。新鲜空气通过鼻子沿着支气管进入身体，在这个过程中空气的温度升高到与人体一样，同时变湿润。事实上，当空气经过支气管时，必须有 100% 的相对湿度才能到达肺泡——氧气和二氧化碳就是在这些小圆球中进行交换的。肺泡的直径约为 0.1~ 0.3 毫米，比这句话末尾的句号还要小。肺泡壁的另一边是毛细血管，血浆和红细胞经过这些非常细窄的血管，释放出二氧化碳分子，带走氧分子，再流入心脏。毛细血管如此狭

---

① 他很少使用这种能力。值得注意的是，在《多趣漫画》第 106 期里，黑漆漆的画面需要读者"通过自己的眼睛去观察，而不是用海王那双能适应黑暗的眼睛。在海底，一切都藏匿在黑暗之中。但在某处，闪烁着如刀影般微弱的磷光……"

② 创造纳摩这个角色的人——比尔·埃弗里特，15 岁时加入商船队（两年后离开），这段经历可能让他非常熟悉水手的生活。他创造的半人类半亚特兰蒂斯人的英雄，能够在水下呼吸。

窄的原因在于肺泡非常小，只有这样才能实现面积与体积之比的最大化。由于气体交换只通过肺泡壁和毛细血管进行，因此表面积越大，气体扩散的区域就越大。

在肺泡（通过支气管与外部相连）内部与传输血液的毛细血管之间，气体必须完成某种转移。这是借由肺泡表面的液体膜实现的。肺泡细胞内皮如果直接与空气接触就会萎缩，丧失功能，而液体膜起到了隔离作用，从而为气体的转移提供了便利。只有当氧分子从气相转变为液相之后，才能通过两层细胞壁，被快速移动的红细胞吸收。肺泡可以被视为水里的气泡，肺里如果没有（一点儿）水，我们就无法呼吸；然而，就像生活经验告诉我们的，凡事都是过犹不及。没有鱼鳃的海王无法直接从周围的水中摄入氧气，因此他必须具备某种超能力，让他能在水下呼吸。

但即使是肺泡里的这个液体膜，同样有可能使人窒息。这个液体膜与露珠的形成具有相同的物理学原理，它有可能导致我们呼吸短促，甚至窒息。液体膜表面的张力足以使小的肺泡囊完全封闭，即使深呼吸也无法提供足够的压力，致使氧气分子无法进入血液。

表面张力指的是由流体（比如水）中分子之间的吸引力而产生的拉力。这种吸引力当然存在，否则，液体中的原子或分子变成气态时就会四散而去。对于大多数液体而言，这种力是一种相对较弱的静电吸附（也被称为范德瓦耳斯力），它来自于分子中变化的电荷分布。这个力不能太强，因为水分子必须从其他分子旁边流过，才能通过水管或者装满容器，这是固体做不到的。稍后我会解释壁虎和蜘蛛侠为什么能沿墙面行走，以及爬过天花板，到那时我们也会讨论范德瓦耳斯。

这种吸引力在各个方向上以相等的力拉着水分子，上下的力并不比左右的力更强。对于液体中间的水分子来说，这种拉力是完全平衡的；而液体表面的水分子则只能感觉到它下面水分子的吸引力，因为它上面的空气分子并不会对水分子施加一个向上的吸引力。因此，表面这些水分子只受到向下的净吸引力，这使它们在没有重力的情况下也会弯曲形成一个球形水面。在黎明时分，由于没有阳光的照射，温度较低，大气中的水会凝结在草叶上，表面张力使得这些水形成一个个半球形的露珠。露珠就像一个凸透镜，在清晨阳光的照射下，发出晶莹的光泽，而随着太阳不断升高，露珠会被蒸发殆尽。

让我们的肺泡壁收缩的球形水面就没那么迷人了，必须用极强的压力才能让肺泡囊打开。在生物进化的过程中，当我们面临降低肺泡水层的表面张力这个难题时，自然选择给出了与我们洗衣服相同的解决方案。肺泡壁中的细胞会分泌一种"肺表面活性物质"（pulmonary surfactant），pulmonary 指的是肺，surfactant 指的是一种长而细的表面活性物质分子，两端有不同的化学基团。静电作用会使得该分子的一端被水分子中的电荷吸引，而另一端则被这些电荷排斥。如果这个细长的分子①是非常硬挺的，就像脊柱一样，那么它们被水分子排斥的那一端会指向同一方向（特别是在水的浓度较低时），而被水分子吸引的一端则会在水中散开。在空气与水的交界处，表面活性物质分子可以同时满足两端的需求，被水分子吸引的那一端会插进水中，而被水分子排斥的那一端则伸到空气中。在这种情况下，表面活性物质分子会干扰水层表面的水分子之间的结合，降低水分子之间的凝聚力，这正是水层表面张力的来源。如果没有肺表面活性物质，肺泡实质上就是水里的气泡，不能有效实现与血液之间的气体交换。这些至关重要的肺表面活性物质直到胎儿发育晚期才会生成，这就是早产儿

---

① 这种长长的碳基分子被称为"聚合物"（polymer），因为它包含许多（poly）相似的化学结构（mer，源自希腊语"meros"，意思是"部分"）。

可能患有呼吸窘迫综合征的原因，在研制出有效的人工肺表面活性物质之前，这是一种致命的疾病。

肺里薄薄的水层所产生的表面张力不会致人死亡的原因在于"肥皂"，这句话从技术角度看不算正确，因为肺表面活性物质不是肥皂。但这句话反过来说却是对的，肥皂是一种表面活性剂，在其细长的分子两端分别有被水分子吸引和排斥的化学基团。肥皂有助于减小水的表面张力，从而去除衣物上的污垢。也就是说，肺表面活性物质能让空气更湿润，让我们的呼吸更畅快。

工作的压力永远压不倒他

1941 年，在《多趣漫画》第 73 期中，海王的首次冒险呈现在一个超大的漫画格（这在漫画书中是首次出现，那时这样的格子被称为"防溅板"真是再合适不过了）中，海王在海里用右臂救下了救生艇中的一个女人，用左臂挥飞了德国潜艇发射的炮弹。我们可以计算一下，海王的皮肤要坚韧到什么程度，才能改变炮弹的飞行方向（我们在第 3 章中讨论过）。对于一枚 1 磅重的炮弹，若飞行速度是每秒 500 英尺，就需要海王用一个 30 000 磅力的力量在一毫秒的时间内将它挥飞。这种力施加在很小的区域上，我们假设是 3 平方英寸，海王的左臂所承受的压强就是每平方英寸 10 000 磅力，约为大气压强的 660 倍，与铸铁能承受的压强差不多。一年后，在《多趣漫画》第 85 期里，这位水行侠在北极把一头成年北极熊向 100 英里开外的一群偷猎者扔去，有如抛出一个橄榄球（与偷猎者对战时，对一个自然生物做出这样的举动也是够奇怪的，幸好北极熊没有因此受伤）。所以，他会借助鱼的帮助从困境中脱身或抓住罪犯就显得很奇怪了；毕竟，他有更强的实力！

对于海王神力的标准解释是，这是他能够承受海底压力的自然结果。为了能在水下呼吸，海王需要具备承受整个海洋重量的神力，这与你拥有的力量相比只是程度上的不同，并没有本质区别。每次你从椅子上站起来的时候，你也在举起一片"海洋"，只不过那是一片空气的海洋。如果说海王要对付的是压在他身上的半英里深的水，我们则必须承受压在我们身上的约 15 英里高的空气。这两种压力都可以用牛顿运动定律来解释。

空气分子以声速运动，大约是每小时 700 英里。正如我们前面讨论过的，运动中的任何物体，无论是马克卡车还是氧气分子，都会一直保持原有的运动状态，直到有外力作用为止。当氧气分子与你的肩膀发生碰撞时，外力便开始发挥作用。肩膀对氧气分子施加的让其运动方向发生偏转的力，与氧气分子施加给肩膀的力大小相等、方向相反（根据牛顿第三定律）。每秒击中你肩膀的氧气分子越多（即空气密度越大），你肩上承受的压力就越大。在这个例子中，你的肩膀每平方英寸承受的大气压力约是 15 磅力。我们从来没有注意到这种压力，主要有两个原因。第一，我们的一生都是在大气压力下度过的，人类已经进化出能够承受这种压力的骨骼结构、肌肉和皮肤。第二，空气分子碰撞所产生的压力在各个方向上都是差不多大的。空气通常很稀薄，空气分子之间的距离大约是任何其他分子直径的 10 倍。因此，虽然从理论上说数英里高的空气都压在我们身上，但自下而上的压力和自上而下的压力基本上相同，所以在正常情况下我们不会感受到来自大气的不平衡的压力。

每平方英寸 15 磅力的压强似乎很大，但这与海王在海底所承受的压力相比，简直不值一提。氧分子由两个氧原子组成，比水分子（仅由一个氧原子和两个氢原子组成）重。一个典型的空气分子的动量比一个水分子大 60%（水分子的运动速度大致与空气分子相当，但水分子质量较小）。然而，液态水分子碰撞所产生的压力比空气分子大得多，因为水的密度是空气的 800 倍。水分子本质上是直接接触的，这是由范德瓦耳斯力（这也是造成表面张力的原因）这种弱吸引力所致。与气体不同，液体基本上是不可压缩的，压在你身上的液体越多，它的重量就越大。

你在水下所承受的压力比在陆地上的要大，你在水下的距离越深，压在你身上的水的重量就越大。事实上，你所承受的压力与你在水中的深度成正比：

压力 = 大气压力 +（密度 × 重力加速度 × 深度）

水的深度是从水面开始测量的（如果深度为零，你所承受的压力就只是大气压力）。水的密度（每立方厘米一克）乘以重力加速度代表的是单位体积水的重量，再乘以深度，等式右边的第二项表示的是单位面积水的重量，这与水的压强是一样的。

海面下 1/8 英里处的压力相当于 20 倍的大气压力，海王宽阔的肩膀面积大约是 10 平方英寸，因此他要承受相当于 3 000 磅力的重量。要想在这种摧毁性的压力下保持站立姿势，就需要海王的腿部肌肉提供相同的支撑力。我们在第 1 章中提到，超人在他出生的氪星上重量约为 3 000 磅力，海王的腿起码也得强壮到这个程度，因为他还得潜入更深的海洋。

在《美国正义联盟》第 200 期里，海王必须与一个身体由纯玻璃构成的外星生物搏斗（见图 14）。实际上，玻璃相当坚韧，纯净的玻璃甚至比很多金属还要坚固。然而，在与美国正义联盟的搏斗中，这个外星生物身上的玻璃不可避免地会出现划痕和裂缝，严重削弱玻璃的抗压能力。即便如此，要想打碎这种玻璃仍需要超过每平方英寸 1 吨力的压强。利用前面的公式，我们可以得出结论，在海面下大约 1 英里处，压强是每平方英寸 2 600 磅力。海王是能够承受这样大的压力的，但外星入侵者恐怕就不行了。

在水面上方，显然没有水的重量，只有大气压力。由于空气在地球表面的分布是均匀的，因此任何水体的高度都相同，不管形状或面积如何。事实上，如果两个水体在下方相连，就必然具有相同的高度，我们称之为"海平面"。如果没有大气层，海平面的高度是多少呢？这不是一个真正意义上的学术问题。事实上，我们会把上文中的方程应用在实践中，比如计算用吸管喝水时水面的高度，此时没有大气压力，至少大气压力较弱。我们现在要说明的是，物理学对超人的远距离喝水能力有着多么严重的限制！

图 14　在《美国正义联盟》第 200 期里，海王把由玻璃构成的外星生物拖到了海底，成功干掉了它

最开始用吸管喝水的人是谁，这个人的名字已经消失在时间的长河中。但有证据表明吸管的使用可以追溯到古老的美索不达米亚平原，它现在是伊拉克的一部分。生长在底格里斯河和幼发拉底河两岸（这个地区被称为新月沃土，是农业的发源地之一）的芦苇，不仅能用来喝可口的饮料，把它按在湿黏土（在这些河流沿岸随处可得）上，还可以形成楔形文字（cuneiform，拉丁语中意为"楔形"），黏土晾干变硬后，就可以留下永久的文字记录。公元前 4000 年的苏美尔人被公认为是最早用文字记录和传递信息的人，其独特的"字母"被称为"楔形文字"。因此用吸管喝水的历史与书写的历史一样悠久，但可以弯曲的吸管则是在很久以后才出现的。

把吸管插进一杯水中，两个"水体"——吸管里的水和吸管外的水——内外相连。我们假设吸管不会紧紧地挨着玻璃杯底部，所以水可以在这两个区域之间自由移动。当把吸管放进玻璃杯里时，吸管外面的气压和吸管内部的气压是一样的。吸管内的水所受作用力与吸管外的水相同，所以吸管内外的水在同一平面上。当我们用嘴含住吸管并开始吮吸时，就把吸管内的空气密封住了，吸管内部的大气压力降低，而吸管外面的大气压力不变，"两个水体之间因此产生了压力差"，结果就是吸管外面的大气压力会使吸管里的水面升高。

吸管里的水最高能达到多少呢？吸管内部的压力越小，吸管内外的压力差就越大。假设超人（白银时代的超人会飞并拥有超级呼吸能力）将一根巨大的吸管放入一大片湖水中。有没有那么长的吸管，连超人都没法用它喝水？有的！吸管内外的压力差越大，把吸管里的水向上推的力就越大。但是吸管外部的压强不能大于每平方英寸 15 磅力。当我们用吸管喝汽水时，我们会使吸管内的压强降至每平方英寸 5~10 磅力。超人显然可以做得更好，但即使是他，也不可能让吸管内部变成真空状态。吸管内的最小压强为每平方英寸 0 磅力，这时吸管内一个空气分子都没有。要想算出在这种极端条件下吸管内的水能上升到什么高度，我们可以使用有关水深和压力的方程，只不过现在等式左边的压力为 0，我们要计算的是一个负水深，即水的高度。压强差，即每平方英寸 15 磅力和 0 之间的差，可以将吸管内的水推到 34 英尺高，不管吸管的直径如何。这个高度相当高，但也是有限的高度。如果超人想从一根 35 英尺长的吸管里喝到水，他可能也只得望水兴叹了。

当然，在白银时代有点儿滑稽的超人冒险精神的指引下，人们总是能编造出一种机制，让超人可以用任意长度的吸管喝水。他确实不能将吸管内的压强降到每平方英寸 0 磅力，但他也许能把吸管外的压强增加到超过正常水平。如果他在用吸管喝水之前，能快速地用超级呼吸向这片水体中吹一口气，就能造成更大的压强差，从而把吸管内的水推到故事情节所需的任何高度。

巨大的压力失调会产生更深刻的影响，而不只是让人喝上一口清凉的饮料。在上面的讨论中，我们假设吸管是由某种高强度的金属制成的，因此不会在巨大的压强差下被毁坏。但实际上，吸管内较低的压强意味着每秒内撞击吸管内壁的分子数量比吸管外面少。也就是说，吸管壁两侧受到的力并不平衡。如果这种力足够大，它会使吸管损坏，任何用力吸过纸吸管的人都会知道这个道理。

空气分子的影响通常非常细微，但它们能压碎比纸吸管更结实的物体。如果把力只施加在一个方向上，那么每平方英寸 15 磅力的压强已经相当大了。把一个容量为 55 美制加仑[①]的铁桶放在火上，让

---

① 1 美制加仑 ≈3.79 升。——编者注

它用 10 分钟左右的时间煮沸约 3 夸脱 [①] 的水，然后把铁桶密封起来，并移走火源。挤走了桶内空气的蒸汽会逐渐冷却变回液态，体积变小，桶内部的压强也会变小。由于与外界隔绝，没有空气可以进来，所以桶内外的压强差会增大。几分钟后，铁桶就会发生剧烈的内爆。这种极端的事情有时真的会发生，比如用蒸汽清洗铁路罐车。罐车内充满热水，封闭起来以后，蒸汽冷却变回液态，由此产生的压强差会使罐车发生剧烈的内爆。如果大气压力可以造成这么大的破坏，可想而知，能够承受海底压力的海王身体是多么强韧。

谁是真正的飞鱼？

海王最广为人知的能力不仅包括水下呼吸、威武的神力、与鱼类交流，还包括超快的游泳速度。据说他的游泳速度快达每小时 100 英里，比任何哺乳动物或鱼类都要快。他是怎么做到的？我们又是怎样游泳的呢？

游泳的首要原则是避免下沉，做到这一点的最好方法是漂浮，而漂浮起来的最好方法是让物质的密度小于水。我们想象水下有一个盒子。如果盒子与同等体积的水的重量完全相同，那么除了颜色不同之外，盒子与这些水没有什么区别。如果我们沿着这个水体画一条假想的线，那么它既不会浮上水面也不会沉到水底。在这种情况下，我们说盒子与其周围流体的浮力是"匹配"的，它会一直停在初始位置。如果盒子的质量大于同等体积水的质量，盒子就会下沉；如果盒子的质量小于同等体积水的质量，它就会上浮并漂浮在水面上。人体内的大部分成分都是水，肺里约有 2 夸脱的空气，脂肪的密度也比水小。

---

① 1 夸脱 ≈ 0.95 升。——编者注

因此，总的来说，人体的密度比水小，所以能在水中浮起来。盐水的密度比淡水大，所以人在海洋中比在淡水湖或池塘里更容易浮起来。钢块的密度比水大得多，如果把它放在水中，它就会下沉。但是，我们可以通过改变金属的体积来降低金属的密度。如果用钢块制造一艘敞篷船，外壳是钢铁，里面是空气，其平均密度就会小于水的密度，它也能浮起来了。

海王可以在海水中随意沉浮，其方法大概与鱼相同：改变某个器官中的空气含量，这个器官就是鱼鳔。鱼鳔可以储存空气，当鱼游到深海域时，鱼受到的水压变大，此时鱼会通过深呼吸，将空气输送到血液中以及鳔中，让鳔膨胀起来。这样做可以增加鱼体的平均密度，使其上浮。同样，当它想向下游时，它可以将鱼鳔中的空气排出，增大鱼体密度。海王有着独特的半人类半亚特兰蒂斯人血统，他显然有一个类似鱼鳔的器官，使他可以在大海之中任意畅游。

能漂浮在水中是游泳的一个必要条件，但仅有这个条件还不够。游泳的人必须向周围的水施加一个向后的力，根据牛顿第三定律，水才能给他施加一个大小相等但方向相反的推力，推动他前进。蛙泳的手部动作（技术上称为"划臂"）会把水向后推，让游泳者向前进。有一个问题长期困扰着那些对游泳的物理学原理感兴趣的人：如果流体的黏度（阻力）变大，游泳者的速度能否更快？这个问题最近在实验中得以解决。显然，黏度较大的流体，比如糖浆，会对游泳者产生更大的阻力；然而，游泳者越用力地推动流体，流体就会对游泳者产生越大的反作用力，推动他向前移动。现实是，在糖浆中移动比在水中更难，就像在游泳池里奔跑的阻力比在空气中要大得多。那么，在游泳过程中，黏度起到的究竟是积极作用还是消极作用呢？

我所在的明尼苏达大学于 2004 年做了一项实验，由化学工程学教授埃德·卡斯勒主持。他们往学校游泳池里倒了 900 磅的瓜尔胶粉，使得液体黏度变成普通水的两倍。来自大学游泳队的运动员在"这锅浓汤"中游了几个来回，实验人员把他们所花的时间与平常的用时做比较。实验结果是：用时一样。在黏度高的液体中游泳，游泳者的划水效率虽然提高了，但他们遇到的阻力也增加了，二者相互抵消。

为了达到每小时 100 英里的游泳速度，海王利用了一个"不合常理的奇迹"，与闪电侠的情况差不多。但也许他也利用了自然界中游得最快的生物——海豚的一些特性。虽然海豚并不是美国正义联盟的成员，但它的游泳速度能达到每小时 20~25 英里。速度如此之快，以至于有些科学家认为海豚在某种程度上违反了能量守恒定律。还有人认为，为了达到这样的游泳速度，海豚必须具备很强的肌肉，从而为它的每次划水提供强大的力量。肌肉的密度比水大，但这些哺乳动物并没有沉入海底，这是鲸脂的功劳，而不是脂肪的作用。鲸脂的密度比脂肪低，还具有类似肌肉的弹性，能在海豚游泳时提供助力。对游泳和喜剧而言，有一件事是一样的：时机就是一切。在划水的过程中，海豚会在非常精准的时间点把尾鳍变成拱形，以最大限度地发挥它的推动作用。此外，海豚的身体呈现非常完美的流线型，几乎没有什么部位会产生阻力。

有趣的是，海豚的外皮每两个小时就会完全脱落一次。为了不断生成新的皮肤，海豚不得不耗费更多的能量，那么这个机制的好处是什么呢？物理实验和计算机模拟显示，在游泳的过程中，从海豚身上脱落的一片片皮肤会使其尾流中的涡旋散开。通过抑制涡旋的形成，进而抑制了湍流的形成，较少的湍流往往意味着更快的速度。也许海王的超级游泳速度并非来自他的橙色斑点衬衫，而是满头的头皮屑！

第 7 章　蜘蛛侠荡起来

　　关于力，我还想再补充一点，主要是关于蜘蛛侠能吊在蛛丝上这件事。基本上每一期《超凡蜘蛛侠》里都会有这样的场景：蜘蛛侠借助蛛丝从一栋楼荡到另一栋楼，穿行在纽约的高楼之间。但是，这真的可行吗？准确地说，蜘蛛侠的蛛丝是不是足够结实，能承受得住他本人以及罪犯、受害者或者他半路抓住的无辜路人的重量？由于蜘蛛侠的摆荡路径是弧形的，蛛丝除了承受蜘蛛侠的重量之外，还要承受另一个力。我们来看看这是怎么回事。

　　牛顿第二定律（$F = ma$）告诉我们，要想改变一个物体的运动状态，必须施加外力。运动状态的变化既包括量的变化（速度变快或者变慢），也包括方向的变化。如果没有外力作用于这个物体，它将一直保持"匀速直线运动"，即沿着直线一直运动下去。运动状态的任何变化，不管是大小的变化还是方向的变化，都是外力作用的结果。汽车在通过发夹弯道的时候，外力（轮胎与路面的摩擦力）改变了汽车的行驶方向，但行驶速度没有变。

　　想要改变物体的运动方向，就需要借助外力，而且这个外力只能在它作用的方向上产生加速度。比如，重力会把物体拉向地面，而不管物体一开始是如何运动的。更重要的是，重力只能把物体拉向地面，因为这是它能作用的唯一方向。在黄金时代，如果不会飞的超人以稳定的水平速度从悬崖边一跃而下，他就会因重力作用而下落。重力不会作用于水平方向，所以他在坠落的过程中水平速度不会改变！毕竟，没有外力，就没有变化。但由于重力作用，他的垂直速度会增加，坠落的时间越长，垂直速度越快，就像格温·斯黛西的例子。恒定的水平速度与不断增加的垂直速度产生的净效果是一条抛物线，他坠落的时间越长，曲线就越陡峭。再举一个例子，沿着平行于地面的方向抛出一个时速为 90 英里且不自旋的快球，它落到地面时的垂直速度跟同一时刻从投手手中垂直掉落到地面的球一样。这两个球会同时落地（假设它们是从同一高度掉落的），因为唯一能够改变它们运动状态的力就是垂直方向上的重力。物体运动状态的变化，不管是运动方向还是运动速度，都源于外力作用。

蜘蛛侠借助蛛丝从一栋建筑物摆荡到另一栋建筑物，他的移动轨迹呈弧形，而不是直线形。因此，即便在他摆荡的过程中速度没有变化，他的运动方向也一直在变，这只能由外力来实现。很显然，这个外力是蛛丝的拉力。所以，蛛丝发挥了两种作用，即提供了两种力：第一，承担蜘蛛侠体重的力；第二，让他沿着弧形轨迹运动的力。如果在摆荡的过程中蛛丝突然断掉，那么蜘蛛侠受到的唯一外力就是重力。此时他会像一个球一样飞出去，他的速度就是蛛丝断开那一刻的速度。

在蜘蛛侠沿弧形轨迹摆荡的过程中，蛛丝的拉力产生的加速度与月球围绕地球转动时的加速度相似。前一个加速度来自蛛丝的拉力，后一个加速度来自牛顿发现的万有引力，它们的共同之处就在于把直线运动变成了曲线运动。地球的引力就是月球的"蛛丝"，它让月球的运动方向发生改变。如果蛛丝的拉力或者地球的引力突然消失，蜘蛛侠和月球都将偏离原本的运动轨迹，以外力消失那一刻的速度继续运动。我们运用一点儿几何和代数知识就可以知道，以速度 v 沿着圆周轨迹运动的物体，其加速度为 $a = (v \times v)/R = v^2/R$，其中 R 为圆的半径。

蜘蛛侠的蛛丝需要提供一个大小为 mg 的力，以承受他的体重；还要提供一个大小为 mv^2/R 的力，以改变他的运动方向。他摆荡得越快（速度 v 越大），或者摆荡的半径 R 越小，向心加速度 v^2/R 就越大。如果蜘蛛侠用长度为 200 英尺的蛛丝以 50 英里 / 小时的速度摆荡，那么除了重力加速度为 32 英尺 / 秒^2 之外，还会有一个 27 英尺 / 秒^2 的向心加速度。如果在公制计量法下蜘蛛侠的质量大约是 73 千克，他的重量就是 160 磅力；而为了让直线运动轨迹变成圆周运动轨迹，蛛丝还需要额外提供 135 磅力的力。因此，蛛丝的总拉力接近 300 磅力，如果蜘蛛侠在摆荡的过程中还带着其他人，这个力会更大。

一根细线似乎难以承受 300 磅力或者更大的力，但如果蜘蛛侠使用的蛛丝跟真正的蛛丝一样，就没什么可担心的了。蜘蛛用来织网和从肉食性鸟类嘴边逃命的蛛丝，每磅的强度是钢筋的 5 倍，而且比尼龙绳的弹性还要强。蛛丝的这种特性源自上千根十亿分之几米粗的坚韧纤维（纤维的数量很多，任意一根都不会对蛛丝整体造成致命性影响），其间散布的充满液体的导管能够分散整根蛛丝的张力。蜘蛛侠用发射器喷射蛛丝的时候，通过调整其化学成分就可以改变蛛丝的特性。与之类似，蜘蛛也能通过改变结晶蛋白质和非结晶蛋白质的相对含量来调整蛛丝的强度。

蛛网具有很大的商业应用价值，因此蛛丝的市场需求量非常大。

但通过养殖蜘蛛来收集蛛丝的做法不太实际（蜘蛛的领地意识非常强，很难人工养殖），有些基因工程实验将蜘蛛的造丝基因植入山羊体内，通过过滤山羊奶即可得到蛛丝，过程也相对简单。然而，培育这样的山羊还是有些难度的。此外，有一些科学家宣称，他们已经取得了初步成果，在实验室中成功地使蜘蛛细胞感染上基因工程病毒，这样细胞就可以直接产生蛛网中含有的那种蛋白质。蜘蛛的这种造丝基因也成功地被注入大肠杆菌和植物细胞中，这类研究具有广阔的商业应用前景。正如吉姆·罗宾斯发表在 2002 年 7 月的《史密森杂志》（*Smithsonian*）上的文章《第二个自然》中所说："从理论上讲，由蛛丝编成的绳子只需要有铅笔那么粗，就可以阻止战斗机在航母上降落。强度和弹性的结合使得它能够承受的冲击力比用于制造防弹背心的凯夫拉纤维还要强 4 倍。"

真正的蜘蛛丝能够承受超过每平方厘米 20 000 磅力的压强。也就是说，一个直径为 1 厘米（略短于半英寸）的蛛丝绳截面最多能承受 10 吨的质量。即使直径只有 1/4 英寸的蛛丝绳，也可以承受 6 000 磅力的重量，远远超过我们刚才估计的 300 磅力的数值。所以，就算蜘蛛侠同时带上绿巨人浩克和"肉球"，他的蛛丝也能轻松驾驭。

因此，根据牛顿运动定律，蜘蛛侠凭借蛛丝从一栋建筑物荡到另一栋建筑物、拦下失控的高速列车（出自 2004 年的电影《蜘蛛侠2》）、用蛛丝编织成防弹护具都是完全可行的。

第 8 章　蚁人的阿喀琉斯之踵

　　每个漫画英雄都有其阿喀琉斯之踵，蚁人的弱点就在于他只有 11 毫米高。就像超人怕氪石一样，蚁人需要提防的是被别人踩在脚下这种更常见的威胁。此外，他的步幅只有几毫米，他在正常身高时迈出的一步，变成蚁人后则需要走几百步。相应地，他移动几英尺所需要的时间也增加了，无怪乎他喜欢搭木蚁的"便车"。[①] 他能够骑在蚂蚁身上而不会把它压垮，这说明蚁人的质量也随着体量的变小而变小了，也就是说，在身体缩小的过程中，他的密度没有变（我们知道一个物体的密度等于质量除以体积，如果体积缩小到原来的千分之一，质量也会缩小到原来的千分之一，但它们的比率，即物体的密度是不变的）。皮姆很好地利用了自己的质量变小这一点，他制造了一个弹射器，可以把自己发射出去，飞跃整个城镇。当然，正如我们在

---

　　① 在 2008 年的《美国正义联盟：机密》中，当原子侠（DC 漫画宇宙中可伸缩体量的超级英雄）想要穿过一个房间的时候，他会把自己的身体变大，以增大步幅，减少需要走的步数。而蚁人只能缩小到一个固定的大小，于是只好用蚂蚁作为交通工具。

第 3 章讨论的，问题在于他停下来的那一刻，而不是飞行的过程。为了让自己的飞跃完美收场，皮姆发挥了自己的超能力，通过电子头盔指挥上百只蚂蚁组成一个"安全气囊"，为他的落地提供缓冲。蚁人的动能由很多只蚂蚁共同分担，其中任何一只都不会因此受到严重的伤害。

既然蚁人的重量如此之轻，一根弹簧即可让他飞跃好几个街区，而不会让帮助他平缓落地的那些蚂蚁受伤，那么他是怎么挫败像"保护者"和"强盗"这样的大反派，又是怎么应对"某同性恋者的挑战"的呢？尤其是在《惊异故事》第 37 期里，他是怎么从吸尘器的集尘袋里钻出来的呢（见图 15）？在《惊异故事》第 38 期里，他又是怎么用尼龙绳套抓住一个骗子并让其在空中摆荡的呢？漫画书中对此的解释是，皮姆的身体虽然只有蚂蚁大小，但他仍保有"一个正常人的力量"。我并不想吹毛求疵，但一个正常人（更别说一个正常的生物化学家）是很难把另一个成年人扔过头顶的，即使他用的是一种"几乎牢不可破"的尼龙绳套。如果这一点暂且不提，那么"蚁人拥有一个正常人的力量"的说法到底意味着什么？为什么他只有蚂蚁的体量却能够冲破集尘袋，但又很容易就被吸尘器吸进去了呢？也许我们应该问一个更基础的问题：为什么你能轻松抬起一个 20 磅的物体，勉强抬起一个 200 磅的物体，却无法抬起一个 2 000 磅的物体？我们的力量来自肌肉和骨骼结构，它们构成了一系列相互连接的杠杆。事实证明，这些杠杆不太适合抬重物。

"力量"这个词有很多意思，在这里我们假设力量指的就是抬起物体的能力。人类运用自己的聪明才智发明了各种机器，它们各具用途，包括抬起重物。人类最早的一项用来抬东西的发明是机械杠杆。很多人第一次见到的杠杆都是跷跷板，这种设施由一个位于平板中间

© 1962 Marvel Comics

图 15　《惊异故事》第 37 期 "被保护者困住" 里的一幕，从中我们可以看到蚁人轻如蚂蚁（因此会被吸尘器吸进去），又像正常人一样强壮（可以从吸尘器的集尘袋里钻出来）

正下方的支点支撑起整个平板。你坐在跷跷板的一侧，通过杠杆的力量，你可以把你的玩伴高高跷起。如果支点位于平板中间正下方，你就只能跷起一个与你的质量大致相等的人。如果支点的位置更靠近某一端，且有一个成年人坐在这一端，那么远离支点的一端只需坐一个小孩就能跷起这个成年人。这是因为跷跷板或者通常意义上的杠杆都存在一个扭矩。

如果力是指沿着直线方向推或者拉一个物体的能力，扭矩衡量的就是转动一个物体的能力。一个力作用于一个物体，使其围绕一个点旋转，那么作用力乘以物体到支点的距离就叫扭矩。"扭矩"和"功"在数学上的定义都是力与距离的乘积。对于功来说，距离表示的是物体的位移，也就是说，作用力推动或拉动物体所经过的距离。为了改变物体的能量，力的作用方向必须和物体的移动方向相同。而对于扭矩而言，作用力与物体和支点之间的距离成直角。这个距离有时被称为扭矩的"力臂"，对于一个给定的作用力，力距离支点越远，力矩就越大。

这就是为什么门把手都被安装在离门铰链尽可能远的位置上。你可以尝试通过推动铰链附近的位置来关上一扇门，再试试用同样大小的力在门把手附近的位置关上门。力是相同的，但是推门的位置离铰链较远就使得力臂变长，扭矩增大，关起门来也更容易。扳手也是一种简单的机械，它把一端施加的作用力放大，使另一端产生旋转。如果我们想把一颗特别紧的螺母拧松，有时会用上一个"小道具"，即扳手的延长臂，在能够施加的作用力已经到达极限的时候，我们可以用延长臂来增加力臂和扭矩。再回到跷跷板的例子，只有当跷跷板的支点靠近成年人坐的那一端时（在操场上玩跷跷板的时候，成年人通常会坐在靠近支点的位置），小孩才能抬起这个成年人。在这种情况下，小孩的力臂增长，扭矩增大，足以把成年人跷起。如果没有杠杆作用，这个任务是不可能完成的。

杠杆还决定了蚁人的小拳头能有多大的力量。通过运用杠杆原理，我们的手臂可以把东西抬起来或者抛出去。一个物体，比如一块石头，被放置在杠杆的一端，也就是我们的手上。肱二头肌收缩会产生力，使杠杆的另一端（前臂）向下移动，并抬起杠杆的这一端，也就是我们握着石头的手。当我们想放下石头的时候，则靠肱三头肌的收缩让手向下运动。肌肉只能收缩和舒张，而不能推动物体。因此，为了做出更多的动作，附着在人类骨骼结构各个点上的肌肉组成了一系列杠杆，可谓进化得相当精巧。前臂的杠杆支点位于肘部。这可能有点儿奇怪，两个力位于支点的同一侧。但这类杠杆在本质上和鱼竿一样，在鱼竿的一端（紧靠着绕线轮旁边的支点）施加力的时候，绕线轮会产生旋转，从而钓起鱼竿另一端的鱼。你的肱二头肌产生的拉力大约位于肘前两英寸的位置，而大多数人的前臂长度是 14 英寸。因此力臂的比例是 1∶7，这意味着你的肱二头肌所施加的力到你手上时减少为原来的 1/7。是的，为了举起一块重量为 20 磅力的石头，你的肱二头肌必须产生一个 140 磅力的向上的力。

关于这一点我们可能会问：这说明什么呢？为什么人类的手臂里存在一个更费力气的杠杆呢？这看起来完全没有必要。如果人类手臂的主要功能是举起石头，那么这个杠杆应该是违背进化论的头号证据。肱二头肌比手更接近支点（你的肘部），肱二头肌在离肘部两英寸的地方收缩，手在距离肘部 14 英寸的地方抬起，与力臂的比例 1∶7 相同。当我们把手里的石头扔出去的时候，用到的仍然是这个比例，肱二头肌在距离肘部两英寸的地方收缩，手在距离肘部 14 英寸的地方举起。这个过程只需要 0.1 秒，即握着石头的手能够在 0.1 秒里移动 12 英寸，速度是 10 英尺 / 秒（约 7 英里 / 小时）。这只是保守估计，一个普通人利用上臂和肩膀之间的杠杆能够以更快的速度扔出石头，还有极少数人能以高达 100 英里 / 小时的速度将棒球大小的物体扔出去。所以，我们手臂中的这个杠杆不是用来抬起大石头的，而是快速把小石头扔出去。我们的祖先中那些善于扔石头或者掷长矛的人通常都是好猎手，一名好猎手能提供更多的食物，也更容易找到配偶，繁衍后代。这样一来，好猎手便把自己的这些"擅长投掷"的基因传给了后代。

当然，我并没有忘记蚁人穿透集尘袋钻出来的事。这位小英雄虽然身长大幅缩减，但是 1∶7 的力臂比例还是跟皮姆一样，不管他是蚂蚁大小还是正常人大小。拳击动作所使用的肌肉与投掷一样，唯一的区别就在于扔出去的不是石头而是拳头。人类肌肉产生的力量大小不取决于其长度，而取决于肌肉的横截面（核磁共振成像的截面，而非手臂的横截面）。如果蚁人的身量是正常人的 1%，他的肌肉产生的力量就要缩减为原来的 $0.01^2 = 0.000\ 1$。如果皮姆在正常人大小的时候，能以 200 磅力的力量出拳，他成为蚁人后，一拳的力量就只有 0.02 磅力。蚁人的拳头比正常人要小得多，横截面的面积只有 0.000 5 平方英寸（假设他的手约为 1 毫米宽）。他出拳时产生的"单位面积受力"（压强）是 0.02 磅力除以 0.000 5 平方英寸，即每平方英寸 40 磅力。我们可以比较一下，他在正常人大小时一拳的力量是 200 磅力，除以正常拳头的横截面积 5 平方英寸，每平方英寸所受的压力也是 40 磅力。[①]在单位面积上，皮姆在蚂蚁大小时出拳的力量与正常人大小时是一样的。看来蚁人确实能够击穿集尘袋摆脱困境，他也因此成为漫画迷眼中的偶像。

为什么被放射性的蜘蛛咬一口不像想象的那么好

上文中我们讨论的是一个昆虫大小的人能有多大力量的事，下面我想用一点儿篇幅破解关于蜘蛛侠的一个迷思。正如我们刚才所说，

①　对于压裂或撕裂一个平面这个问题，我们必须同时考虑力及其作用的面积这两个因素。如果你想走过结着薄薄一层冰的湖面，那么穿雪地靴比穿细高跟鞋的胜算更大。不管你穿的是什么鞋，你的体重是不变的，但高跟鞋鞋跟更大的压强会导致你落入冰冷的湖水中。

如果皮姆变成蚁人后他的密度仍然跟正常人一样，那么尽管他的拳头力量没有正常人那么大，但对于真空吸尘器的集尘袋造成的压力却跟正常人一样。人们会有一种误解，认为这种缩放的原理是双向的，即如果有人被受到辐射的蜘蛛咬了一口（我就是随便举个例子），他就能获得与蜘蛛同等的跳跃能力。也就是说，如果蜘蛛或跳蚤能跳一米高（大约是其身高的 500 倍），那么当一个人获得了与蜘蛛或跳蚤类似的能力后，他也能跳到自己身高 500 倍的高度。如果他的身高是 6 英尺，这就意味着他纵身一跃能跳到 3 000 英尺高！真是这样的话，蜘蛛侠就能把黄金时代的超人（不会飞行，没有从黄色太阳那儿得到超级能力）甩出去好几条街（你完全可以从字面意义上理解这句话）。然而，现实情况并非如此。如果彼得·帕克真的获得了蜘蛛的跳跃能力，那么他能跳达的高度和蜘蛛一样，也是一米。斯坦·李和斯蒂夫·迪特科不明白这其中的道理也算一件好事，否则漫画故事就没那么激动人心、引人入胜了。下面我们来看看他们究竟错在哪里。

你能跳多高取决于哪些因素？通常人们认为有两个因素：你的质量和你的腿向地面施加的力，它们决定了你从地面上跳起来的时候能产生多大的加速度。从你的脚离开地面的那一刻起，唯一一个作用于你身上的力就是重力，它会让你跳起来之后的速度不断变慢。所以，我们要考虑的加速度有两个：你蹬地并一跃而起的加速度，以及伴随整个跳跃过程且最终让你回到地面的重力加速度。如果你以一个很大的初始速度 v 跳起来，你能到达的高度 h 就是由我们熟悉的公式 $v^2 = 2gh$ 决定的，在这里 g 代表重力加速度。

关于这个等式，还有一个奇妙之处，即一个人能跳多高跟他的质量没有关系。不管你的质量是大是小，只要你以速度 v 起跳，你最终的高度就取决于重力加速度 g 以及你的初始速度 v。在跳跃过程中还有一个加速度，即在起跳时由你的腿所产生的加速度，而这个加速度确实跟跳跃者的质量有关。根据牛顿第二定律，力等于质量乘以加速度（$F = ma$）。如果给定一个力 F，这个跳起来的人质量（m）越大，他的加速度（a）就越小，他的初始速度也就越慢。初始速度慢，意味着跳跃的高度（h）低。

蜘蛛能跳到相当于自己身长 30 倍的高度，并不是因为它们擅长跳跃。其实，昆虫的肌肉很小（产生的力也小），但它们跳一米高需要承担的质量也很小。跟蜘蛛相比，人类的肌肉更大，能够产生更大的力，但也需要承担更大的质量，相互抵消后的结果就是，人类平均也只能跳大约一米高。当然，有一些人，比如奥运会的跳高运动员能跳得更高，而普通人可能只能跳 1/3 米（1 英尺）高。事实上，跳蚤能跳到自己身长 200 倍的高度是有一些小技巧的。除了流线型的体型能够使空气阻力最小化之外，跳蚤用它最长的两条腿蹬地可以使力臂最大化。由于用的是后腿，所以跳蚤通常会朝后跳。

在把昆虫和动物的能力移植到人类身上时，人们很容易就会错误地认为比例是最重要的，而不是绝对大小。19 世纪的许多著名昆虫学家也犯了同样的错误。在达西·汤普森的经典著作《生长和形态》中有一个简短的脚注写道："拟人化很容易产生一个问题，这也是童话故事的共同点，即忽略动力学方面的相似性，而纠缠于几何意义上的相似性。"但是，这样的误解也为童话故事和漫画增添了很多的趣味性。

第9章　陀螺人为什么能转不停?

罗斯科·狄龙进入青春期后，就迷恋上一种东西，以至于他的整个成年时光也很有可能耗费在这上面。罗斯科与大多数年轻人都不一样，他的独特之处在于对陀螺的痴迷。不管是简单的儿童玩具陀螺还是复杂的陀螺仪，都会让罗斯科着迷不已。但当成年的他开启了失败的犯罪生涯后，就不再玩这些了。第二次坐牢期间，他发现他必须要一些小花招才能成为一个成功的小偷，而且年少时对陀螺的痴迷为他提供了一个灵感，这正是他所需要的。从监狱出来之后，他便开始全面研究关于陀螺旋转的知识，并组装出一种特殊的陀螺——可以发射毒气弹、尖刀或缠绕的彩带，他似乎因此开辟了一条犯罪的光明之路。当然，他在行窃的时候会穿上有黄色条纹的绿色紧身衣，以此增加人们心中的恐惧。他还练就了以身体为轴旋转的本领，因为他认为"不停地旋转能提高我的智力"。

当然，他在中心城建立起大本营之后，很快就引起了闪电侠的注意，1961年8月的《闪电侠》第122期"小心原子弹"（这始终是个明智的建议）里讲述的就是这个故事。刚开始的时候，尖峰人可以甩

掉闪电侠，但最终他还是失败了。这个不停旋转的大盗贼想把闪电侠
困在一个巨大的"原子弹"里，它像陀螺一样绕着中心轴旋转。罗斯
科威胁说，除非世界各国政府选他作为最高统治者（这和故事的开头
相比可是个巨大的飞跃，那时候他还只是一个又蠢又笨的小偷），否
则他的原子弹就会炸毁半个地球。如果各国政府不同意他的要求，罗
斯科还有一个备用计划。他打算搬到地球的另一边——北非，到了那
儿他就能"毫发无伤"了！但如果地球的另一半被原子弹毁灭，其后
果一定会波及他所谓的"安全"的一边，这位"智力超群"的犯罪大
师似乎并没有意识到这一点。你无须为此担心，因为闪电侠能绕着原
子弹极速奔跑，制造大量的压缩空气，从而以逃逸速度[①]把原子弹发
射出去，使其永远不会返回地球。然后，闪电侠在地球的另一边抓到
了尖峰人，把他交给中心城警察局。事实上，20世纪60年代的闪电
侠故事常常以这种方式结尾：在世界范围内犯下恐怖罪行的罪犯被移
交给当地部门处理。值得注意的是，尖峰人与闪电侠的每一场对决都
以尖峰人被捕入狱结束。看来，罗斯科对陀螺的痴迷并不是他通往成
功的犯罪之路的关键因素。

　　擅长旋转的超级恶棍并不是 DC 漫画独有的，漫威漫画的巨化人
也被一个善于旋转的托钵僧所困扰。托钵僧名叫戴夫·坎农，也被称
为陀螺人。坎农是一个变种人，他的超能力是高速旋转。他在 1963
年的《惊异故事》第 50 期里首次亮相，当时巨化人和黄蜂侠试图阻
止坎农偷走丹利百货商店准备发给雇员的工钱（会旋转的超级大坏蛋
总与百货公司莫名其妙地联系在一起，这是科学领域一大悬而未决
的难题），双方展开了斗争。陀螺人这个代号本身就反映了其所属物

---

　　① 逃逸速度指的是，如果物体以每秒钟 7 英里的速度发射出去，它就能摆脱地
球引力的束缚。

种（尖峰人只是个爱旋转的家伙，而陀螺人却是个变种人），除此之外，尖峰人和陀螺人的另一个区别在于，坎农从未说过旋转能提升他的智力。事实上，他退出蛋头的邪恶组织，被视为相当不负责任的行为。如果其他坏蛋认为你达不到"甲虫"和"惊悚"的标准，你就真的应该好好审视一下自己的生活了。坎农对制服进行了改装，他戴上一个亮绿色的头盔，就像一个导弹头，上面还支着两根折了的曲棍球棒；他上身赤裸，并把自己的名号改为"旋风"。讽刺的是，这个长着"尖角"的绿色头盔并没有为旋风赢得更多尊重。

尖峰人和旋风想跻身邪恶组织的上层，其难度超乎我们的想象，因为他们的超能力涉及物理学中最重要的概念之一——角动量。我们在第 3 章中解释格温·斯黛西之死背后的物理学原理时，讨论了"线性动量"。当时我们不需要加上"线性"这个修饰语，因为我们只讨论了一种类型的动量。现在我们要考虑的则是一种更普遍的情况，一个物体绕轴旋转或者沿轨道运行。线性动量很简单，因为物体只能沿直线方向运动。但是，从原则上说，一个物体可以绕着无限多个轴旋转。旋转轴可以位于物体内部，就像尖峰人和旋风围绕着一个从头延伸到脚的假想轴旋转。旋转轴也可以不在物体内部，比如力大无比的雷神托尔挥舞他的雷神之锤时，旋转轴是一条沿着雷神的手臂，与锤的运动轨迹形成的平面垂直的线。旋转轴还有可能与物体相隔很远的距离，就像地球绕太阳运行，地球轨道形成一个平面（从理论上说是椭圆），旋转轴穿过太阳、垂直于这个平面。

线性动量守恒的原理表明，如果没有外力作用，直线运动的物体会继续保持直线运动；当外力出现时，动量的变化就等于力与时间的乘积，我们称之为冲量。对格温·斯黛西来说，她被绿魔从乔治·华盛顿大桥顶上推下后，在坠落的过程中她的动量不断增加，其原因就在于作用在她身上的外力——重力。如果蜘蛛侠想要阻止她坠落，他就要用蛛丝对斯黛西施加另外一个力。

在物理学中，与角动量守恒相关的原理已经明确，它与线性动量守恒定律非常相似。线性动量在数学上被定义为物体的质量和速度的乘积。惯性质量反映的是改变物体运动状态的难度，比如，改变一只蚊子的飞行方向比改变一辆马克卡车的行驶方向更容易。对于一个给定质量的物体，它的速度越大，动量就越大，改变其运动状态所需的力也就越大。

同样，一个物体的角动量在数学上被定义为"转动惯量"与转速的乘积，其中，转动惯量反映了物体绕特定轴旋转的难度。一个绕内轴转动的物体或绕外轴旋转的物体将继续保持其运动状态，除非有外力作用。

对于一位滑冰者而言，当他的双臂紧贴身体时，以身体内的轴旋转——就像尖峰人或者旋风那样——会容易一些。向外伸展双臂则会增加旋转轴外的质量，从而增加他的转动惯量。旋转轴外分布的质量越大，旋转起来就越困难。在这种情况下，我们说转动惯量变大了。对于给定的物体，旋转速度越快，角动量就越大。在给定的旋转速度下物体旋转越困难，让物体停下来就越困难，角动量也越大。

如果没有外力作用，沿着直线运动的物体将具有恒定的动量。因此，如果它的质量减轻了，它的速度就会增加，以保持质量和速度的乘积不变（线性动量不变）。这就是火箭和喷气式飞机的飞行原理。（这可是火箭科学！）同样，如果一个旋转物体改变了它的质量分布，它就改变了围绕一个轴旋转的难度，即转动惯量发生了改变。如果没有外部力矩，角动量就不会改变，所以转动惯量的增加将导致旋转速度的降低。当一个花样滑冰运动员想以更快的速度旋转时，他必须把手臂紧贴身体。靠近旋转轴的质量越大，旋转就越容易，转动惯量的减少会加快旋转速度。旋风的头盔上支着的两根折了的曲棍球棒，将质量移向了旋转轴外侧，增加了转动惯量和旋转难度，这进一步证明他绝不是反派阵营里最锋利的武器。

在第 8 章中，我们讨论了蚁人如何从集尘袋里钻出来的问题，并指出扭矩决定了物体旋转的能力。从数学角度说，它等于物体与旋转轴之间的距离与力的乘积。当力垂直作用于旋转轴时，它会推动物体，但不会改变物体旋转的方式。物体角动量的任何变化都是由外力矩及其作用时间决定的，与冲量（力乘以时间）的方程类似。我们在前几章中看到，如果物体没有受到外力作用，它的运动状态就不可能发生变化，不管它是在做直线运动还是旋转。没有力，就没有变化。一个在外太空中旋转的物体永远都不会停止转动，除非有外力改变它的自转。为什么会这样呢？这与陀螺仪能够使飞机和导弹保持平稳飞行的基本原理相同，陀螺仪是惯性制导系统的一部分。

罗斯科·狄龙以为，不停地旋转就可以带他走上成功的犯罪之路，在这一点上他可能是错的；但在《闪电侠》第 122 期里，有一点他是对的，那就是陀螺仪的核心部分是一个旋转的陀螺。陀螺仪之所以能被用来确定方向，关键因素就在于与外界隔绝的陀螺。这样一来，它的角动量才不会发生改变。假设有一个陀螺，从上面看，它正在沿顺时针方向旋转。沿着陀螺旋转的方向弯曲你右手的手指，这时你的拇指指向陀螺旋转形成的那个平面。因此，你的拇指所指的方向可以被看作"陀螺角动量的方向"（在比较不同的旋转物体时，为了保持一致性，你应该用同一只手，左手或右手）。陀螺的主体是一个旋转的圆盘，位于"常平架"上，常平架把这个圆盘与外界的力矩隔离开。最新设计的陀螺仪用的是静电悬浮微型圆盘，而不再使用机械耦合的方法。

对于逆时针方向旋转的圆盘，圆盘的角动量"指向"上方，我们称这个方向为"北"。角动量的方向在没有外部力矩的情况下，是无法改变的。因此，如果我想让圆盘的角动量指向东方，我就必须在圆盘上施加一个力。当你试着改变旋转的自行车轮的方向时，你会发现这很难做到。陀螺仪的旋转盘安装在常平架里，即使转动常平架，旋转盘仍将向着原来的方向继续旋转。

陀螺仪是一个非常有用的导向系统，其旋转盘通常以这样的方式旋转：角动量指向正北（以此为例），无论其所在的飞机或者导弹的方向如何改变，它都会始终指向正北方向。如果火箭偏离了正北方向，调节推进器就可以让火箭回到正确的航向上来。如果再有一个指向东方的陀螺仪，以及一个方向垂直于东北平面的陀螺仪，你就可以在三维空间中准确地找到自己的定位，而不需要任何视觉信息或来自地面的信号。作为小孩子的玩具，这还是很不错的。

旋风刚踏上犯罪之旅时，他的高速旋转技能曾让警察一筹莫展。但最后，就像所有身着制服的反派一样，他也遇到了身着制服的克星——超级英雄巨化人。就在两期之前，汉克·皮姆还没成为巨化人，他那时以蚁人的身份打击犯罪、挫败阴谋。所以，戴维·坎农显得特别倒霉，他不得不应对 12 英尺高的巨化人皮姆，而不是十几毫米高的蚁人皮姆。然而，通过他对角动量的控制，旋风能够直视对手的双眼。

如图 16 所示，这是《复仇者联盟》第 139 期中的一幕。旋风通过增加自己的旋转速度，制造出一个气垫，带他飞到与巨化人面对面的高度（从理论上讲，在这个阶段，汉克·皮姆的身份是黄衫侠，跟蚁人类似，也是通过微缩的体量对抗坏人）。然而，当旋风威胁皮姆

图 16 旋风利用自己的变异能力，以自己身体为轴高速旋转，中心处的压力会减小

躺在医院里的妻子珍妮特·范·戴因（她也是一个微缩的超级英雄，被称为黄蜂侠）时，皮姆认为最好是以 20 英尺高的巨化人形象与坎农战斗，而不是以一只昆虫的身份与其厮杀。旋风夸口说，他只要提高旋转速度就能"像直升机一样飞行"，并可抗衡皮姆的身高优势。

　　直升机能停留在空中的固定位置，其背后的物理学原理与飞机的飞行原理是一样的，即牛顿第三定律（力总是成对出现的）。直升机的旋翼是倾斜的，旋转时会推动空气分子向下运动，为旋翼提供一个向上的推力。但在旋风使用他的超级旋转技能时，用的是不是这个原理却让人深深怀疑，因为我们在图 16 中很难看出他身体的哪一部分起到了直升机旋翼的作用（他头盔上的旋转叶片太小，难以胜任此项任务）。

他很有可能用的是和闪电侠一样的方法，在旋转的空气柱中心制造出真空，从而举起了大坏蛋——强壮的博拉兹①。戴维·坎农利用的是龙卷风的原理，龙卷风中快速移动的空气会在中心形成低压区域。旋转速度越快，压力越小，升力就越大。由于角动量守恒，直升机的尾翼与主提升旋翼成直角。若没有这种尾翼稳定器，当直升机离开地面，没有任何外部力矩时，它的总角动量是不会改变的。旋翼转得越快，其角动量也就越大。然而，作为一个独立的系统，直升机的总角动量是一个常数。因此，旋翼角动量的增加必须通过直升机自身的反方向旋转来抵消，只有这样才能保证旋翼与直升机的总角动量不变。直升机的体积相当大，具有很大的转动惯量，所以它不会像旋翼一样快速旋转（谢天谢地），但它还是会旋转，这就对导航定位提出了挑战。而尾翼的旋转方向垂直于顶部旋翼的旋转方向，形成了一个平衡扭矩，使直升机机身指向某个固定方向。

通过反向旋转来平衡和抵消旋转物体的角动量，是超级英雄常常使用的方法。每当闪电侠要对抗像飓风这样的破坏性天气现象时，他就会朝着与飓风的旋转方向相反的方向极速奔跑，制造出所谓的反涡旋。反涡旋的角动量与飓风的涡旋动量相等、方向相反，二者相互抵消，就像未发生飓风一样。

说到旋转，令人惊讶的是，拥有神奇魔力的超级英雄的标志性特征竟然在物理学上都能说得通（当然，前提是允许"不合常理的奇迹"存在）。当雷神托尔想从一个地方快速移动到另一个地方时，他会快速转动他的锤子。他把锤子扔向自己要去的地方，先松开锤子上

---

① 只有白银时代的漫画会给一个厉害的反派起这么个名字。

的手绳，再马上抓住，把自己像个导弹似的发射出去。这似乎完全违反了动量守恒原理。事实上，在《巴特英雄漫画》第 3 期（描述了超级英雄版的巴特·辛普森的冒险经历）里，辐射人发现有一个类似托尔的角色以这种方式飞行，他愤怒地攻击了这个冒牌托尔，大喊道："这违反了物理学定律！"然而，这样的交通工具在物理学上其实是可行的。

当雷神转动他的锤子时，双脚站得稳如泰山。这大概就是 X 战警的敌人"肉球"很难被推动的原因，肉球的特殊能力让他能够坚不可摧地站在地面上，把自己的身体中心与地球中心相连，只要这个连接不断开，要想推动肉球，就得推动整个地球。如果雷神想要飞起来，他只需要在把锤子扔出去时稍稍跃起（切断与地球的联系）即可，甚至不需要松开手绳再重新抓住。如果你像雷神一样强壮，你也可以使用这种技巧轻松自如地在空中飞行。难怪他们用这个家伙的名字命名了一周之中的一天 [1]！

角动量的普遍性反映了这样一个事实：几乎所有事物都在以某种形式旋转，从原子中的电子、质子和中子到大质量的星系概莫如是。我们将在第 19 章中讨论亚原子的旋转，分析它们是如何使铁等金属产生磁性的。关于星系自转的研究，则为一种比磁性更神秘的事物提供了证据，它就是暗物质。

1933 年，在西格尔和舒斯特开始构思超人故事的时候，天文学家弗里茨·兹维基提出了一个观点：宇宙的大部分物质都是不可见的，这再次表明漫画创作者需要一直努力追赶科学家那些看似天马行空的想法。（弗里茨·兹维基在 1933 年与沃尔特·巴德一起宣布观测

---

[1]　北欧人用雷神托尔的名字命名了星期四。——译者注

到了中子星。）通过对后发座星系的观测，兹维基发现，它们的旋转速度过快，不可能保持稳定。在第 7 章中，我们讨论了向心加速度，当物体以圆周或抛物线的方式运动时，就会产生这种加速度，跟蜘蛛侠靠蛛丝从纽约市的一栋楼摆荡到另一栋楼一样。正如牛顿第二定律所说的那样，任何加速度都必须由外力产生。对蜘蛛侠来说，产生向心加速度的力量源自他的蛛丝的张力。对于旋转的后发座星系而言，在它围绕着星系的内轴旋转时，星系中所有恒星的引力将其聚拢在一起。

我们可以看一下大熊座中的螺旋星系 NGC 3198。因为这个星系的侧面朝向地球，所以我们看到的只是一条细线。这个螺旋星系就像留声机上的一张老式唱片，而我们只能看到唱片的边缘。根据多普勒效应，我们知道，所有这些恒星都在围绕着一个垂直于星系平面的轴旋转。我们可以回忆一下在第 4 章中讨论的内容，当波源相对于观察者发生移动时，声波或光波的波长也会改变。如果波源与观察者之间的距离变远了，光的波长就会变长；如果波源与观察者之间的距离变近了，波长就会变短。波源移动的速度越快，波长的变化就越大，这是用雷达枪测定物体运动速度的基本原理。

在旋转的螺旋星系边缘，恒星发出的光的多普勒频移表明恒星在以什么样的速度旋转，光的强度则表明星系中有多少颗恒星，以及它们的质量如何。但要把以我们测量到的速度旋转的星系聚拢在一起，这个星系的质量必须大于我们能看到的质量（这意味着需要有更多的恒星，其他物质的质量太小，基本可以忽略），前者大约是后者的 10 倍。如果蜘蛛侠想高速摆荡，所需要的张力就会超过蛛丝的承受范围，蛛丝会发生断裂，然后蜘蛛侠会沿着平滑的轨迹飞出去。同样，夜空中的星系 NGC 3198 也不太稳定，它会在其旋转速度和星系内所有恒星引力的共同作用下而分崩离析。在红外光谱图或其他隐藏的天体中寻找尘埃云，还不能为"丢失的质量"提供充分的解释。

事实上，这个问题遍及整个宇宙。宇宙中有些区域有能够发射出X射线的气体，这些气体非常热，大约有100万摄氏度。这些气体聚集在星系周围，但还是一样的问题，可见恒星的质量并不足以产生把这些高温气体聚拢起来的引力。天文学家认为，恒星、星际尘埃或行星的质量都不足以使这些高温气体保持稳定。所以，一定存在我们未探测到的其他引力源。

摆在我们面前的只有两种可能：要么是我们对于引力的理解还不够（这是有可能的，虽然目前的引力理论，也就是爱因斯坦的相对论，已经多次得到实验验证，让我们拥有一定的信心），要么是宇宙中存在很多我们看不到的物质。科学家们倾向于第二种可能，他们普遍认为宇宙的绝大部分质量实际上都存在于所谓的"暗物质"中。20世纪30年代有过一个特例：有人设想出一种"奇迹物质"，它符合所有已被广为接受和广泛验证的物理学原理。截至我写作本书时，关于这种无所不在的物质的组成，科学家们仍然知之甚少。我们在晴朗的夜空中所能看到的一切——数十亿个星系，以及每个星系中包含的数十亿颗恒星——只占宇宙质量和能量的很少一部分。尖峰人和旋风渴望成为犯罪大师，但他们做梦也没想到，他们的超能力的来源（角动量）让我们得出了这样一个结论：96%的宇宙都不可见。

第 10 章　蚁人真的听不见也看不见吗?

　　有好几个超级英雄都具备让自己的身体变小的特殊能力。除了漫威漫画中的蚁人和黄蜂侠，还有原子侠、末日巡逻队里的弹力女孩以及 DC 超级英雄战队中的微型紫罗兰，他们都能把自己的身体变小。他们获得这种超能力的方式各不相同，但他们都有一个共同点：交流对他们来说不是一件容易的事。我指的不是蚁人与黄蜂侠因沟通不畅而离婚这件事，而是他们无法与没有变小的人进行交流。

　　如果你只有几毫米高，那就没什么人能听到你的声音，你的听觉也不会很敏锐，所以你必须靠非语言手段与没有变小的人进行沟通。蚁人的音调比正常人高，他正常说话的声音就已经达到了普通人类的听力上限。他的听阈也变得更高，普通人类对他说的话，他大多听不到。更糟糕的是，他看到的所有东西都是失焦而模糊的。下面我们来看看在未与外界切断联系的情况下，为什么化身为一个"不到 1 英寸高的私家侦探"会带来一系列的交流问题。

　　我们先提出一个基本问题：我们说的话能否被别人听见，以及我们能否听到别人说的话，这些都是由什么决定的？问题的答案与摆锤周期有关。摆锤就是在一根细绳（我们忽略细绳的质量）的一端系上具有一定质量的物体，把细绳的另一端固定在天花板的一个无摩擦力的支点上。这个具有一定质量的物体可以是实心球，比如台球或者保龄球，也可以是一块石头或者蜘蛛侠。我们把这个物体举到某个高度，使绳子与垂直方向形成一个小角度。手松开之后，作用在这个物体上的力包括重力（总是垂直向下）和细绳向上的拉力。拉力的方向与垂直方向成一个角度，并且随着物体的来回摆动而不断变化。重力一部分作用于绳子，另一部分则用于改变物体的速度，使物体在来回摆动的过程中产生加速度。

摆锤来回摆动，从最高的初始位置摆过一个弧形轨迹，又回到初始位置，这段时间就是一个"周期"，这种运动就是"周期性运动"。不管是在蛛丝上来回摆动的蜘蛛侠，还是系在细绳上的台球，摆动一个来回所需要的时间取决于两个因素：重力加速度（g）和线的长度。奇怪的是，周期与物体的初始高度无关（对于小角度的摆动而言）。

摆锤周期是一种固有属性，与物体的初始位置无关。伽利略可能不是第一个发现这一点的人，但他成功地发现了是什么决定了摆动的速度。尽管这听上去很奇怪，跟人们的直觉不太一致，但操场上的秋千荡个来回的时间既不取决于上面坐的人有多重，也不取决于这个人从哪里开始荡秋千，而是取决于秋千座椅与秋千最上面支点之间的链条长度。我们假设秋千不是由一个位置固定的人帮忙推动的，坐在秋千上的人荡秋千的过程中也不会再加劲儿。那么，可以确定的是，荡秋千的起始位置越高，经过最低点时的速度就越快，因为起始位置的角度越大，偏离垂直方向的绳子的张力就越大（沿绳子方向产生加速度）。然而，这难道不应该意味着摆荡一个来回所需的时间更少吗？并不是。由于你的初始位置更高，所以虽然你荡得更快，但你距离弧线底部的距离也更远。更快的速度和更远的距离相互抵消，因此完成整个周期所需要的时间将保持不变，不论初始位置在哪里。正因如此，摆锤或是其他做简谐振动的装置很适合用作计时工具。两个一样的钟表，不管用的是落地大座钟的摆锤，还是老式怀表或者节拍器里的伸缩弹簧，走时都是一样的，这与一开始钟摆是从什么地方开始摆动的无关。节拍器是一种上下颠倒的摆锤装置，它的频率不受初始摆动方式的影响，但会由于摆臂上物体位置的改变而发生变化。

如果摆锤周期与初始位置无关，那么它为什么会与重力以及绳子的长度有关系呢？这不难理解，重力加速度越小，摆锤受到的拉力就越小，运动速度也越慢。摆锤周期在月球上要比在地球上更长，而在外太空，因为重力加速度是零，所以摆锤完全不动，摆锤周期是无限长。为什么绳子的长度与摆锤周期有关？答案在于几何学。摆锤经过的区域就像一块比萨饼，支点就是饼的中心，摆锤的运动轨迹就是饼边。一个完整的比萨饼边的长度，也就是圆周长，为 $2\pi R$，其中 R 代表圆的半径，希腊字母 π 是常数 3.141 59……半径（R）越大，周长（$2\pi R$）就越大，比萨饼的饼边也越长。对于摆锤而言，半径对应着连接支点与摆锤的绳子的长度。摆锤的摆臂越长，摆锤要经过的距离就越长，摆动一个来回所需要的时间也越长。

摆锤的频率——一秒内完成的摆动次数——是周期的倒数，周期的定义是摆动一个来回所需要的时间。如果一个摆锤的周期是 0.1 秒，它摆动一个来回所需要的时间就是 0.1 秒，一秒内它能完成 10 个来回的摆动。周期越短，频率越高。周期的平方与摆锤绳子的长度 l 及重力加速度 g 的比率成正比，也就是周期^2＝（2π）^{2}×（l/g）。为什么 l 与 g 的比率决定的是周期的平方而不是周期呢？为什么系数是（2π）^{2} 呢？要想回答这些问题，就不得不违背我的许诺——只用到一点儿代数知识。对我们来说，关键在于必须把摆锤的绳子加长为原来的 4 倍才能使周期翻倍。反之，把绳子变短（比如使用皮姆粒子）就会缩短周期，周期越短，频率越高。

人通过吸入空气让声带振动而发出声音，产生声波。人类的声带与系在一条绳子上来回摆动的物体不同，但作为简谐振动代表的摆锤之美就在于它体现了所有振动系统背后最重要的物理学原理。[①] 当皮姆缩小到蚂蚁大小的时候，他大概是原来大小的 1/300，声带振动频率相应地增加为原来的 17 倍（即 300 的平方根）。正常人讲话的声带振动频率大约是每秒 200 次，而蚁人的频率为每秒 3 400 次。我们的听力范围是每秒振动 20 次至每秒振动 20 000 次，所以我们仍然可以听到蚁人的声音，但他的声音听起来会非常高，因为他的胸腔也缩小了。听着 11 毫米高的超级英雄用尖锐刺耳的声音命令对方投降，蚁人的死对头们没有笑得满地打滚，而是败在了他那一记小小的右勾拳下，真是太奇怪了。

蚁人变身之后，不仅声音变了，听力也会受影响。鼓的振动频率随着其直径的缩小而增大，大的低音鼓音调低沉，小的军鼓音调高亢。当皮姆博士的耳膜因为接触皮姆粒子而变小的时候，他能够感知的频率也相应发生了变化。（人类听觉范围背后的物理学原理相当复杂，但此处我们假设这主要是由耳膜决定的。）在他 6 英尺高的时候，他能听到的最低频率约为每秒振动 20 次；在他缩小为蚁人之后，这个频率增大为原来的 17 倍，每秒振动接近 340 次。而正常人说话的时候，音高是每秒振动 200 次，低于蚁人这位微型英雄的感知范围。

[①] 摆锤的周期性简谐振动是物理学中许多理论模型的基础。在试图描述一些复杂的自然现象时，我们往往会从简单的摆锤运动入手，用约吉·贝拉的话来说，90% 的物理现象都是"简谐振动"，剩下的那些则是"随机运动"。

因此，蚁人和他的微型同伴们在与正常人交流的时候，必须对对方的身体语言保持高度的敏感。

皮姆变身为蚁人之后，除了耳膜的感知频率阈值发生了变化外，他的听觉敏锐度也受到了影响。声带的振动会使通过声带的空气产生压缩和扩张，膈肌收缩使气流进入喉咙。这种密度的变化很轻微，与相邻区域之间的差别平均只有万分之一。密度变化越大，声波所产生的音量或响动就越大，而你只能控制声音发出那一刻的初始密度的变化。被压缩的那部分空气会膨胀，挤压它前面的那块区域，那块区域的空气又会膨胀并挤压下一区域的空气。所以，你听到的是由你的声带发出并传到你耳朵里的一系列声波集，而你嘴里的空气并不会传递到听众那里。如果我告诉你我午餐时吃了大蒜，你会先听到这个信息，然后在离我足够近的时候才能确认这个事实。由于信息会向四面八方传播，离讲话者距离越远，空气密度的变化（声波）就越小；频率低于远距离听众感知频率阈值时，听众就将听不到任何信息。

反之，如果离声源非常近，耳膜将无法对空气密度的变化做出反应，分辨不同声音的能力就会减弱。这一点很有用，在《原子侠》第4期的"无辜窃贼案件"中，DC漫画世界中的迷你英雄原子侠就发现了这一点。[1] 在这个故事里，一个名叫埃尔金斯的大恶棍发现了一种催眠射线，能让其他任何人服从他发出的口头指令。这个大恶棍把只有几英寸高的原子侠置于这种射线下，并发出命令，不许原子侠抓他。但是原子侠把粉红色的橡皮当作蹦床一跃而起，随即把埃尔金斯击倒在地。原子侠之所以能抵挡住催眠射线，原因正如他在故事的结尾所交代的："他得意地朝我喊出他的命令，那声音对我来说就像打

---

[1] 我们将在第 13 章里进一步介绍原子侠和他的微缩技能。

雷一样！因为我完全听不见他在说什么，也就无须听他的指令！"（有趣的是，我的孩子和我几乎每天都会上演同样的一幕，只不过他们还没有掌握微缩技能，我也没冲着他们大声嚷嚷。）

变身为蚁人后遇到的另一个棘手问题就是，视觉模糊不清。光在电磁场中传播时相邻的波峰或波谷之间的平均距离（波长）决定了光的颜色。通常来说，由红光（波长为 650 纳米）到紫光（波长为 400 纳米）的各种波长的光等量组合而成的白光，波长是 500 纳米（1 纳米等于十亿分之一米）。要被眼睛感应到，光必须到达眼睛后面的视锥细胞和视杆细胞；要到达这些感光细胞，光必须先通过你的瞳孔。位于眼睛前方的这条通道直径大约是 5 毫米，取决于你看这本书时房间的亮度。1 毫米等于 100 万纳米，所以瞳孔的直径大约是可见光波长的 10 000 倍。对于光波而言，瞳孔是一条相当宽阔的隧道，可以轻易通过。然而，蚁人的瞳孔直径是正常人的 1/300。他眼睛里的这条通道只是可见光波长的 30 倍左右，而可见光波长仍然是 500 纳米。所以，光波还是能通过这条"隧道"，但比较勉强。

要想知道当通道的直径只比光的波长大几倍时会发生什么，我们可以想象一下广阔湖面上的水波。两个紧贴水面的码头之间会形成一条通道。当码头间的距离非常远时，比如半英里，我们以水波波峰间的距离作为基准，波浪通过这个区域时并不会发生明显的变化。当皮姆是正常人的身高时，他的瞳孔是可见光波长的 10 000 倍，情况与水波类似。但对于蚁人来说，他所面对的情形就犹如两个相距很近的码头，码头间的距离只比相邻波峰间的距离大几倍。水波还是能够通过这条通道，但是会在码头旁边分散开来，与旁边的障碍物产生复杂的干涉图案，这种效应被称为"衍射"。当散射波的物体大小与波长差不多时，这种效应最为显著。假设你想通过分析波的干涉图案来探索水波的成因，那么你会发现，当两个码头相距数千英尺时，你会看到清晰的图案；而当两个码头间只有几英尺的距离时，你会看到扭曲混乱的图案。

对于蚁人而言，他看到的东西都是模糊不清的。正因为如此，昆虫的眼睛，尤其是晶状体，与人类以及大型动物的晶状体差别很大，昆虫眼睛里的复合晶状体能调节衍射效应。即便如此，就算苍蝇非常关注时事，也还是没办法看报纸。虽然昆虫的眼睛非常善于探测光源的变化，但却不善于分辨尖锐边缘造成的视觉反差。因此它们要依赖其他感官，比如嗅觉或者触觉，在广阔的世界中探路。然而，蚁人就很不幸了，他受影响最小的一种感觉——嗅觉，恰恰是人类最不敏感的感官。

第 11 章　闪电侠与狭义相对论

在上一章中，我讲到了闪电侠的速度超过声速时会产生音爆。为什么当一个物体的速度大于或等于声速时，就会发生"爆炸"呢？我们如何基于这一点来理解爱因斯坦的狭义相对论呢？

我们先讨论爆炸，再来说爱因斯坦。假设你站在田野中，闪电侠以声速（每秒 1/5 英里）向你跑来。如果他从距你 10 英里处开始跑，那么他会在 50 秒后来到你面前。如果他在起点处说"闪电"，然后在距你 5 英里处说"规则"，你会听到什么呢？如果闪电侠的速度比声速慢，那么"闪电"这两个字会早于他到达距你 5 英里处，然后他才会说出"规则"。结果是，你会先清晰地听到"闪电规则"这几个字，紧接着闪电侠来到你面前。

如果闪电侠的速度比声速快，他会先于"闪电"一词到达距你 5 英里处。他在那里说出"规则"后接着朝你跑过来。因为"规则"这个词需要传播的距离较短，所以它会比"闪电"这个词更早地到达你的耳膜。结果是，你会听到跟原来顺序颠倒的词组——"规则闪电"。而且，闪电侠来到你面前后，你才会听到这组词。因为闪电侠的速度超过声速，所以他能比声波更快地到达你面前。

如果闪电侠的速度刚好等于声速，他在起点处说出的"闪电"一词就会跟他一起到达距你 5 英里处。当他说出"规则"时，这个词会与"闪电"同时从 5 英里处朝你而来，在 25 秒后你会同时听到这两个词。结果是，你听到的既不是"闪电规则"，也不是"规则闪电"，而是它们重叠在一起。声音是一种压力波，所以两个词的声波重叠所产生的振动比单个词更大。即使闪电侠什么都不说或者什么声音都没有，他在奔跑过程中仅是推开空气所引起的扰动也可以制造出压力波，当他从你身边跑过的同时，你会听到如雷鸣般的声音（或者说"音爆"）。如果闪电侠的速度比声速快，也会造成同样的扰动。但在这种情形下，他跑过你身边之后，以声速传播的音爆才会传到你的耳朵里（而闪电侠说的"闪电规则"这几个字则完全被淹没在音爆中）。射击时的枪声或者猫女挥鞭子的声音，都是子弹或鞭梢的速度比声速快所产生的迷你音爆。

现在的漫画编剧已经意识到，闪电侠制造的这种音爆会伤及无辜。在 2004 年的《DC：新的疆域》中，白银时代的英雄再次回归。故事发生在 20 世纪 50 年代，英雄们初次登场，编剧达尔温·库克描绘了这样一个场景：闪电侠从中城（大概位于美国中西部）跑到了内华达州的拉斯韦加斯。他在一个文本框里写出了闪电侠奔跑过程中的想法："跑出城市边缘之后我才能突破声障，这是几经探索之后得出的经验，而且不能让飞溅的玻璃伤害行人。"闪电侠说到做到，就像《闪电侠》第 202 期（第 2 册）中描绘的那样。在这个故事里，闪电侠失忆了，他穿着普通人的衣服，不知道自己拥有超级速度。当遭遇街头流氓打劫时，他本能地做出了反应，结果他的极速运动震碎了整个街区的玻璃，周围的建筑也都被严重损坏。①

不管你听到的是"闪电规则"还是"规则闪电"，只要你的视力够好，你就能通过闪电侠的口型判断出他到底是以什么样的顺序说出了这两个词。这是由于从闪电侠身上反射的光比声音的传播速度更快（前者的速度是每秒 186 000 英里，而后者的速度是每秒 1/5 英里）。我们也是通过比较闪电和雷声间隔的时间，来确定雷暴的距离。②

如果闪电侠的速度接近光速，结果又会怎么样呢？根据爱因斯坦在 1905 年提出的狭义相对论（之所以叫"狭义相对论"，是因为其没有考虑重力作用，直到 1915 年他提出广义相对论时，才将重力因素考虑在内），对于以接近光速运动的物体，其运动距离和时间、质量等方面都会发生奇怪的变化。此时此刻并不适合我们展开讨论相对论，如果要认真地讨论这个问题，一本书都讲不完。所以，我只想简单论证一下以接近光速运动会对物体产生什么样的影响，第 19 章在讲述电与磁之间的关系时也是基于这一点。

狭义相对论可以概括为两个看似简单却富有洞察力的观点：第一，物体的运动速度不可能超过光速（对不起！超人和闪电侠），对于每个人来说光速都是一样的，不管他以多快的速度运动；第二，物理学原理适用于每一个人，不管他是运动的还是静止的。第一点似乎很奇怪。假设子弹的速度是每小时 1 000 英里，闪电侠的速度与飞行的子弹一样，在我们看来，对于与子弹做同向同速运动的闪电侠来

---

① 音爆的压力波强度随距离的减小而减小。因此，只要超声速喷气式飞机与街道保持一定距离，就不用担心建筑物被破坏。

② 雷雨云砧中产生的闪电传播 1 英里的距离大约需要 5 微秒（我们从生理角度是没有办法感觉到这个过程的，因为这只是一瞬间的事），而与闪电同时产生的雷声则大约需要 5 秒钟才能传入我们的耳朵。计算出两者的时间差，再加上我们知道声音的传播速度是每秒钟 1/5 英里，我们就可以轻松地计算出雷暴距离我们有多远。

说，那颗子弹是静止的（正因为如此，他用手一挥就能轻松地拨开子弹）。但是，对于静止不动的你和极速奔跑的闪电侠来说，光速都是每秒 186 000 英里。就算闪电侠的速度是光速的一半（每秒 93 000 英里），光相对于他的传播速度也不是每秒 93 000 英里，而是每秒 186 000 英里；而与此同时，对站在街角静止不动的你而言，光速也是每秒 186 000 英里。这是为什么呢？

当闪电侠跑向你的时候，他可以将自己视为相对静止的，而你正在朝着他跑去。根据狭义相对论，你和闪电侠两人都得认可光速为每秒 186 000 英里。为了实现这一点，爱因斯坦认为，从你的角度看，闪电侠会显得更"单薄"（也就是说，他在行进方向上的距离看起来被压缩了），时间对于他来说过得似乎比你慢。从闪电侠的角度看，他手里拿的码尺还是一码长，他的手表还在照常走时，所以他也会对你得出相似的结论（在他看来，你的运动距离被压缩了，时间对你来说过得更慢）。要想测量奔跑的闪电侠手里拿的标尺有多长，你就要看尺子的前端和后端，计算它们经过某一点的时间。对于两个做相对运动的人来说（比如奔跑的闪电侠和静止不动的观察者），如果他们分别处于不同的时间和空间，对于两件事是否同时发生，他们将很难达成一致的意见。速度影响着距离的变化，在第 18 章中，两者的函数关系在帮助我们理解电流如何产生磁场将起到关键作用。

两个观察者对事件发生的次序存在分歧，这个观点肯定不是爱因斯坦首先发现的，也不是狭义相对论独有的。正如列夫·朗道和 G. B. 罗默在《什么是相对论？》这本著名的小册子中所说，即使两个观察者都是静止的，他们仍可能对事件的发生次序存在分歧，这取决于他们相对于某个物体的位置。（比如，到左边的房子去。哪座房子？谁的左边？我的左边还是你的左边？）在 1967 年 12 月的第 175

期《闪电侠》中，这种模糊性在"宇宙尽头的赛跑"这个故事的高潮部分发挥了关键作用。外星人强迫超人和闪电侠赛跑，终点是银河系的尽头，从表面上看这是一场因打赌而产生的比赛。然而，这些外星人隐藏了他们的真实目的，他们的真正意图是摧毁闪电侠和超人。比赛结束后，美国正义联盟的成员们查看了监控器。从安装在终点线左侧的监控器上查看比赛结果的联盟成员宣称超人赢得了比赛，而从终点线右侧的监视器查看结果的人则认为闪电侠是胜利者。这部漫画生动地诠释了狭义相对论的一个基本原理，即当物体高速运动时，不同的观察者对事件的先后次序的意见会有所不同，甚至完全相反。在1967 年，不止一位读者发现，故事的结尾并没有明确的赢家，这其实是一个巨大的骗局。

信息的传播速度不可能比光速更快，因此对于事情发生的先后顺序，人们经常会意见不一致。要想让每个人对光的传播速度达成一致的意见，就先要承认物体之间的距离会因为运动变短，时间也会变慢。当涉及那些能够以光速运动的人物（比如末日巡逻队中的底片人和惊奇队长，后者指 20 世纪 80 年代后期复仇者联盟中的那个非裔美国女英雄，她能够将自己的身体变成一系列光子）时，漫画里的情节常常会有漏洞。故事里的其他人看不到这些英雄，因为他们的速度与光速一致，所以光不会从他们身上散射出去。又或者，远远看过去他们就像一道闪电，但离近了就什么都看不到了。宇宙所允许的最大速度就是光速，当闪电侠越跑越快的时候，你可能会觉得他能突破这个限制，但这是不可能的。其中的原因在于，从一个静止的观察者的角度来看，他跑得越快，进一步加速就越难。根据牛顿第二定律（力等于质量乘以加速度），如果他奔跑的双脚所施加的力保持不变且没有产生相应的加速度，那么他的质量必然在增加。因此，除了时间变慢、距离缩减之外，他跑得越快，他（相对于我们这些"慢吞吞"的观察者而言）的质量也越大。漫画里曾经提到了这一点。在《闪电侠》第 132 期里，闪电侠尝试以光速奔跑，但他发现自己其实"慢下来了，我跑得越来越慢，即使我使出全力……"如图 17 所示，"闪电侠突然意识到一个残酷的事实"，即他无法跑得更快，因为他越来越重。当然，那些了解爱因斯坦狭义相对论的人肯定知道其中的原因。在图 18 中，一个外星人向他射出了"重力增大射线"！不考虑上下文的话，图 17 确实为爱因斯坦狭义相对论提供了一个极好的例证。

在《美国正义联盟》第 89 期里，闪电侠需要在顷刻之间转移走韩国清津的 512 000 个大人和小孩，让他们躲开即将爆炸的原子弹。为了完成这个壮举，他必须以接近于光速的速度移动。当他成功地拯救了这个城镇的所有人，跪在山顶上时，书中提到了极速运动的后果。正如文本框里的文字所描述的："他逐渐从接近光速运动产生的副作用中恢复过来，目光转向被火焰吞噬的清津。"当然，对于闪电

© 1962 National Periodical Publications Inc. (DC)

图 17　在《闪电侠》第 132 期里，闪电侠努力以光速奔跑，他发现自己跑得越快，身体就越重。这难道不是对爱因斯坦狭义相对论的教科书式的解读吗？

© 1962 National Periodical Publications Inc. (DC)

图 18　不！闪电侠遭到了外星人"重力增大射线"的袭击！

侠而言，他是静止的，而他身边的世界正在运动，且质量在增加。顺便提一下，爱因斯坦在认识到物体动能的增加会带来质量的增加之后，创造出 $E = mc^2$ 这个伟大的方程。

如果说没有什么物体能比光的速度快，那么闪电侠的宇宙跑步机是如何帮他穿越时空的呢？我必须很遗憾地指出，时间旅行是不可逆的。物体的速度越接近光速，对于静止的观察者而言，时间流逝得越慢。正如下文要讨论的那样，质量会随着速度的改变而改变，并且会遇到一个障碍（我想可以称之为"时间障碍"），这个障碍让物体无法达到或超过光速。所以，时间会变慢，但不可能倒退。然而，如果一个人的移动速度足够快，那么穿越到未来还是有可能的，而且是很久以后的未来，而非一秒钟之后。

在 2006 年出版的《超级英雄战队》第 16 期（第 5 册）中，超级少女突然从 21 世纪飞到了 1 000 年以后。她一直在追踪一枚外星人的导弹，外星人想征服地球，于是发射了速度惊人的导弹，试图毁灭地球。这枚导弹的飞行速度接近光速，超级少女已经追踪了 3 天了。

最后，她终于追上了这枚导弹，并将其摧毁。而此时，她遇到了生活在 3006 年的一群超级英雄少年，也就是超级英雄战队，她加入其中，由此开启了一系列冒险之旅。超级少女和超级英雄战队时不时就会流露出不解的思绪，不知道她是如何追着导弹穿越到 1000 年之后的。对于她的时空穿越之举，漫画中给出的最终解释是，因为她穿越了"泽塔光束"，这种光束能让人跨越到很遥远的未来。但实际上，爱因斯坦的狭义相对论能为其提供一种更合理的解释。

从观察者的角度看，超级少女追上导弹用了 3 天时间。但对她自己而言，她和导弹基本上是相对静止的，而宇宙正以极快的速度从她身旁经过。如果在超级少女看来，宇宙的运行速度接近光速，那么她会观察到一个戏剧性的时间膨胀效应。根据爱因斯坦方程，如果超级少女的速度是光速的 99.999 999 996 3%，那么在她追踪导弹的这 3 天，对于地球上静止不动的一个人来说，已经过去了 1 000 多年。当她终于放慢脚步停下来时，她发现自己来到了 1 000 多年之后的世界。因此，物理上存在一种有效的穿越到未来的方法，但要注意：第一，对于任何大小的物体来说，想要达到这么快的速度需要消耗极高的能量；第二，这是一趟单向旅程，无法让你再回到过去（但在漫画中，"泽塔辐射"最终消失了，超级少女又回到了 21 世纪的世界，继续在她自己的漫画故事中冒险）。

那么，经常以极快的速度飞回过去的超人又如何呢？华纳兄弟 1978 年出品的电影《超人》中有一个这样的场景，为了消除一场毁灭性地震造成的影响（尤其是露易丝·莱恩的意外死亡），超人绕着地球飞得太快以至于颠倒了时间的方向。这可能吗？我们仔细审视一下这个场景，估计出超人在地球上空的高度、飞行轨道的距离、飞行的周数以及需要花费的时间。基于这些数据，我们可以得出结论：超人的速度确实能达到光速，甚至超过光速，但却不能拯救露易丝·莱恩的生命。他若以如此快的速度运动，就会穿越到遥远的未来，像他的堂姐超级少女那样，也许他能拯救莱恩的子孙后代，但却无法挽救莱恩的生命。

虽然闪电侠不用时常担心距离收缩（其专业术语为"洛伦兹收缩"）的问题，但是时间变慢或者说"时间膨胀"差点儿暴露了他的秘密身份。虽然闪电侠是世界上奔跑速度最快的人，但他的现实身份——巴里·艾伦却有个问题，那就是他每次约会都会迟到。他的未婚妻爱丽丝·韦斯特总在抱怨巴里太拖拉，希望他能向闪电侠学习，而根本没有意识到他们俩是同一个人。如命中注定一般，爱丽丝的父亲也注意到巴里常常约会迟到，并且如《闪电侠》第 141 期"放慢时间"中所描述的，他对于巴里的手表走时总是比正常时间慢感到十分好奇。爱丽丝的父亲物理学教授 T. H. 韦斯特，怀疑巴里的手表之所以走时慢，是因为他变身成闪电侠行侠仗义时，因高速运动而产生了时间膨胀效应。韦斯特发现有人抢劫，于是打电话告诉巴里有人正在实施犯罪，并要求巴里把手表的时间校准。韦斯特知道闪电侠肯定会以超快的速度去追赶这些罪犯，所以他打算稍后见到巴里的时候，看一下巴里手表的走时是否慢了。这个方法本来是可以奏效的，但巴里在与韦斯特会面之前又校准了手表的走时，因为巴里觉察到了韦斯特让他校准手表时间的意图。正如故事所述，巴里说："我本人作为一名科学家，也非常了解爱因斯坦的相对论，以及超高速运动对时钟的影响！"所以，有时就连物理学教授想要破解这位速度之王的秘密，也会碰钉子。

在理论物理学中，有一种物质的速度可以超过光速，那就是被称为"快子"的粒子，它的速度永远大于光速。在某些情况下，这种粒子甚至可以回到过去（《守望者》中的阿德里安·维特利用这种粒子，使曼哈顿博士失去了预知未来的能力）。快子的概念的提出，原本是为了检验狭义相对论的某些结果。据我们所知，这种粒子并不是真实存在的。更重要的是，就算它们像花花草草一样常见，仍然不可能和我们的真实世界存在任何交集，因为在我们的世界中，没有任何物体的速度可以超过光速。闪电侠可以借助他的宇宙跑步机在过去与未来之间穿梭，但是这台跑步机的真正功能不过是让闪电侠做做有氧运动罢了。

超人和闪电侠靠着他们的超能力穿越时空，这当然也未能逃过物理学家的眼睛。在本书的英文版第一版出版之后，有人给我讲述了一个故事，内容是关于超人对时空连续性的干扰。早在 20 世纪 50 年代，麻省理工学院的一群物理学专业的学生就已经写信给莫特·韦辛格（当时的超人漫画编辑）。他们抱怨说，在最近一期漫画中，超人明显飞得比光速还快，这与爱因斯坦的理论相矛盾。那么，韦辛格是怎么回复的呢？据说，他的回答是：爱因斯坦的理论只是理论，而超人才是事实！

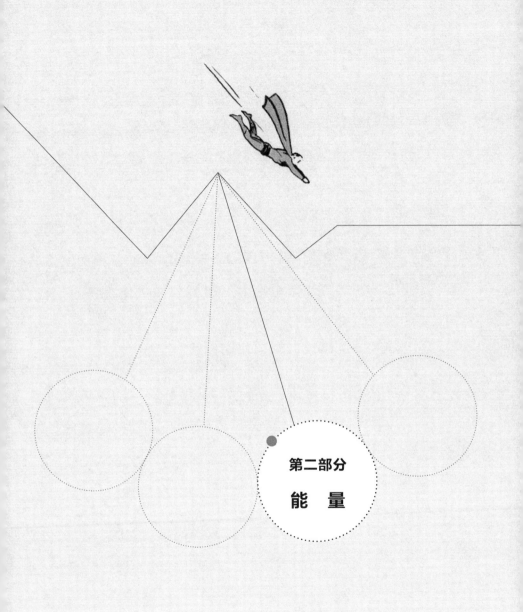

第二部分

能 量

第 12 章 吃货闪电侠

也许闪电侠确实能在海面上奔跑，抓住飞行的子弹，但我们还应该思考一个更重要的问题：他每隔多久吃一次饭？

简单地说，隔很短的时间。我们还要问一个更基本的问题：他为什么要吃饭？食物中到底含有哪些人体活动所必需的物质（不管是跑步还是走路，甚至静止不动的时候）？另外，为什么我们只能从有机物中获取这些物质，而不是从石头、金属或者塑料里获得？

闪电侠吃饭的原因跟我们一样：为细胞生长和再生提供基础物质，为新陈代谢提供能量。在你刚出生的时候，你的身体里含有一定数量的原子，但这些原子不足以维系你的一生。随着你慢慢长大，你需要更多的原子，它们通常以复杂分子的形式存在，你的身体将其分解并转化成细胞代谢和生长所必需的基础原料。正如我们在讲述氦星爆炸时讨论过的，宇宙中所有的原子——包括我们摄入的食物——都是由一颗早已死去的恒星中的核反应生成的，氢原子聚合成氦原子，氦原子聚合为碳原子，以此类推。在太阳的聚合反应中，还有一种产物在我们的食物中占次要的地位。超级英雄战队中的饕餮少年靠摄入惰性物质

（比如金属或者石头）来满足生命所需，宇宙公敌行星吞噬者摄取的是行星的能量，但人类吃的大部分食物都必须是有生命的东西。只有这样的食物才能为我们提供一种听起来神秘却很寻常的必需品——能量。

"能量"这个词的用处如此之广，以至于想不用"能量"或者"功"来解释问题反倒变成了一个难题。一个最简单的关于能量的非数学定义是，"能量"衡量的是物体运动能力的大小。如果一个物体正在运动，我们就说它具有"动能"；如果它撞上其他物体，就会使其他物体也运动起来。即便物体静止不动，它也具有能量，比如受外力作用（重力），但不产生加速度（比如位于地面上）。这个物体一旦摆脱限制就会运动起来，因此我们说这个物体具有"势能"。

能量包含动能和势能。在某些情形下，一定质量的物体可能两者兼有，比如第 3 章中格温·斯黛西从桥上坠落的那个例子。当她站在桥上的时候，她具有很大的势能，因为重力从很远的距离之外作用于她。但是她的运动状态受到了限制，因为有桥支撑着她。在她从桥上掉下去后，作用于她的力（重力）使她产生了加速度。她在急速坠落的过程中，重力的作用距离越来越短，她的势能也在逐渐减少。势能不会消失，她在桥顶上的势能在她坠落的过程中逐渐转化为动能。在她坠落过程的任意一点上，她所拥有的动能刚好等于她所失去的势能（忽略因空气阻力而损失的能量）。当她撞击水面时，她的势能减至最小，她的速度和动能增至最大。因此（我们再次忽略空气阻力），她在水面处拥有的动能刚好等于她在桥顶上的势能。接着，动能传导至水面，水面对她产生了一个巨大的作用力，把她的速度变为零，这和第 3 章中她被蜘蛛侠的蛛丝拉住时的悲惨结局是一样的。

我们也可以想象，蜘蛛侠吊在蛛丝上会像摆锤一样来回摆动。在运动轨迹的最高点上，他是静止不动的（正因为如此，这一点才是最高点），但此刻他远离地面，具有很大的势能。而在最低点处他的势能最小，如果从这一点开始，他是摆荡不起来的。如果他从高一点儿的位置开始运动，他一开始的势能就会转化为动能，在最低点处，他失去的那部分势能恰好等于他得到的动能，此时作用于他的力只有重力（垂直向下）和拉力（垂直向上）。虽然这两个力都不是水平方向上的力，但由于他已经在运动了，他就会保持这个运动状态，直到有外力作用于他。随着他从最低点处向最高点处摆荡，他的动能又转化为势能。如果没有人推他一把，他的能量就不可能超过开始运动时的能量（这些能量又是从哪儿来的呢？），因此他摆荡的高度也不可能超过一开始的高度。事实上，他在把挡路的空气（空气阻力）推开时消耗了一部分动能，所以他摆荡的高度会低于初始高度。

以上关于势能与动能的思考，向我们揭示出物理学领域最深刻的一个理念：能量既不会凭空增加，也不会凭空消失，它只会由一种形式转化为另一种形式。这个理念用专业术语来表达就是"能量守恒定律"。在自然界中，永远不可能出现起始能量不等于最终能量的情况。绝对不可能！

20 世纪二三十年代，物理学家在研究原子核的放射性衰变时发现，衰变反应后释放出的电子的能量加上原子核的能量并不等于原子核的初始能量。为了解释衰变反应的能量不守恒现象，沃尔夫冈·泡利提出，损失的那部分能量被一种仪器观测不到的神秘幽灵粒子带走了。后来，终于有仪器能够观测到这种"幽灵粒子"。它们不仅真实存在，而且中微子（这种神秘粒子的名字听起来有点儿怪，由恩里科·费米命名，其意大利语的含义是"中性的小不点儿"）是宇宙中物质最普遍的存在形式。

在更加日常的情形中，我们要多加注意，把运动过程中所有形式的能量转化都考虑在内。我们可以想象用锤子把钉子钉进木板的过程。当木匠把锤子举过头顶时，锤子所具有的势能会随着敲击钉子的过程逐渐转化为动能。当锤子敲击在钉子上时，锤子的动能就会引发钉子的运动（顺利的话钉子会进入木板），但还有一个副作用，那就是使钉子里的原子剧烈振动，钉子会因此发热。锤子的部分动能引起钉子里原子的振动（钉子进入木板），以及木板中分子键的断裂，这些可以用敲击过程的"效能"来表述。如果我们细心地把这些大大小小的动能加在一起，包括钉子、木头，甚至空气的动能（在敲击钉子时我们听到的"哪"的声音来自压缩周围的空气产生的声波），它们的和将刚好等于锤子在开始敲击钉子之前的初始动能。然而，对于木匠而言，钉子发热和敲打的声响都是能量的浪费，会削弱敲击过程的效能。

有时候，这种能量浪费不容小觑。一辆沿着水平公路行驶的汽车具有一定的动能，这些能量来自汽油与氧气的燃烧化学反应，这个反应是由火花塞的电子打火引燃的。这个小小的爆炸反应所产生的气体会以极快的速度运动，推动活塞做功，动能通过一套精巧的系统被传导到轮胎上。当然，这个化学反应产生的能量并非都用于推动活塞做功，其中很大一部分被用来加热发动机。对于汽车而言，加热发动机并没有什么实际意义。此外，当汽车在高速公路上行驶时，还需要用一部分能量用来推开挡在汽车前面的空气。一辆汽车的效能主要是由空气置换的效能决定的，一辆普通汽车每行驶 1 英里就会置换 6 吨空气！汽车或者卡车的体积越大，其在行驶过程中置换的空气就越多，需要的能量也越多。这个原理也解释了为什么双手紧贴身体在水里行走，要比张着双臂容易得多。表面积越小，相同质量汽车的燃料燃烧效率就越高（假设发动机相同）。

绿魔把格温·斯黛西带到乔治·华盛顿大桥的过程中需要消耗能

量，当斯黛西到达桥顶的时候，她具备了一定的势能，这些能量来自绿魔的滑翔机燃料燃烧所产生的化学能量。从逻辑上说，根据能量守恒定律，我们既不可能制造出新的能量，也不可能消灭现有的能量，而只能把一种能量转化为另一种。因此，宇宙中现存的能量和物质在宇宙诞生之时就已经存在了。在一开始时，整个宇宙的体积被压缩到非常小；随着宇宙的膨胀，总的能量和质量保持不变。

能量密度指的是单位体积中的能量，如果总能量保持不变而体积增加，能量密度就会减小。能量和物质能够相互转化，著名的爱因斯坦方程 $E = mc^2$ 就描述了这个过程。$E = mc^2$ 的含义是，物质可以被看作"能量的减少"。一般情况下，当光子发生碰撞形成物质时，就会产生相同数量的物质和反物质。在大爆炸发生后的瞬间，随着宇宙的膨胀和冷却，夸克—胶子等离子体结合形成质子和中子。早期宇宙中的质子和中子略多于反粒子，具体形成过程目前尚不知道。这种物质的形成过程只发生过一次，那是在宇宙诞生早期，能量密度足够高，能够使物质凝聚成形。到后来（比如现在），由于能量密度低于 $E = mc^2$ 的门槛值，所以无法自发地形成物质。[1] 宇宙诞生早期形成的质子和电子，由于静电吸引力而形成了氢原子。地心引力把一些氢原子聚集在一起就形成了恒星。在这些恒星的中心，由于引力势能的作用，氢原子发生核反应，聚合成更重的元素，并释放出动能。

现在我们可以说，宇宙中的所有能量（以及所有物质）都是在宇宙诞生之初就存在的。但这又引出了关于能量的两个更深刻的问题：

---

[1]　1997 年，科学家们找到了能量密度足够大时会自发地形成物质的直接证据。通过让高能伽马射线光子互相碰撞，他们在实验室里创造出电子或反电子粒子对，再现了宇宙诞生那一刻的运行机制。

能量到底是什么东西？它最初是从哪里来的？对于这两个问题，科学家们给出了同样的答案：不知道。

"快"餐

为了搞清楚闪电侠要吃多少东西才能以超级速度奔跑，我们先得计算他的动能。物理学家总想节约能源，所以让我们"循环利用"第 1 章中的数学算式吧。想要改变一个物体的动能，让它加速或者减速，我们就必须做功。这个"功"在物理学上的含义跟它的通常含义不太一样。

如果一个物体在外力作用下发生了位移，我们就说外力对物体做了功，根据力的方向不同，这个物体的动能会增加或减少。从这个角度看，功是另一种形式的能量，二者的单位也相同。对于一个下落的物体 m，作用于它的外力就是引力所产生的重量 $F = mg$，物体位移的距离就是它跌落的高度 h。因此，功 = 外力 × 位移 = $mg \times h$ = mgh。这就是物体在高度 h 处所具有的势能，在这个例子中，功可以被视为增加一个物体的势能所需要消耗的能量。

我们可以回想一下第 3 章中从桥顶跌落的格温·斯黛西，或第 1 章中纵身一跃跳上高楼的超人的例子。在这两个例子中，引力所做的功都是 mgh。对于格温·斯黛西而言，她的动能增加了；而对于超人，他的动能减少了。二者的不同之处在于，对于斯黛西来说，引力把她向下拉，作用方向与她的运动方向相同；对于超人来说，引力同样把他向下拉，但作用方向与他的运动方向相反。斯黛西一开始时的动能为零，一定距离（在这里指桥的高度）之外的万有引力使她在撞击水面之前的速度达到最快。她的最终速度 v 与她跌落的

距离 h 之间的关系可以用 $v^2 = 2gh$ 来表示，其中 g 是重力加速度。这是一个真命题，经过简单的代数运算（见自序），比如在等式两边同时乘以或除以相同的数字，结果仍是真命题。在 $v^2 = 2gh$ 的等式两边同时除以 2，就可以得到 $v^2/2 = gh$；再在等式两边同时乘以斯黛西的质量 m，就可以得到 $mv^2/2 = mgh$。等式右边是重力对斯黛西做的功，等式左边是她的动能的变化量，即最终动能减去初始动能。因为她一开始的时候没有动能（没有运动就没有动能，但她有大量的势能），所以她的最终动能可以表示为 $mv^2/2$。恭喜你，又完成了一道物理计算题。[①]

当闪电侠停止奔跑的时候，他的动能就不再变化。漫画会逼真地表现闪电侠所经历的加速或者减速过程，以及减速的后果。在《闪电侠》第 106 期中，闪电侠在追逐一个时速为 500 英里的物体时突然停下来，漫画画面表现为他的双脚在地面划出深深的沟痕（见图 19）。使他紧急减速的外力，特别是摩擦力，被这幅画面描绘得非常精确。为了让他的速度从 500 英里 / 小时减至零，需要外力对他做很大的功。漫画中闪电侠的制动距离约为 15 英尺，这是一段相当短的距离，由于功 = 外力 × 位移，所以他的双脚施加给地面的力是非常大的。事实上，要想在 15 英尺的距离内使速度从 500 英里 / 小时减至零，至少需要 80 000 磅力的外力！

---

① 事实证明，我们本可以在第 1 章中就讨论能量的定义，然后利用代数运算法则倒推出 $F=ma$ 这个表达式，而不是从 $F=ma$ 开始，去推导能量方程。从哪里入手计算取决于个人喜好。无论如何，最后我们总会得到 $v^2=2gh$ 这个表达式。她最终的速度和她的起始高度之间的联系关乎生死，至于是使用哪个等式得出结论则并不重要。

图 19　在《闪电侠》第 106 期里，罕见地展现了闪电侠突然减速所产生的现实影响。减速的距离越短，他的靴子就要对地面施加越大的力

　　与之类似，在《闪电侠》（1989 年 4 月）第 15 期的第 2 册中，沃利·韦斯特 ① 的速度如此之快，以至于在他想停下来的时候，在北美大地上留下了数英里长的沟痕。通过沟痕的长度，科学家们就可以推测出沃利的速度是多少，可能会停在什么地方，这与警察通过路面痕迹还原车辆事故真相的方法相同。实际上，通过每次闪电侠突然起跑或者突然停下时双脚在地面留下的沟痕，我们就能知道闪电侠在哪儿。好在对于中心城的道路交通部门来说，闪电侠的这种超能力只是偶尔才展现一次。

　　我们回到闪电侠的饮食习惯这个问题上来，如果动能可以用公式 $KE = (1/2) mv^2$ 来表达，闪电侠摄取的热量就会以其速度平方的量级增长。如果他的奔跑速度是原来的 2 倍，他就要摄入 4 倍的热量，即

　　① 　沃利·韦斯特原本是闪电小子，但在 1985 年，他省略了头衔中的"小子"，继承了白银时代的闪电侠巴里·艾伦的衣钵，成为新的闪电侠。而巴里·艾伦为了拯救我们的宇宙，死在了"反监视者"手里。

为了达到这个速度，他的食量必须增大为原来的 4 倍。在白银时代，漫画师卡迈恩·因凡蒂诺笔下的闪电侠身材苗条，没有大块的肌肉，毕竟他只是一个奔跑者。如果闪电侠在地球上的体重是 155 磅，他的质量就是 70 千克。当他的速度是光速的百分之一（这基本上是闪电侠奔跑速度的上限）时，他的速度就是 $v = 1\,860$ 英里／秒，或者 300 万米／秒。此时，他的动能是（1/2）× 70 千克 ×（3 000 000 米／秒）^{2} = 315 万亿千克·米 ^{2}／秒 ^{2} = 75 万亿卡路里。在物理学中，能量的概念非常常见，因此它有自己单独的单位，其中一个就是"卡路里"。0.24 卡路里 = 1 千克·米 ^{2}／秒 ^{2}，也就是说，0.24 卡路里等于一个 1 千克·米／秒 ^{2} 的外力作用 1 米的距离所做的功。

1 千克·米 ^{2}／秒 ^{2} 之所以会等于 0.24 卡路里，是因为在 19 世纪中期，物理学家对于能量的概念感到非常困惑，而且这种情况很长时间都没有改观。一开始时卡路里被定义为一单位的热，热被视为一种区别于功和能量的概念。后来有位物理学家认识到热只是另一种形式的能量，动能可直接转化为热。这位物理学家名叫詹姆斯·普雷斯科特·焦耳，人们便以他的名字命名一单位的能量（1 焦耳 = 1 千克·米 ^{2}／秒 ^{2} = 0.24 卡路里）。尽管物理学家使用焦耳来衡量动能和势能，我们在这里还是继续使用更麻烦的千克·米 ^{2}／秒 ^{2}，以此来强调能量的几个决定因素。[①]

需要注意的是，物理学家口中的卡路里与营养学家口中的卡路里不是一个概念。对于物理学家来说，1 卡路里指的是让 1 克水的温度

---

① 注意，千克·米 ^{2}／秒 ^{2} 也是重力势能的单位，其公式是 $PE = mgh$，千克、米／秒 ^{2} 和米分别对应质量 m、重力加速度 g 和高度 h。这合情合理，因为如果动能等于势能，那么它们也应该使用相同的单位。如果动能的单位是千克·米 ^{2}／秒 ^{2}，而势能或者功的单位是秒 ^{3}／千克或者其他奇怪的单位，我们的分析可就大错特错了。

升高 1 摄氏度所需的能量，这是在实验室环境中定义能量的一种非常有效的方法。但在这个定义下，一块苏打饼干所含有的能量足可以让 24 000 克水的温度升高 1 度。也就是说，对于物理学家来说，一块苏打饼干含有的热量是 24 000 卡路里。为了避免总是出现这么大的数值，1 卡路里的食物热量被定义为 1 000 "物理卡路里" 的热量。所以一块苏打饼干含有的 24 卡路里食物热量就等于 24 000 物理卡路里的热量。本来，一个奶酪汉堡的食物热量高达 500 卡路里就够让人吃不消的了，再想到它含有 500 000 物理卡路里的热量，我们可能以后再也不想吃奶酪汉堡了。

要把闪电侠的 75 万亿物理卡路里的动能换算成食物热量，就得用这个数值除以 1 000。换算后的数值看起来小一点儿，但闪电侠还是要消耗 750 亿卡路里的食物热量才能让自己的奔跑速度达到光速的 1/100。也就是说，他得吃 1.5 亿个奶酪汉堡才能达到这个速度（假设食物热量可以完全转化成动能）。[①] 如果他停止奔跑，他的动能就变为零，他要想再跑这么快，就得再吃 1.5 亿个汉堡。《闪电侠》漫画也提过（20 世纪 80 年代中期），他几乎需要一刻不停地吃东西（甚至在以超级速度奔跑的时候还在吃），来保持超快的奔跑速度。然而在黄金时代、白银时代以及现代，能量守恒定律常常被忽略。现在，闪电侠的超快速度被归因于他拥有 "神速力"，它的意思是：别当真，这只是一本漫画书。

---

① 由于我们摄入的大约一半的热量都用于维持新陈代谢，所以闪电侠可能需要吃掉 3 亿个奶酪汉堡。

奶酪汉堡与氢弹

我们要问的下一个问题是，为什么奶酪汉堡或者其他食物能够给闪电侠提供能量？当物体移动的时候，我们很容易就能知道它具有动能，重力产生的势能也很好理解。但是，还有很多其他形式的能量，我们得好好想想才能知道应该将其归入哪一类，是动能还是势能。闪电侠之所以能通过食物获取能量，不是因为他吃的食物里运动的原子产生了动能，而是因为食物分子的化学键中蕴含着潜在的能量。因为能量既不能新增，也不会减少，而只会从一种形式转化为另一种形式，所以我们需要追本溯源，看看奶酪汉堡里储存的潜在能量是从哪里来的。

为了弄明白食物中储存的潜在能量，我们得先了解几个基础的化学问题。当两个原子离得足够近的时候，如果其他条件也合适，它们就会组成一个化学键，这是一个新的单位，叫作"分子"。分子可能很小，比如两个氧原子组合在一起形成了氧分子（O_2）；分子也可能很长、很复杂，就像人体的每个细胞中都含有 DNA 分子。两个或多个原子是否能够形成化学键，何时形成，以及形成的条件，是所有化学问题的基础。所有原子都有一个带正电的原子核以及大量的电子。一种物质的化学属性取决于其含有的电子的数量，以及它们（都带负电荷）通过什么方式与带正电荷的原子核平衡。当一个原子离另一个原子很近的时候，它们的电子可能会交叠在一起，这两个原子之间可能会产生吸引力或排斥力。如果它们相互吸引，电子就会产生化学键，原子就会组成分子。如果它们相互排斥，我们就说这两个原子之间没有发生化学反应。为了确定这个力是吸引力还是排斥力，我们需要用到非常复杂的量子力学计算方法。如果两个原子相互吸引，却被某个限制条件强制分开，原子之间就会产生势能。一旦这个限制条件消失了，这两个原子就会组成一个分子。因此，我们说这两个原子一旦结合在一起，就会处于低能量状态，正如砖块被放在地上的时候重力势能较低一样。要想把这块砖抬至高度 h 就需要对其做功，正如把分子拆成原子需要消耗能量一样。

现在书归正传，闪电侠为什么要吃东西，或者食物为什么能提供他奔跑所需的能量呢？当闪电侠快速奔跑的时候，他会在细胞层面消耗能量，以供腿部肌肉的舒张和收缩，而细胞层面的能量则来自巴里·艾伦吃下的食物。那么，食物中的能量又是从哪里来的？来自植物，不管是直接摄取，还是间接摄取（比如，通过吃肉）。食物所储存的能量实际上就是分子层面的势能。植物会摄入分子的"积木块"，对它们进行处理，把它们摞在一起，建成亚细胞的"积木塔"。这种积木塔一旦建成就相当稳固，而且搭建积木塔的过程会提升分子的势能（除了最下面的"积木"）。

与之类似，植物把简单的分子组合成糖类时也需要做功，从而使分子的势能增加。势能始终储存在糖类之中，直到细胞中的线粒体形成三磷酸腺苷（ATP），储存的能量才会被释放出来。这就如同建积木塔的过程中所做的功会转化为积木块中储存的势能，直到拆掉这座塔，势能才会转化为动能。闪电侠腿部肌肉细胞的 ATP 释放出的能量比"拆除糖类积木塔"所需要的能量多，尽管闪电侠得到的能量比植物细胞建造积木塔时所做的功少。

植物细胞的能量又是从哪里来的？植物细胞通过光合作用吸收太阳光中的能量，合成糖类。光来自太阳，它是核聚变反应的副产品，在这个过程中，氢核聚合形成氦核。最终，食物中所有的化学能量都由阳光转化而来的，阳光又产生于太阳中心的核聚变反应，这与氢核爆炸时的反应是一样的。所以，地球上的大部分能量都来自于太阳，就像地球上所有的原子（从闪电侠身体里的 ATP 分子到他放在自己衣服里的那枚戒指）都是在太阳能坩埚里制造出来的。

最后，所有的生命形式都有可能出现，因为一个氦核（包含两个质子和两个中子）的质量略小于在恒星中心聚合在一起的两个氘核（氘核包含一个质子和一个中子）。所谓"略小于"，指的是氦核的质量是两个氘核质量之和的 99.3%。这种质量上的微小差异会产生大量的能量，因为根据 $E = mc^2$，质量乘以光速的平方才能得到能量值。

99.3% 是一个具有魔力的数字，原因有两个方面。一方面，如果一个氦核的质量是两个氘核质量之和的 99.4%，氘核就不会形成，氦核也不可能发生聚变反应。在这种情况下，恒星晦暗无光，无法合成元素，也不会发生超新星爆炸，不能形成更重的元素，行星和人类的诞生更是无从谈起。另一方面，如果一个氦核的质量是两个氘核质量之和的 99.2%，聚变反应就会释放出过多的能量。在这种情况下，质子会在宇宙诞生早期形成氦核，而在恒星形成的时候就没有可用的核燃料了。这种对自然界的鬼斧神工的源头的追溯，就是现在科学研究关心的问题。

功率决定一切

通常来说，某项任务的约束条件并不是需要多少能量，而是能以多快的速度提供和使用这些能量。就像图 19 中的闪电侠，他需要在 15 英尺的距离内让速度从每小时 500 英里降至零。把这么大的动能降到零所需要做的功超过 100 万磅英尺，所需要的力至少为 8 万磅力。如果闪电侠经过较长的距离停下来，比如 1 英里而不是 15 英尺，他所需要的力将小于 230 镑力，他也就不太可能在地面上留下深深的沟痕了。换句话说，如果他有更长的时间来改变他的速度，他改变动能所需要的力就会更小。

在物理学领域，功率被定义为某个系统中单位时间内能量的变化率（我在这里说的"变化"指的是能量从一种形式转变为另一种形式，比如闪电侠的动能转化为他的双脚对地面所做的机械功）。如果我对我的汽车做功，把它的速度从零变为每小时 60 英里，这个过程可能需要 6 秒，也可能需要 6 小时，但最终的动能是一样的。很显然，在第一种情况下，汽车动能的变化率更高。如果你的汽车能在 6 秒内把速度从零提升到60英里/小时，我们就说你的汽车发动机功率较高。动能和热都是能量的不同形式，能量变化率的单位是千克·米^2/秒^2，也就是瓦特（以詹姆斯·瓦特的名字命名，他是热力学研究领域的先行者）。我们经常在很短的时间内需要消耗很多的能量，这时候以千瓦为单位就方便多了。瓦特是功率单位，它衡量的是能量消耗率。为了记录在一小时内消耗了多少能量，我们用功率乘以时间，得到的结果就是千瓦时，电力公司用千瓦时为单位统计你消耗了多少电能。如果一个大型发电厂向 100 万个家庭都输送 1 千瓦的电力（这是一个典型家庭的用电量），我们就说这家发电厂具备千兆瓦（10 亿瓦）的生产能力。

功率而不是能量决定了我们无法发明出会飞的汽车，尽管我们目前身处 20 世纪五六十年代的白银时代漫画中所描述的"遥远的未来"。我们以 1986 年的漫画小说《守望者》里乘坐夜枭飞行器的夜枭为例。在阿兰·摩尔和戴夫·吉本斯创作的这部小说里，夜枭（从理论上讲是夜枭二代）借鉴了查尔顿漫画公司的超级英雄蓝甲虫这个角色，蓝甲虫借鉴的则是 DC 漫画公司中的蝙蝠侠角色。《守望者》里的丹·德雷伯格拿着从他的银行家父亲那里继承的财产购置了一栋拥有超大地下室的房子，他在地下室里存放了许多工具、专业的超级英雄服装（用于在各种极端环境下与坏人战斗，比如水下、北极以及放射性区域等）、一系列奖杯、从各地带回来的纪念品，还有一个名叫阿基米德的大型飞行器（简称"阿基"）。这个圆形的飞行器与小货车大小差不多，以蓝甲虫的甲虫型飞船为蓝本，它们的飞行原理也一样——凭空想象。

《守望者》里的阿基不具备某个具体的可提供悬浮力或推力的装置，但它可以在夜枭拯救受困于公寓大火的群众时悬浮在半空中，也可以从纽约飞到南极洲。然而，要做到这些需要很大的功率。我们在前文中讨论了与地面距离为 h 的物体的势能，我们知道势能的公式是 mgh，其中 m 是质量，g 是重力加速度。所以，一个物体的质量越大，克服重力把物体抬至高度 h 所需要做的功就越多。

2009 年，一个夜枭飞行器的全尺寸模型出现在华纳兄弟出品的《守望者》电影中，它的质量有 4 000 千克（这个飞行器必须足够坚固，才能在罗夏越狱时承受住警卫的炮火攻击）。把这么重的物体抬升至 1/8 英里的高度，并成功飞越纽约市的高楼大厦，其拥有的势能必须超过 700 万千克·米^2/秒^2。这是一个相当大的能量，更重要的是，必须不间断地提供这么大的能量才能让夜枭飞行器悬浮在稀薄的空气中。当夜枭飞行器在距地面 200 米的高度盘旋时，它的功率是 7 200 千瓦，也就是 7.2 兆瓦（1 兆瓦等于 100 万瓦）。如果想让阿基飞到其他地方去，就需要进一步为其提供动能，这会大大增加其对电能的需求。如果阿基以每小时 700 英里的速度飞约 30 000 英尺，它的功率将超过 500 兆瓦，而从纽约飞到南极的这段航程则需要超过 180 000 加仑汽油！[①] 当我们在《守望者》漫画小说里看到曼哈顿

---

① 顺便提一句，这么多的汽油质量会超过 560 吨，所以，阿基的油罐会是飞船上质量最大的东西。

博士的超能力时，纵使心里万般怀疑，也只能暂且放下。然而，所有超级英雄漫画中最不合常理的奇迹也许就是夜枭飞行器的能源供应问题了。

1986 年戴夫·吉本斯绘制的夜枭飞行器没有明显的推进系统。在 2009 年的电影版中，夜枭飞行器的下部和尾部都加装了喷气推进器，这表明他意识到必须有一些机械装置才能让飞行器运行起来。就我个人而言，如果我设计并制造出像夜枭这样可以悬浮在半空中的飞行器，能以声速飞行超过 13 个小时，且使用的是一种轻质高效的新型能源，我就不会赤身裸体地坐在位于地下的猫头鹰洞穴里，念念不忘自己过去的行侠仗义之举。我会每天忙着数钞票，它们都是我通过注册专利赚来的。

飞起来的闪电侠

为了跑起来，闪电侠需要通过食物摄取能量，这些能量储存在复杂的分子结构之中。就像搭建积木塔储存势能一样，植物需要做功才能累积能量。当积木塔被推倒时，我们就可以把这些储存起来的势能转化成动能。但是，诱发积木塔倒塌的因素是什么呢？这座塔怎么知道细胞什么时候要释放能量呢？我们体内细胞中的线粒体释放能量的过程涉及很多生物化学机制，但最关键也是最重要的限制性因素，就是吸入氧气呼出二氧化碳这个化学反应。如果没有吸入氧气，储存在细胞内的能量就无法被释放出来，吃东西也没有任何意义。闪电侠跑得越快，他的动能就越大，他的细胞需要释放的势能越多，他需要吸入的氧气也越多。我们在前文讨论过，他必须吃掉数量可观的食物才能提供他奔跑所需的动能。那么，他需要吸入多少氧气呢？他在奔跑的过程中会不会把地球上的氧气都吸光？

要回答这个问题，我们先要计算一下闪电侠跑一英里需要吸入多少氧气。一个跑步的人所需消耗的氧气跟他的质量有关，对于一个 6 分钟跑 1 英里的优秀跑步者来说，每千克质量每分钟要消耗 70 立方厘米的氧气。假如闪电侠的质量是 70 千克，他每跑一英里就要消耗近 30 升（1 升等于 1 000 立方厘米，比 1 夸脱少一点儿）氧气。我们假设他在以最快的速度奔跑时，仍然保持这样的氧气消耗水平。30 升氧气中约含有 10^{24} 个氧分子，如果闪电侠的速度是每秒 10 英里，这就意味着闪电侠每秒要吸入 10^{24} 个氧分子。这听起来很多，但好在大气中的氧分子数量比这多得多，有超过 10^{43} 个氧分子。所以即便他每秒钟消耗 10^{24} 个氧分子，并且一直以每秒 10 英里的速度奔跑，那么要想吸光大气中的所有氧分子，也得用上 1 000 亿年的时间。他跑得越快，吸入的氧分子数量越多，但即便他以光速奔跑（他能达到这个速度，虽然很少用到），他也要不停地跑上 200 万年，才能吸光大气中所有的氧分子。考虑到这些数字，我们的呼吸也变得畅快多了。

我们倒是不用担心地球的大气层了，虽然我们的假设前提是闪电侠在奔跑的过程中呼吸顺畅。但以每分钟几百英里的速度奔跑，闪电侠真能正常呼吸吗？幸运的是，闪电侠在奔跑的过程中身边一直有一个空气囊。在《闪电侠》167 期里，这部分静止（相对闪电侠）的空气被称作他的"光晕"，在流体力学中它又叫作"无滑移区"。高尔夫球表面布满了小凹坑，就是出于这个原因。

要想弄明白其中的原理，你可以在家里做一个简单的物理小实验：把浴室面盆的冷水龙头打开，让水流稍小。为了达到最佳效果，事先要把水龙头出水口处的起泡器拆掉。刚开始时，你会看到水流就像抛光的圆柱体，在水龙头出口处粗一些，之后由于表面张力而稍微变细。要不是水冲击面盆发出声音，我们可能都感觉不到水在流动，而误以为它是个固态结构。这种形式的水流，其中的所有水分子都向着同一个方向移动，叫作"层流"。为与另一种极端情况做对比，我们把水龙头开到最大。水流翻腾打转，朝着不同的方向运动，速度相差也很大，这种形式的水流叫作"湍流"。一般情况下，如果你想从水龙头的出口处接到更多的水，你最好让水以层流的方式流出来；而如果是湍流，水流就会打转并从杯中溅出。

即便水是以层流的方式流出来的，所有的水分子都朝着一个方向运动，它们的速度也不尽相同。外层的水分子会与水管壁碰撞，所以它们的动能会向水管转移（水管很坚硬，只会略微变热而不会移动），运动速度会减慢。紧贴着水管壁的薄水层相对于水管是静止不动的，在这个水层旁边的水会损失一些动能，但不是全部。因为与水管中的原子不同，这个"无滑移区"中的水分子是可以移动的。而在水管中心，水会流得更快一些。所以，即便是在层流中，也存在一系列连续的同心环，内环中水的运动速度比外环要快，管道中心的水的运动速度最快。在层流中，所有环都是均匀分布的；而在湍流中，整个管道的水分子的运动都很混乱。

如果拉着水管在静止的水里移动，水的运动状态与上文所述刚好相反。靠近水管壁的水被水管拖着向前移动，所以内环的水运动得更慢，以此类推。但在这两种情况下，不管是水从水管里流出来，还是水管在水中移动，紧贴着水管壁的水层相对于水管而言都是静止的。同样地，在紧挨着运动物体的地方也会有一层薄薄的空气，这层空气相对于物体而言也是静止不动的。在这个例子中，物体在液体中移动得越慢，无滑移区的振动就越强。当速度达到很快的时候，同心环上的能量转移就会发生混乱，出现湍流。以一定速度运动的物体必须消耗更多的能量才能产生湍流，比其在层流中消耗的能量要大。我们在

第 6 章讲过，海豚为使尾流中的涡旋散开会频繁蜕皮，以提升游泳速度，就是这个道理。

这也是高尔夫球表面会有小凹坑的原因。高尔夫球表面凹凸不平，这有助于减小高速运动的球后方形成的湍流尾迹的横截面。简单来说，这些小凹坑减小了球遇到的空气阻力，湍流尾迹越小，能量损失就越少。这个效应是在偶然的情况下被发现的。在 19 世纪中期，高尔夫球是由古塔胶制成的光滑的实心球。高尔夫球手经过实践发现，表面布满划痕的旧球比光滑的新球飞得更远。实验研究和流体力学理论的进一步发展，使高尔夫球的设计得以优化，于是它的表面出现了许多小凹坑。

对高尔夫球有益的东西对闪电侠同样有益。当闪电侠奔跑的时候，紧贴着他身体的那层空气与他的身体保持相对静止，因此他一直都随身带着一个气囊。即便在几厘米的薄空气层中，也存在着 10^{24} 个氧分子。这个"蓄水池"必须不断补充新空气，只有这样才能让闪电侠继续奔跑。

在《闪电侠》漫画中，闪电侠身边的"光晕"不仅能让他在奔跑时呼吸顺畅，还能帮他摆脱空气阻力造成的其他不利影响。比如，燃烧的流星以极快的速度进入大气层时，由于遭遇了极大的空气阻力，它会变成陨石[①]。可是，为什么闪电侠在快速奔跑的时候没有起火燃烧呢？

《闪电侠》第 167 期对这个问题做出了解释，但是漫画迷们对这个解释并不满意。闪电侠在获得神速力的同时也获得了"护体光晕"，

[①]　然而，并非所有流星进入大气层时都会发生燃烧反应。为了说明为什么有那么多的陨石都能完整地落到地球，《超人》第 130 期里称这颗星球的残骸不受空气阻力的影响！

这些都是"十维空间精灵新手"莫比赋予他的。而在这个故事里，莫比用他的神奇能力去除了闪电侠的护体光晕，只留下了神速力。结果，闪电侠仍然能以很快的速度奔跑，但强大的空气阻力导致他一跑起来就会起火燃烧。

与其说闪电侠遭遇了恼人的小恶魔（这让人感到很奇怪），倒不如说白银时代的闪电侠漫画出版了 8 年后这个小恶魔才姗姗来迟（更让人感到意外）。在 20 世纪五六十年代，几乎每个 DC 漫画中的超级英雄都会有一个异次元的捣蛋鬼。第一个捣蛋鬼角色是米克斯杰兹皮特先生，这个五维空间中的捣蛋鬼就连超人也对他束手无策。只有在不小心反着说出自己的名字后，米克斯杰兹皮特才会被强制送回五维空间。一旦回到五维空间，他起码在 3 个月内不能来到三维空间（可能是因为只有这样，读者才不会对他感到厌倦，而且他每次出场时都会让读者眼前一亮）。为了与超人旗鼓相当，蝙蝠侠也被安排了专属的捣蛋鬼——蝙蝠螨。它本想向自己的偶像蝙蝠侠致敬，却总是弄巧成拙，给蝙蝠侠添了很多麻烦。火星猎人荣恩·荣兹有个外星捣蛋鬼名叫祖克，海王的捣蛋鬼是水妖奎斯普。在美国正义联盟的 7 位成员中，只有绿灯侠和神奇女侠没有专属的超自然或者异次元的捣蛋鬼。

这并不意味着漫画迷都不喜欢闪电侠的小恶魔，相反，是莫比用自己的神奇能力赋予巴里·艾伦以神速力。但这个由作家约翰·布鲁姆、加德纳·福克斯、罗伯特·卡耐尔以及编剧尤利乌斯·史瓦兹在白银时代创作出的故事并没有延续下去，后续的故事都称闪电侠的超能力是偶然获得的，这种说法破坏了其原来故事的精彩程度。莫比再也没有回到闪电侠的漫画中，对于白银时代的大部分漫画迷来说，《闪电侠》第 167 期的故事成为一段绝唱。

第 13 章　缺失的功

皮姆通过逆转"皮姆粒子"的极性，把自己变身为巨化人。末日巡逻队里的女演员丽塔·法尔（弹力女孩）在拍摄一部非洲电影的时候，不慎在一座与世隔绝的火山口处吸入了一种神秘的蒸汽；于是她获得了可以随意改变自己身体大小的能力，她既能变得像五层楼那么高，也能微缩到像一只昆虫那么渺小。然而，DC 漫画中的超级英雄原子侠只能变小。

原子侠是我最喜欢的超级英雄之一，他的真实身份是一位物理学教授，名叫雷·帕尔默。《展示橱》第 43 期向我们讲述了帕尔默教授的故事，出于经济方面的考虑，他想要发明一种缩小射线，但一直没有成功。在第 145 次实验失败后（实际上，他在第 145 次实验中成功地把厨房的一把椅子变小了几英寸，但紧接着椅子爆炸了，就像其他所有被缩小了的东西一样），他在语音日记中记录道："把物质压缩……能让农民在同一块土地上生产出 1 000 倍于原来的粮食，也能让一辆大货车运输 100 倍于原来的货物！"当然，由于会发生爆炸，想让货物完好无损也很困难。

有一天晚上，在开车回家的路上，帕尔默发现有一颗白矮星坠落在附近，他由此找到了发明缩小射线的办法。有了这种外星物质，帕尔默在缩小物体的时候就能有效地规避爆炸问题。或许是因为这个恒星残骸的名字中包含"矮"这个字，所以之前的物理学家并没有发现它具有缩小物体的特性。在本书的结尾部分，我们将详细讨论原子侠的出身和白矮星。可以说，雷·帕尔默把自己的身体缩小到 6 英寸高（这是他在与罪犯战斗时的典型体量）甚至更小（比电子还小），其背后的物理学原理跟奇怪的火山蒸汽或皮姆粒子差不多。

关于原子侠很重要的一点是，他不像蚁人或者弹力女孩，他不受密度不变这个条件的约束。也就是说，他可以自主控制大小和质量。很显然，白矮星提供了买一送一的"奇迹大礼包"。

雷·帕尔默的正常身高是 6 英尺，体重是 180 磅（相当于 82 千克）。当缩小到 6 英寸时，他只有正常大小的 1/12。他的宽度和厚度也以同样的比例缩小，如果他不想让自己的样子看起来很奇怪。因此，他的体积缩小为原来的 1/1 728（1/12 × 1/12 × 1/12）。如果他的密度保持不变，他的质量也会变成原来的 1/1 728，即只有 47 克或 1.66 盎司。这实在是太轻了，以至于我们不忍心看到这个弱小的斗士与时间小偷克洛诺斯和光博士之流对抗。幸运的是，对于我们这些善良的人来说，原子侠只需轻轻按一下腰带扣上的"大小与体重控制按钮"（后来他的手套上也加装了这个按钮），就能在大小变为 6 英寸的同时让体重维持 180 磅不变。正如我们在图 20 中看到的，在体重很轻的时候，他可以把一块粉红色橡皮当作蹦床，让自己弹到坏蛋脸上。在撞击的那一刻他又把体重恢复到 180 磅，这样一来，坏蛋的下

图 20　在《原子侠》第 4 期的封面上，原子侠显示出了他对大小和质量的掌控。通过减小自己的密度，他的身体变得很轻，轻到可以把一块粉红色橡皮当作蹦床弹到坏蛋的下巴附近。这时，他迅速恢复自己的质量，一拳击倒了"无辜的小偷"

巴就相当于被体重不变、体型缩小的原子侠重重地撞了一下。[1]

原子侠经常使用的另一个手段是，在他只有 6 英寸高时抓住坏蛋脖子上的领带，然后再把体重恢复到 180 磅。坏蛋的头会被狠狠地向下拽，撞击在桌面或者其他坚硬的表面上，瞬间晕死过去。毫无疑问，这就是 20 世纪 60 年代的罪犯在从事犯罪活动时更喜欢把"周五便装"作为工作制服的原因。

因为原子侠能自主控制自己的质量（只在体量缩小的时候），所以他能够借着风产生的气流或者温度梯度飞到不同的地方去。（他还会利用把自己变成电子大小这个超能力，通过电话线到达很远的地方，我们会在第 26 章讨论这个技能背后的物理学原理。）原子侠经常会像图 21 描绘的那样，乘着气流优雅地滑行。在《原子侠》第 2 期的这幅漫画中，原子侠需要降落到一个着火的谷仓上。他把自己缩小到不足 1 英寸大小，又调整了密度以便让自己"比羽毛还轻"。这样

© 1962 National Periodical Publications Inc. (DC)

图 21 《原子侠》第 2 期中的一幕，原子侠缩小了自己的大小和重量，乘着燃烧的建筑上的热气流飞了起来

---

[1] 因为蚁人体量缩小后密度是不变的，所以他的拳头的力量会与肱二头肌的横截面积一起等比例缩小。他的拳头的力度之所以够大，是因为随着他的肌肉产生的力量变小，拳头的受力面积也变小了。

一来，他就能被"屋顶涌起的热气流"托起来。事实上，他经历的应该是一场更艰难坎坷的冒险，通过第一手经验，他验证了物理学的一个分支学科的统计学和力学基础，这个学科就是热力学。

第一定律——你永远没有胜算

我们已经讨论过牛顿的三个定律，现在我们来看热力学的三大定律。在热力学领域，对热量流动的研究早于 19 世纪的科学家对物质的原子特性的认识，所以热力学定律是通过不断摸索得出的经验性总结。科学家们对这些定律的认识过程相当缓慢，他们无比艰难地探索着诸如有用功和热量之间的联系、温度如何测量、相变的本质，以及任何一个机械过程内在的效率低下等问题。现在再来讨论这个话题就没有那么困难重重了，因为我们已经知道物质是由原子组成的。要解释热力学第一定律，我们首先需要了解的一个简单的问题就是，当原子侠借着燃烧的谷仓产生的热气流飞起来的时候，他会受到一个净上升力的作用（图 21）。

19 世纪的科学家们认为物质都包含一种独立的液体，即"热素"（以前叫"燃素"）。在发生机械性形变时，物体会释放出这种热素液体，所以摸上去是温热的。他们还认为热素液体有"自斥"属性，所以物体受热会膨胀。这种说法现在听起来也许很愚蠢，但如果你不知道物质是由原子组成的，这个热素模型似乎也能合理解释这些现象和其他观测结果。焦耳、本杰明·汤普森等人发现了热的真正奥秘，他们论证了机械功可以直接转化为热能而无须借助任何特殊的流体。"热"描述的是在没有做功（在前面的章节中我们解释了功的定义，即力乘以距离）的情况下任何形式的能量交换。一个物体能量的任何变化只能来自热量的转移或功的作用，这就是热力学第一定律。

当一个物体很"热"时，组成它的原子的动能很大；而当一个物体很"凉"时，原子的动能就很小。因此，一个物体的"温度"只是一个实用的记录装置，记录了物体中每个原子的能量。当某个物体中的原子比其他物体中的原子具有更大的动能时，我们就说这个物体的温度很高；而当物体中的每个原子具有的动能较低时，我们就说这个物体的温度很低。

我们在第 4 章讨论摩擦力时讲到，两个物体相互摩擦的过程可以被看作原子山脉的相互挤压。被拖拽物体的动能被转化为物体表面所有原子的振动，每个原子的动能转移被称为"热流动"，两个物体的温度因此升高，但并没有什么热素液体。

在第 12 章中我们知道，能量只有两种：势能和动能。你房间里的空气分子所具有的能量基本上都是动能。由于每个空气分子的质量都很小，房间里的重力势能（空气分子的质量乘以它与地面之间的距离）也非常小，可以忽略不计。我们下面的讨论与空气的具体化学成分关系不大，所以我们将统一使用"空气分子"这个说法。在图 21 中，原子侠身体下面的热空气比他上面的冷空气动能更大。当然，这句话不太科学，因为其实并不存在所谓的"热空气"和"冷空气"，而只不过是空气和其他物体比起来更热或者更冷。为了论证方便，我们将只考虑原子侠的体温。

图 21 中原子侠身体下方的热空气会使他的体温和高度都上升。当高速行驶的汽车撞上静止或缓慢移动的车辆时，前者通常会慢下来，而后者的速度会变快。同样地，空气分子比原子侠身体里的原子动能更大，当它们发生碰撞时，就会把动能转移到穿着制服的原子侠身上，使其发生剧烈振动。由于能量在这个过程中是守恒的，碰撞之后空气的动能（即温度）会降低，而原子侠的体温则会升高。由于物

质的原子特性，当两个物体发生热接触时，热量总会从温度高的物体转移到温度低的物体，而不会反方向流动。当暴露在冷空气里时，原子侠制服中的原子会以比空气分子更快的速度来回移动，所以碰撞过后，空气分子的移动速度会反超制服中的原子，让原子侠的体温降下来。

当原子侠的质量轻得能飘浮在空气中时（如图 21 所示），他周围的空气温度就是一样的，他受到的来自各个方向上的作用力大致相等。在这种情况下，不管他的质量有多小，重力最终会把他拉回地面。热气流能把原子侠托起来，是因为他身体下方的热空气分子的运动速度比他上方的冷空气分子的运动速度要快。因此，在原子侠的身体下方，每秒钟内空气分子会发生更多的碰撞，把他向上托，而且这个力量大于他身体上方的空气分子碰撞时所产生的把他向下推的力。此外，改变快速运动的分子的运动方向，比改变缓慢运动的分子的运动方向所需的力更大。力都是成对出现的，原子侠对空气分子施加的力在改变了这些分子的运动方向的同时，也会对原子侠施加一个反作用力。因此，原子侠会受到不平衡的力的作用，因为在他身体下方的空气分子的碰撞更多，他会被向上托，而不是向下推。当然，这种力是不平滑、不均匀的，而且是不连续、混沌的，所以他偶尔也会往下落，而不是一直向上升。但随着时间的推移，温度梯度的平均力量会将他从热源处推向较冷的区域。

因此，图 21 中的原子侠既具有动能，也具有势能。由于热气流带来的热量传递，他的体温会稍稍升高（也就是说他体内原子的动能会增加）。由于热空气分子对他做了功，他会被托得更高，他的重力势能也会相应增加。热力学第一定律指出，原子侠总能量的变化值等于热量和功的总和。

我们再举一个例子：蒸汽推动气缸的活塞做功，借助一系列的凸轮和传动轴使车轮转动。当科学家和工程师意识到，热量转移可以做功（也就是说，在一个给定的距离上施加力）时，工业革命就诞生了。在此之前，简单的机械，如杠杆和滑轮，需要消耗存储在人类、耕畜、风或瀑布中的能量才能做功，即把人类或动物从食物中摄取的化学能量转化为功。食物中的势能还要用于完成其他许多任务，比如维持体温、新陈代谢等。因此，用于推动杠杆做功的能量只是其中的一小部分。相反，燃烧煤或石油释放出其储存的化学能量，则能更直接地转化为功。虽然转化效率也达不到 100%，但比生物能更高效。

热力学第一定律告诉我们，在最理想的情况下，除去所有的损耗和外部噪声，某种设备所做的功应该正好等于驱动机器的热量（即动能）。根据能量守恒定律，由热量转化而来的功的大小是一定的，不可能更多。

不但不可能更多，就连达到 100% 的转化率也十分困难。为什么我们不能制造出一台完美的机器，把热量全部转化成功，而不浪费一丝一毫呢？很快我们就会看到，在热量转移的过程中，气体原子的随机运动将严格限制我们从任何机器上获得的功，无论这台机器设计得多么精妙。

第二定律——100% 的转化效率是不可能达到的

根据能量守恒定律（热力学第一定律的基础），我们建造出一台转化效率为 100% 的机器理论上是可能的，即它把热量全部转化为功。因为能量守恒定律告诉我们，能量不可能变多或变少，而只能从一种形式转化为另一种形式。为了弄清楚到底是什么因素限制了热量全部转化为功，我们必须引入一个新概念，它是一个与能量互补且同等重要的概念。这个概念就是"熵"，它与热量密切相关。即使在原子侠没有被热气流托起时，熵也会让他的冒险旅途十分颠簸。

无论是在位于外太空的美国正义联盟的卫星总部发生爆炸，还是在复仇者联盟的喷气飞船上发生爆炸，都会向外喷出一股剧烈的气流。这是为什么呢？是什么迫使空气冲出美国正义联盟的卫星总部呢？我们用一个通俗的比喻来解释为什么空气会冲向低压区域："自然厌恶真空。"虽然门开着，但所有空气都留在卫星里，这并不违反牛顿运动定律，然而这种情况根本不可能发生。卫星上发生爆炸性减压，其背后的原因就在于空气分子的随机运动。

想象一下，你坐在一个房间里，而隔壁房间里的空气全都被抽走了。只要连通这两个房间的门关得很严实，你就永远不会知道隔壁房间里有个"真空吸尘器"正在等着你。你所在房间里的空气分子在一定的温度和压力条件下正欢快地运动，这个平静而祥和的景象将伴随着你打开那道门而不复存在。

也许有人会问，为什么一旦打开门空气就会从你的房间进入真空房间呢？事实上，我们应该这么问，为什么不会呢？空气分子会向门移动，如果门是关着的，它们就会被弹开；如果门是开着的，它们就会径直进入真空房间（根据牛顿第一定律）。然而，在门被打开之前，只有一小部分空气分子会朝着门的方向移动，还有一些空气分子会从门的附近离开，因为它们在那儿会与其他运动方向不同的空气分子发生碰撞。可以想象的是，就算门是开着的，除了那些原本就朝着门移动的空气分子之外，其余的空气分子仍然会继续相互碰撞，而不会进入真空房间，这有点儿不可思议。这种现象跟门关着的时候一样，这部分空气分子通过随机碰撞，会远离门附近的区域。只要你坐在门旁边，你就不用担心会窒息，因为在任何时刻总有一部分空气在朝着你运动。空气分子会占据它们能占据的所有空间,虽然每一个分子在大部分时间内都是在房间内的某一小块区域里运动的,但总体看来,房间的任意一个区域内都会有空气分子。

空气分子没有自由意志,门关着的时候,它们会相互碰撞着朝门移动;门被打开之后,它们还是会这么做。唯一的区别(也是一个很大的区别)就在于,一旦空气分子进入真空房间,最初那里并没有空气分子与它们发生碰撞。第一个房间里的原子彼此间碰撞,永远都进不到隔壁房间,与这种单一的模式相比,它们进入真空房间的方式可谓花样繁多。"熵"这个词就是用来描述特定体系的不同排列组合方式的数量的。一副全新的扑克牌(不包括大小王)是按数字由小到大的顺序排列的,此时它的熵就比较小;一旦这副牌被仔细地洗过了,它的熵就达到了最大值(我们只有 1/52 的概率能正确预测出最上面的那张牌是什么)。在一副仔细洗过的牌里,很少出现 4 张 A 挨在一起的情况,这就像你不大可能知道一个特定的空气分子在房间的精确位置,尤其是它可能出现在两个房间而不是一个房间里。

如果物理学家说系统趋于最大熵,他们指的就是我们即将观测到可能性最多的情况。当彼得·帕克把放在烘干机里的许多双袜子拿出来的时候,一次拿出的两只袜子刚好是一双的可能性不是没有,但不太大。这种情形只是众多可能性中的一种,相较而言,不配对的可能性要大得多。烘干机会使这些袜子呈随机分布状态,所以每只袜子都有可能和其他任意一只袜子被一起拿出来。关于熵的问题只适用于这种完全随机的情况,显然我们可以举出许多这样的例子。

当连通两个房间的门被打开时,第一个房间的空气分子会进入第二个真空房间,我们会说空气分子的熵增加了。房间里的空气分子均匀分布——每个分子占房间内总动能的比例都相同——的方式有很多种，远多于其他情形，比如一个空气分子拥有全部动能，而其他空气分子则完全没有动能。最常看到的事就是最有可能发生的事。旺达·马克西莫夫——变种人绯红女巫，原本是漫威漫画《X战警》中万磁王建立的变种人兄弟会中的大反派，后来改邪归正加了复仇者联盟。她拥有混沌魔法，当她用手指着某个东西的时候，很快就会有事发生。在《西海岸复仇者》第 42 期中，她能够改变事情发生的概率，让匪夷所思的事情变得不足为奇。以上这些都表明她拥有改变系统熵的力量，使得百年不遇的事情（比如一个房间的所有空气分子都移动到另一个房间去）频频发生。

为了使汽车气缸内的压缩气体或锅炉产生的蒸汽做有用功，通常情况下，需要让气体从一个密闭的区域分散到更大的空间中去。我们可以想想真空房间外面的空气分子，如果有一种方法能让这些空气分子自动把门推开，而不需要你动手推，那就太好了。当我们打开连通两个房间的门时，因为门的一侧会受到许多空气分子的撞击，另一侧则完全没有力的作用，所以门会被空气分子自动推开。同样是这种不平衡的力，把美国正义联盟的成员从他们的卫星总部推了出去。这种不平衡的力产生得非常迅速，在室温下，空气分子的碰撞间隔时间不到 1 纳秒（十亿分之一秒）。

随着空气分子进入真空房间，它们的无序程度会加剧，也就是说，熵增加了。这时如果把门关上，空气就无法再自动推开门了，除非我再次把第二个房间里的所有空气都抽光，恢复到原来的情形（一个房间里有空气，另一个房间是真空状态）。这可不容易，让整个系统恢复到初始状态需要消耗的总能量，比门被推开时所获得的能量还要多。不管做出多么精巧的安排，我们永远都不能把一个系统中的所有能量都转化为有用功，总有一些能量会做无用功。

当汽车发动机中的汽油和氧气混合时，会发生燃烧的化学反应，并释放出热量（反应后的产物的运动速度比反应前更快）。只有那些朝着正确的方向前进且速度更快的分子才会推动发动机的活塞做功，让车轮转动起来。从驾驶者的角度来看，如果在汽油和空气发生燃烧反应之后，所有分子都朝着活塞的方向运动，它们就都能被转化为驱动车轮的力。但是，所有气体分子都朝着一个方向运动的可能性很小，而它们朝着不同方向运动的可能性却很大，即其中只有一部分气体分子朝着活塞运动。从利用化学反应的效能这个角度看，那些没有朝着活塞运动的气体分子做的就是无用功。你不仅不能从一个过程中获得比投入更多的能量，而且熵的存在意味着你常常会得到较少的有用功。

这就是热力学第二定律的核心。没有一个过程能达到 100% 的转化效率，事实上，大多数发动机只能把不到 1/3 的能量转化为有用功。热力学第二定律就像一位严苛的女主人，我们似乎没有办法绕过她。真是这样吗？

原子侠的超能力能打破热力学第二定律的束缚吗？你房间里的空气分子具有一定的温度，它代表了空气分子的平均能量。"平均"这个词很关键，因为并非房间里的每一个空气分子都有完全相同的动能。有些分子的移动速度比平均速度快一点儿，有些则慢一点儿。一杯刚煮好的咖啡散发的蒸汽反映出这样一个事实：杯子里的每一个水分子所具有的能量不完全相同。咖啡中有些水分子的能量足够大，它们从液态变为气态（关于相变，我们会在第 15 章中详细解释），在咖啡杯上方形成一团蒸汽。这杯咖啡的初始温度越高，产生的蒸汽就越多，具有高能量的水分子也越多。当你朝着咖啡吹气，试图把它吹凉时，事实上你并不能降低咖啡的温度，因为你呼出的气约为 98.6 华氏度（37 摄氏度）。没错，你呼出的气比热咖啡温度低，但不足以产生明显的降温效果。相反，你其实是在把能量最高的水分子吹走，让它们无法再回到咖啡里去。一旦它们被永久地从咖啡（蒸汽系统）中去除，咖啡的平均能量（温度）就会降低。这一物理化学过程被称为"蒸发冷却"，它也是冰箱运行的物理学原理，劲风会让满身大汗的人感到凉爽同样出于这个原因。

让原子侠摆脱热力学第二定律束缚的想法，其实是蒸发冷却的一种变体。我们先让原子侠缩小，只比空气分子大几倍，再给他一个盒子，盒子上有一个带铰链的小盖子。在这个例子中，原子侠的身份是"麦克斯韦妖"，因为这个实验是由詹姆斯·克拉克·麦克斯韦提出来的，用于检验热力学第二定律。房间里所有的空气分子都处在同一温度条件下，这意味着无法利用它们产生的热量来驱动机器。但是，原子侠利用了一个事实，即温度是一个平均值。于是，他根据空气分子所具有的势能对它们进行分拣。他打开自己随身携带的小盒子，把那些朝着他移动且速度较快的空气分子关进去（这是一个保温盒子，这些分子一旦进去就会保持动能不变），而对于那些移动速度较慢的分子，他完全置之不理。很快，他就收集了一大堆空气分子，其动能大于房间里空气分子的初始平均值。此外，由于失去了运动速度较快的分子，余下空气分子的平均能量降低，就像你对着热气腾腾的咖啡吹气一样。接下来，原子侠就可以让他盒子里的那些温度较高的分子与房间里温度较低的分子发生热接触，用产生的净热量为发动机提供动力，做有用功了。

这样看来，原子侠似乎真的可以摆脱热力学第二定律的限制，如果我们不考虑原子侠本身消耗的能量的话。他为了收集高能量的空气分子而开关盒盖的时候，也要消耗能量。在计算这个过程的能量值时，这部分能量也必须考虑进去。如果把他的能量消耗忽略掉，就相当于忽略掉你每天开车上班的汽油成本。如果把原子侠分拣空气分子所产生的热量和功也考虑进来，我们就会发现在收集速度更快的分子时，原子侠会使周围空气分子的能量增加，平均动能变大，最后根本不会产生温度差。如果你吹去咖啡上的蒸汽，但代之以具有同样热量的其他分子，这杯咖啡就不会变凉。

不管你怎么努力（相信我，很多人都试过了），在颠扑不破的热力学第二定律面前，只有一种方案还算可行，我们接下来会讨论它。但不幸的是，这个选项并不适用于地球人。

第三定律——永远结束不了的游戏

熵限制着所有过程中有用功的大小，无论是 V–8 发动机、燃气轮机，还是细胞线粒体中的化学反应，那么我们能否绕过它，找到一个没有熵的系统呢？不管实践起来有多少困难，我们都可以假设有这样一个系统，它的所有原子都得到了精确、均匀的排布，它们的位置都不存在不确定性。用像这样的没有熵的系统产生热量、驱动发动机，是否就可以摆脱热力学第二定律的束缚呢？

这之所以不可行，是因为物体的熵及其内在能量（可用于热量的传递）是相关的，我们不可能改变一个而不影响另一个。房间内空气分子的熵是衡量其随机运动情况的标尺。如果降低空气的动能，气体最终会凝结成液体。液体的熵低于其在气体状态下的熵，因为液体状态的分子的位置更加确定。但液体状态的分子的位置和速度仍存在随机性。如果液体的温度进一步降低，直到分子的平均动能不足以克服分子之间化学键的束缚，液体就会凝结成固体。分子之间的化学键具有择优倾向，所以固体的自然形态将呈现为一种特殊的晶体结构，所有的原子或分子都按某种特定的方式排布。在非常低的温度下，所有原子都处于理想的结晶点上，我们可以明确地知道任何给定原子的确切位置。

因此，任何固态晶体的熵都是零；在这类固体中，原子只在其结晶位置上振动。固体仍然有一定的温度，不管这个温度有多低，所以晶体中的原子仍然会振动。只在物质中所有原子的振动都停止时，我们才能真正地排除其位置的不确定性，熵才会为零。只有在温度为零时，熵才为零，这就是热力学第三定律。也就是说，在零度时，所有原子都没有动能，我们说这样的固体处于"绝对零度"。之所以在零度前面加上"绝对"两个字，是因为不管你使用什么类型的温度计，此时它的读数都将为零。请注意，即使是外太空也没有这么冷；即使在真空环境中也存在背景光和杂乱的宇宙射线，而且它们都有能量。事实上，作为宇宙大爆炸残留物的电波背景辐射，其平均温度比绝对零度高 3 华氏度。所以，即使是在外太空，也有温度和熵。要想摆脱热力学第二定律，唯一的方法就是使用零熵系统，但这只在绝对零度的条件下才能实现。如果蒸汽机里的每样东西都是零度，它怎么给发动机提供能量呢？热力学三大定律就像漫画书里的超级大反派，让我们没办法建造出完美的机器，我们只能接受这个现实。

我们对于熵的讨论在很大程度上依赖于构成物质的原子的波动性，而让人吃惊的是，在大多数科学家相信物质由原子构成之前，热力学第二定律就已形成。从 19 世纪中叶开始，一些科学家越来越重视原子理论的研究，而有些人仍然不相信原子的存在。这些批评家认为，"物质由原子构成"这个观点虽然有助于简化关于流体和气体性质的计算，但将物理现实归因于小到看不见的物质是一种毫无意义的做法。许多 19 世纪末的知名物理学家，包括恩斯特·马赫（飞行器在空气中的运动速度与音速的比值——马赫数，就是以他的名字命名的）都持有这种观点。

尽管如此，原子假说却经受住了时间的检验，最终胜出，这与所有大胆的革命性想法的取胜策略如出一辙。量子革命的领军人物马克斯·普朗克说过："一种新的科学理论最终获胜，靠的不是说服反对者去接受和理解它，而是反对这一理论的人终将死去，拥抱这一理论的新一代人成长起来。"

不管老一代的反对者怎么说，让年青一代科学家相信原子真实存在的关键性证据是：小物体之所以会振动，是因为更小的分子和原子从各个方向撞击该物体，使其产生了不规则运动。这种现象被称为"布朗运动"，以罗伯特·布朗的名字命名。这位植物学家用一种新的科学仪器——显微镜，观测到水滴中花粉的不规则运动的情况。布朗运动自 1828 年以来就为人所知，但直到 1905 年，阿尔伯特·爱因斯坦才做出了令人满意的理论性描述。爱因斯坦提出了做布朗运动的花粉颗粒的扩散方程，并发现了布朗运动与介质温度的关系。爱因斯坦的计算与实验观测结果高度一致，许多物理学家都因此接受了原子假说。这项工作（爱因斯坦博士论文中的一部分）可能不如他同年发表的关于狭义相对论的论文那么具有革命性。然而，由于他阐明了布朗运动的统计学本质，这足以让爱因斯坦声名鹊起，即便不考虑他在相对论和量子力学方面的贡献。

当原子侠缩小到一颗花粉大小（百分之一或十分之一毫米，比人类的一根头发的直径还小）时，他就会体验到布朗运动。这个尺寸非常关键：如果他更大，这种振动就可以忽略不计；如果他更小，他就能穿梭在空气原子间，而不会受到撞击。我们回到乘着气流而行的原子侠的例子，在某一个特定的瞬间，可能会有更多的空气分子从他的身体下方撞向他，他会被向上托，而到了下一刻，他可能又会被向下推。要想借助这种方式前行，无论去哪里都是长路漫漫，很快原子侠就不得不吃晕车药了。

我们无须缩小到像原子侠那么小，就能直接体验到布朗运动。空气对我们耳膜的随机碰撞会使其变形，而这恰好在我们的听阈之内。在一间隔音的房间里坐上大约 30 分钟，你的听力水平就会提高，并能察觉到空气原子运动所引发的耳膜变形。在一个非常安静的房间里，我们甚至可以听到空气熵所产生的背景噪声，也就是说我们能听到房间的温度。超级听力，不再只属于氪星人！

第 14 章　冰人如何克敌制胜？

斯坦·李是白银时代几乎所有漫威漫画的首席编剧和编辑，他喜欢把辐射作为他笔下的英雄和反派的超能力来源。彼得·帕克被受辐射的蜘蛛咬了一口，得到了数倍于蜘蛛的力量和能力；神奇四侠受到宇宙射线（太阳以及其他遥远星系的高能量质子）的辐射而拥有超能力；布鲁斯·班纳受到伽马射线辐射（这种辐射更强）变成了绿巨人；马特·默多克被从卡车上倾倒而出的放射性同位素伤了眼睛，双目失明，却意外拥有了"雷达感官"，其他方面的感知能力也大大增强，成为惩恶扬善的超胆侠。在使用了各种各样的放射性物质之后，李厌倦了总是用它们作为超能力来源的做法。在 1963 年，当他与杰克·科比共同塑造一群新的拥有超能力的年轻角色——X 战警——时，他只是声称这些人都是变种人，一出生就拥有神奇的能力和特点。

X 战警之一波比·德雷克，代号"冰人"，首次出现于《X 战警》第 1 期。波比的超能力就是把自己的体温和他周围的温度降低到 32 华氏度（0 摄氏度），这样一来，他的身体表面就会形成一层保护性冰壳。在《X 战警》第 47 期中，波比已不再通过自己的超能力生成身体表面的冰层或手中的武器，而是通过降低周围的温度，压缩空气中始终存在的蒸汽做到的。

但是波比从周围环境中移除的所有热量（所有动能），必须通过其他热量来补偿，关于这一点我现在应该不用再做解释了。此外，根据热力学第二定律，增加的热量基本上都会大于减少的热量。冰箱能够减少封闭空间中的热量，但这些热量必须存放在其他地方。此外，冰箱压缩机中的电动机也需要消耗电能，有些电能没被转化为有用功，而是成了"废热"。冰箱的废热从它的背面散发出来，通常是靠着墙的那一面。（如果你想让自己的厨房温度高一点儿，就把冰箱门打开。因为根据热力学第二定律，在冰箱中的冷气努力使房间温度降低的同时，它也会向厨房中散发更多的热。）冰人在降低周围环境温度的时候，其产生的大量热量去了哪里，现在这仍然是一个不解之谜。

冰人的身体表面一开始覆盖的是蓬松的雪，后来在《X 战警》第 8 期里他得到了更强大的力量，身体表面覆盖的就是一层晶莹剔透的冰。雪和冰的区别在于，当水凝结成固态时，水分子的排布发生了变化。雪花是由云中的水聚合而成的。当蒸汽凝结成水分子的时候，会释放出能量，使周围的空气变暖。密度较低的暖空气会让云始终在高处飘浮着，热气球也是基于这个原理。当越来越多的水分子聚集在一起时，它们会围绕在尘埃旁，形成小水滴。当云的温度超过 32 华氏度时，水滴就会以雨的形式降落，并将势能转化为动能。被冻住了的雨滴就是冻雨。雪花的形成过程更加奇妙，当蒸汽在尘埃周围慢慢结冰时，就形成了雪花。

原子的化学性质决定了它们排列成固体的方式。金属原子之间的化学作用使它们排布成固态，就像杂货店里码放的橙子一样。水分子则呈 V 形，氧原子位于顶点，连接着两个氢原子，就像兔耳朵形状的天线。水分子的形状决定了它的排布方式是一个六边形。

化学上的分子排布方式可以解释雪花的对称形态，但其各具特色的花形又是怎么形成的？产生雪花的云相对湿度比较低，水分子必须先扩散到不断变大的雪花里去，才能融入其结构。云中的水分子并不会被推向某个既定的方向，而是朝着不同方向做无规则的布朗运动。如果你以这种"随机漫步"的方式运动，那么想去哪儿都很慢，因为你总在走一步退一步。当你用手去触摸一个温热的物体时，你感受到的暖意是与物体发生碰撞的空气分子传递出来的。这种将能量从一个位置传输到另一个位置的方法被称为"传导"，它的效率相当低。一般来说，除非物体是白热的，否则你就得把手放在很近的地方才能感受到明显的能量转移。

爱因斯坦在其 1905 年发表的关于布朗运动的论文中提出了一个方程，用以计算在一定时间内做布朗运动的微粒的位移情况。结果表明，在一个不断变大的雪花中，水分子移动一厘米所花的时间是它移动一毫米的 100 倍。因此，离雪花的核心部分较远的区域吸附水分子的速度会越来越快，那是因为它缩短了做布朗运动的水分子需要移动的距离。六边形的 6 个尖角由于先得到了水分子，就会先增长，随着它们的不断延伸，它们的增长速度也会不断加快。雪花形成过程的具体细节，比如，树枝状的分叉如何长出第二级分支，水分子中储存的能量在雪花融化和冻结的过程中起着什么样的作用等，都与云的湿度和温度密切相关。雪花的最终结构还取决于它是以什么样的方式将尘埃裹在其中，所以世界上没有两片完全相同的雪花，尽管它们会有惊人的相似之处。而雪花的对称性和近乎完美的秩序性则源于无规则的布朗运动。

在拥有了更强大的超能力之后，冰人能够发射出一种"冰冻射线"，把其他人或者物体冻住，甚至能在自己的脚下造出一座冰山。当他与万磁王、肉球、惊恶先生、哨兵机器人这些恶人打斗的过程中，为了甩掉敌人，波比常会在脚下造出一个"冰滑梯"，就像图 22 中那样。从原则上讲，波比确实可以造出一座巨大的冰山，再造出一个斜坡，然后滑行到他的目的地。当然，这本身不会违反任何物理学原理，前提是他确实能以这种方式控制他周围的温度，空气中也有足够的湿气供他造冰山和冰滑梯。然而，令人怀疑的是，波比造的冰滑梯是否足够稳固，尤其是冰滑梯的长度增加时。在某个时刻，波比会偏离冰山的质量中心，在这种情况下往往会发生一些不好的事。

© 1971 Marvel Comics

图 22 《超凡蜘蛛侠》第 92 期中的一幕，由于某种误解，变种人冰人与蜘蛛侠展开了一场战斗（两位英雄因为这种误解打得难解难分，后来才知道他们属于同一阵线，这种事在漫威漫画里时有出现，基本上每个月就有一两次）。蜘蛛侠没见过冰人的这种冰滑梯并不奇怪，变种人英雄远远滑出了滑梯的质量中心，他们所展现出来的稳定性相当可疑

"质量中心"也被称为"重心"，无论物体的大小如何，密度是否均匀，物体仿佛把所有的质量都集中在这一点上。一把码尺的质量中心正好位于它的中心位置，所以你可以用食指像天平一样顶起码尺，使其与地面平行。如果你的手指离码尺的一端太近，尺子就会倾斜掉落。质量中心取决于物体中物质的分布状况，对于一根棒球球棒来

说，它的一端略粗而重，因此其质量中心会更接近粗的一端，而不是
细的那端。

要想知道为什么波比的冰滑梯一定会塌，我们可以用一本放在桌
面上的书来做个小实验。书的重力垂直指向地面，与桌面的支撑力相
互平衡。质量中心位于书的正中间，只要它还在桌面上，它就是稳固
的。现在，我们把书放在桌子的边缘位置。一开始时，书只有一小部
分伸出桌子。桌子边缘外的书会产生扭转力（力矩），试图翻转这本
书，但桌子上的那部分书质量更大，所以书会保持原来的状态。如果
你把书再往桌子外放一些，使它的质量中心不再位于桌子上方，而是
在桌子外面，书就会发生翻转，掉在地上。

同样地，如果冰人的冰滑梯延伸得太长，他就会远离冰山的质量
中心。但是冰山不太可能倒，更可能的情形是，冰滑梯会发生断裂。
为了满足基本的物理学原理，波比·德雷克必须用冰柱来加固冰滑梯
的底部，以免它发生断裂。有时候，冰人造的这个设施会异常稳固，
就像图 23 里那样，这是《X 战警》第 47 期 "我，冰人" 中的一幕。
要是有哪个物理学专业的学生感到好奇，到底是什么使得冰人的冰滑
梯屹立不倒,（一个让人无可反驳的）答案就是，它靠的全是想象力！

20 世纪 60 年代,《X 战警》系列漫画的首度亮相并没有在市场
上引发强烈反响，以至于 1970 年这个漫画系列就暂停出版了。5 年后，
漫威的新管理层决定再次推出 X 战警系列漫画，而且《全新 X 战警》
（由莱恩·韦恩编剧，由戴夫·科克勒姆绘制）一上市就大受欢迎。但
与标题的意思不尽相同的是，一些 X 战警仍出自原来的漫画；当然，
也有很多首次亮相的新人物，比如奥萝洛·芒罗（暴风女）、洛根·豪
利特（金刚狼）、彼得·拉斯普廷（钢力士）、柯特·瓦格纳（夜行
者），他们都受到漫画迷的喜爱。

© 1968 Marvel Comics

图 23 在《X 战警》第 47 期中的一幕，波比·德雷克直接向读者介绍起了他的冰冻变异能力背后的物理学原理，还给出了一个会意的眼神，说明他知道自己的神奇能力有些（好吧，其实是全部）不合理

　　然而，并不是每个人都表示满意。据说斯坦·李就曾抱怨暴风女操控天气的能力实在太离谱了。对于钢力士能把自己的皮肤变成"有机钢"（我完全不知道这个词的意思，也搞不懂它的物理学原理是什么）或者夜行者的瞬间传送能力，斯坦·李好像并未表示质疑，但是"操控天气的能力"对于一个创造了绿巨人浩克以及银影侠（当他穿梭在外太空的时候，冲的还是浪吗？）的人来说，仍然难以接受。事实上，斯坦·李不应该抱怨这些超级英雄的超能力不靠谱，他本人也曾创作出拥有类似超能力的漫画角色，比如能造冰山和冰滑梯的冰人。

天气其实反映的是大气对能量的吸收情况，这种能量来自阳光。事实上，人几乎无法准确预测天气。当人们想到天气时，脑海中就会出现"风""雨""雪"等字眼儿。所有类型的天气都取决于温度的空间差异，以及大气吸收能量的情况。

温度的空间变化与大气密度（给定体积中的空气分子数）的变化有关。当密度较大的空气团移至一个空气稀薄的区域时，空气就会从高密度区域向低密度区域流动，直到该区域的空气密度大致相等。结合我们在前一章讨论过的熵，就能很容易理解这种空气流动现象。如果有一个恒定的能量输入，使一个区域的空气密度始终低于另一个区域，气流或者风就会持续存在。风又可以移动云层，改变能量的空间布局，从而改变气流的运动轨迹，如此循环。当然，地球的自转决定了全世界空气流动的方向。

天气预测的准确程度，受人们在特定时间内对空气速度和温度的了解程度的限制。此外，温度的变化会产生气流，气流又会改变能量的吸收情况，从而产生新的气流。初始条件中的任何微小的不确定性都会被迅速放大，这就是非线性反应。在线性系统中，输入量的微小变化会引起输出量的微小变化；而对于非线性系统，比如天气，输入量的微小变化可能会导致输出量的巨大变化。大家都知道蝴蝶效应，在克利夫兰的一只蝴蝶拍打一下翅膀，几周后在智利可能会刮起一场龙卷风。气象学家能比较准确地预测短时天气，但长时预测就不太可靠了，不管测量系统本身的质量如何。

关于暴风女控制天气的超能力，一个貌似有点儿道理的物理学解释是，她能够随心所欲地改变大气的温度。如图 24 所示，让暴风女飞起来的风是由她身体下方的温度梯度形成的。暴风女大概是利用她的超能力使她身体下方的空气温度变得比上方高。空气的温度是其平均动能的量度，所以温度较低的空气的运动速度要比温度较高的空气的运动速度慢。温度较低的空气密度更大，因此会朝着地面移动。移动速度较快、密度较小、温度较高的空气分子，就会占据温度较低的空气分子腾出来的那部分空间，而且它们会以很快的速度朝各个方向移动，并相互碰撞。温度较高的空气分子的平均动能较大，重力势能相对其总能量来说只是一小部分。当暖空气分子靠近冷空气的上部区域，而冷空气分子靠近地面时，位置较低的冷空气分子会与温度较高的地面发生碰撞，并从中获得能量，而暖空气分子在与其下面的冷空气分子碰撞后，将会失去一部分能量。这样一来，原本贴近地面的冷空气变成了暖空气，而上面的暖空气变成了冷空气，于是，又一轮循环开始了。

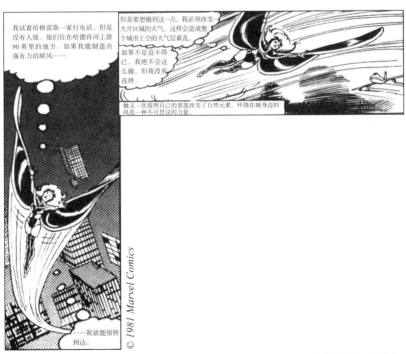

图 24　《X 战警》第 145 期中的一幕，变种人暴风女用自己的能力控制温度梯度，以改变风的模式，利用对流把自己高高托起

这一过程被称为"对流"，它可以将能量从热的区域传递到冷的区域。

空气中蒸汽的比例取决于大气分子的平均动能（环境温度）和压力。较冷的空气密度较大，能够容纳水分子的空间就比较小。如果暴风女真能控制温度，她应该也可以随意改变气压和湿度。如此一来，她能造成局部大雨、暴风雪，甚至雷击，就不是什么不可理解的事了，尽管她控制雷击的能力会受到外界因素（如地面上聚积的电荷）的限制。总而言之，如果斯坦·李没有因为自己创作出来的冰人角色而感到困扰，他也不应该认为暴风女的超能力很离谱。

关于基因突变与热力学的关系，我们再来思考最后一个问题。根据斯坦·李的说法，变异人，特别是那些拥有超能力的变异人，构成了一个全新的物种——超级人类，他们和绝大多数的漫画书读者（智人）截然不同。19 世纪 50 年代，查尔斯·达尔文和阿尔弗雷德·华莱士分别提出了关于物种进化过程的理论。达尔文的进化论指出，物种的形成是一个缓慢而渐进的过程，目前地球上如此丰富的物种至少需要几亿年的进化时间才能形成。唯一的问题是，根据当时的物理学理论，地球大约只有 2 000 万年的历史。

作为 19 世纪最重要的科学家之一，威廉·汤姆逊（后来因其对大西洋电缆工程的卓越贡献而被封为开尔文男爵）对导热率进行了计算，挑战了达尔文的进化论。导热率是所有物质的基本性能参数，它反映了在给定的温差下热量传递的效率。金属具有很高的导热率，当温度发生一定的变化时，它能够迅速带走热量，而木头则是热的不良导体。开尔文男爵假设地球诞生时是一个 7 000 华氏度（3 871 摄氏度）的熔融岩石球体，如果知道了岩石的导热率，就可以确定地球冷却到现在的温度需要多长时间。他的结论是，地球的存在时间太短，不足以实现整个进化过程，最少要 10 倍于这个时间才行。因此，这被视为达尔文进化论的一个近乎致命的缺陷。开尔文在热力学方面的见解受到了高度认可，上一章中提到的绝对温度，就是以他的名字命名的，被称为"开尔文温度"。而且，他的计算方法也是完全正确的。

虽然达尔文没办法反驳开尔文的计算结果，但他仍然相信自己的进化论是正确的，因为它能够解释诸多的生物学现象。1882 年，达尔文去世。几年后，放射性元素被发现，这时人们才意识到地球内部还有另一个热源，而开尔文没有将其考虑进去，因为他（和当时世界上的其他人一样）没有意识到它的存在。地球内部的这个热源延长了地球冷却到目前的温度所需的时间。1905 年，开尔文重新进行了计算，这一次他考虑了由放射性元素衰变产生的热量，最后得出的结论是地球的年龄至少为几亿年，这已经很接近达尔文的观点了。目前测定的地球年龄超过 45 亿年，这对于生物进化来说绰绰有余。虽然达尔文到死也不知道开尔文的计算结果是错的，但他始终坚信自己的进化论是正确的。

今天，一些进化论的批评者指出了这个理论无法解释的一些特殊生物学现象，但这并不意味着进化论就是无效的。例如，三个具有一定质量的物体相互间的引力所引发的运动非常复杂，无法进行计算，但这也不能证明重力理论就是错误的。已知与未知之间总是存在空白地带，想要改变这个局面，唯一的方法就是利用批判性思维和实验来检测和验证。如果你发现某个科学方法在某一方面不太科学，你就不应该把它应用于你的生活中，这肯定能让你省下不少医药费和电费。

第 15 章　钢铁侠遭遇强敌

并非每个超级英雄都拥有超出常人的力量和能力。有些超级英雄，比如蝙蝠侠和野猫，仅靠一记右勾拳或者在公共场合内衣外穿的勇气，就能与坏蛋们作战。当然，蝙蝠侠凭借的还有他超常的智力、训练有素的身体，以及一系列打击犯罪的高精尖武器装备。超级英雄的工程师素质随着无敌钢铁侠的首次登场，在《悬疑故事》第 39 期中达到了巅峰。在天才的电气工程师和军火商托尼·史塔克穿上他那活动自如的红金色盔甲后，他变得力大如牛，他鞋底内置的喷射器能让他在天空中自由飞行，他的手套还能发射冲击光束。

关于史塔克和钢铁侠的种种能力，我还有很多话要说，在第 24 章讨论固体物理学的时候我会对此进行详细阐释。接下来我要介绍的是钢铁侠的宿敌之一，他给钢铁侠造成了无尽的困扰，是第一个真正让心脏插入碎片①的史塔克感到恐惧的人。如果你穿着一身由钢铁制成的衣服，并且你所有的超能力都来自于这身盔甲，那么你最害怕的

---

① 在第 24 章，我会深入讲解钢铁侠的故事，那时你就知道心脏插入碎片是什么意思了。

恐怕就是遇到拥有"熔化射线"的人,因为他能把钢铁像平底锅里的黄油一样熔化掉。不幸的是,布鲁诺·霍根(熔炼者)就拥有一支能熔化钢铁的枪,而且他一心想用这支枪消灭钢铁侠。1963 年熔炼者初次登场,那时熔化射线的概念还仅停留在漫画书里。而现在,科学和工程技术的快速发展使得这样的装置不再稀奇。你家里很可能也有。(没错,就是微波炉!)

为什么固体变热后会成为液体?在回答这个问题之前,我们需要先解决一个更基本的问题:为什么原子能组成固体?这一切都归因于能量和熵。在某些情况下,当两个原子足够接近,以至于它们的电子"轨道"发生重叠时,它们的总能量就会降低,还有可能形成化学键。这种能量的降低并不总是非常显著,如果两个原子靠近时的运动速度非常快,它们各自的动能会比结合后造成的能量损失大得多,它们就无法形成化学键。要想把拖车挂在卡车后面,慢慢靠近卡车的拖车一定比以 100 英里 / 小时的速度冲向卡车的拖车,挂起来更容易。原子运动得越慢,发生重叠时能量降低并形成化学键的概率就越大。

对于两个原子来说适用的道理,对于 200 个或 2×10^{24} 个原子同样适用。随着气体的温度降低,每个原子的平均动能减小,原子发生碰撞时形成一种新的物质——液体的可能性就越大。给液体传递热量则会产生相反的作用,液体会沸腾甚至蒸发。同样地,当液体的温度达到某一点时,原子将不再自由移动,而是被锁定在一个牢固的结构中。压力在相变中也扮演着非常重要的角色。如果用力地挤压原子,让它们比正常情况下靠得更近,从而改变其温度,就会使其发生相变。

如果原子或分子结合在一起(可能形成液体或固体)时能量降低,我们就必须施加能量才能让原子分开。想让水分子摆脱液体状态需要相当多的能量，这些能量来自于周围的环境，要么是液体的其余部分，要么是水所接触到的物体表面。不论哪种情况下，当水分子从液态变为气态时，也就是说在水蒸发的过程中，它周围的环境肯定要损失一些能量。水分子经历了从液态到气态的相变，将使热咖啡变凉，让出汗的皮肤感到凉爽。

相变发生时的精确温度和压力，取决于原子的电子云发生重叠时的情况。要确定液化或沸腾这类相变发生时的温度，只将打破每一个维系固态或液态的化学键所需要的能量简单相加是不够的，我们还应该考虑原子的熵。对于一个给定的内能，系统倾向于增加原子的熵，因为在其他条件相同的情况下，无序排列比有序排列的可选方式要多得多。在降低能量和增加熵之间做权衡，会产生一个非常有趣的群体行为，即固体中的所有原子都会在相同的温度下发生熔化反应。顺便说一下，烧水时水壶里的气泡是由底部加热的细微不均匀引起的。水壶底部的个别点会比邻近区域的温度更高，水由液体变成蒸汽就首先发生在这些位置。蒸汽形成气泡，然后浮到水面上。

想让固体熔化，就必须对其施加能量。我们可以使用比较慢且常规的方法，比如把固体放进烤箱；也可以用更快的方法，比如熔化射线。在传统的烤箱中，无论是气态火焰还是电线圈等加热元件，都会使烤箱内的平均温度升高。把一个固体，比如一块质量上乘的肉，放在烤箱里。空气分子就会与烤箱壁发生碰撞，而获得更多的动能，这些快速移动的空气分子撞击肉的表面，将能量转移给肉，最后让它达到与烤箱相同的温度。如果我们用的是导热烤箱，就必须等待做布朗运动的空气分子从热的烤箱壁移动至生冷的肉；如果我们用的是对流烤箱，风扇就会产生从热到冷的循环流动。在这两种情况下，肉的表面都会先热起来，然后再过一段时间，肉的中心才能达到较高的温度。随着肉内部的温度逐渐升高，原子振动会越来越剧烈，以至于偏离其平衡位置。在一定的温度条件下，起连接作用的纤维和脂肪开始振动，这表明这些纤维正在发生相变或熔化[1]。这些组织把生肉中的肌肉细胞连接在一起，所以在发生熔化后，肉会变得更嫩更易嚼。闪电侠利用了同样的原理，才得以从冰冻队长制造的巨大冰块中脱身。[2]

如果你赶时间，又没办法实现高速振动，那么可以尝试另一种做法：同时抓住固体中的每一个原子，来回地迅速摇动，利用内部摩擦力把肉烤熟。这就是微波炉（熔化射线）的作用原理。

固体中的每一个原子都是电中性的，原子核中有许多带正电荷的质子，周围有带相同数量负电荷的电子。但是，电子并非均匀地排布在原子核周围。由于概率云的不确定性和连接原子的化学键的性质，原子一端的电子可能比另一端更多。在这种情况下，原子的一端会带负电，另一端则带正电，就像条形磁体有两个不同的磁极一样。虽然这种电荷数量的不平衡不是很明显，但它产生了一个外部电场。即使分子的电荷分布完全对称，也可以通过外部电场使其极化。

如果在固体上施加一个足够大的电场，不平衡的原子就会与这个磁场方向一致，就像指南针的指针会指向外部磁场的方向一样。如果我现在突然反转了电场的方向，那么所有原子都会旋转 180 度，指向

---

[1] 虽然烹饪过程中由热量驱动的化学变化和结构变化相当复杂，但对我们来说，其中最关键的步骤可被视为熔化相变。

[2] 通过高速振动，闪电侠向周围的冰晶传递了能量。即便他只移动了半英寸，振动的速度也会达到每秒 100 000 次，总动能（1/2）mv^2 为 3 500 万千克·米 ^{2}/秒 ^{2}。每克零摄氏度的冰从固态变为液态，需要消耗 336 千克·米 ^{2}/秒 ^{2} 的能量。凭借他的动能，闪电侠能够融化 100 千克的冰。这让他得以脱身，并把冰冻队长送进中心城监狱。

与原来相反的方向。如果把电场变回原来的方向，原子也会随之再次旋转。如果我把电场的方向每秒钟来回反转几十亿次，原子就会发生剧烈旋转。这种方法能够快速提高物体中每一个原子的平均动能，从而提高其温度。当外部电场作用于物体内部时，会有更多原子在同一时间内来回振动，而不仅仅是物体表面的原子。这个过程比通过空气分子的运动来传递能量的效率高得多。交变电场的振动频率集中在电磁波谱的微波部分，因此这种烹饪设备被称为微波炉。

第二次世界大战期间，因为雷达的应用而发明出微波发射器（磁控管）。这个装置的烹饪功能是在1945年被偶然发现的，珀西·L.斯潘塞在研究磁控管产生出的微波能量范围时，注意到他裤子口袋里的糖块化了。后来进行的爆米花实验，又进一步证明了该设备的非军事用途。

物体中的原子移动得越容易，随着振荡电场的旋转，物体的温度上升得就越快。正因为如此，在微波炉中加热液体比固体更快。你可以在一大块冰上挖一个深洞，并往里面灌满水，然后把这个装满水的"冰杯子"放进微波炉。结果是，水会沸腾，而"冰杯子"仍然是冰冷坚固的。但别让"冰杯子"在微波炉里待太久，因为交变电场也会让它融化，并且比在传统的烤箱中融化得更快。

根据《悬疑故事》和《钢铁侠》漫画里的描述，我们能否推断出熔炼者使用的武器与微波炉的工作原理是相同的呢？答案是：既能也不能。布鲁诺·霍根的首次出场是在《悬疑故事》第47期，他是托尼·史塔克的竞争对手。因为被美国军方发现他使用"劣质材料制造坦克"，霍根丢掉了政府订单，并因此心怀愤恨。后来史塔克的公司与军方签订了合同，但其中存在明显的利益冲突，因为揭发霍根使用劣质部件的报告就是由托尼·史塔克撰写的。后来，当霍根检查一台实验室测试设备（使用劣质零件组装而成）的时候，这台设备突然失去控制，发射出一种能够熔化钢铁的射线[1]。霍根意识到他创造出的这种"检查光线"实际上是一种熔化射线，于是他改装了这台设备，把它缩小成一个便携式装置。他穿上可怕的蓝灰相间的制服（很可惜，这印证了大家对于工程师审美品位的刻板印象），立志摧毁敌人，成为最强者（很可惜，这印证了大家对于现代企业家的道德水平的刻板印象）。他对阵史塔克工业公司和钢铁侠时所取得的胜利只是昙花一现，在故事的最后，霍根发现他的射线对史塔克不再有效，这让他大吃一惊。因为熔炼者并不知道，托尼·史塔克已经发现了熔化射线枪的弱点：它只对铁起作用！史塔克制造出一套"抛光铝"材质的盔甲，它看起来和他平时穿的那套盔甲几乎一样。钢铁侠最终把熔炼者打到毫无还手之力，熔炼者不得不靠着偶然熔化的下水管道上的一段铁管逃之夭夭。

通过这个故事我们就能知道，霍根的熔化射线并不是一种便携式微波装置。微波炉的交变电场能抓住每一个原子，而霍根的武器只对铁（铁原子中包含 26 个电子）有效，对铝（铝原子中包含 13 个电子）无效。后来（在《悬疑故事》第 90 期里），霍根的熔化射线枪的功能细分化了，可以设定成针对石头、金属、木头以及身体（没错！）发射不同的熔化射线。史塔克曾在霍根的枪口下逃过一劫，他当时穿着普通的衣服，被这把枪击中，但却没有受伤。布鲁诺·霍根不知道托尼·史塔克就是钢铁侠，也不知道在史塔克的衬衫下面还有金属胸甲（这是为了避免弹片损伤心脏，见第 24 章），当时这把枪的设置是针对"身体"，而不是"金属"。

---

[1]　我必须强调的是，要想简单地把一堆电路和电源装在一个盒子里，然后"意外地发现"它能发射出致命的光线，这基本不太可能（相信我，我已经试过了）。

当然，当两个原子之间形成化学键时，它们各自的能量降低情况都是独一无二的。因此，每一个化学键都有其独特的能量特征。从原则上说，我们可以设计出一种微波型武器，专门针对石头中的化学键，而不是金属中的化学键。同样，当振动频率与水相同时，这种武器就能有效地攻击人，而不是无机物（金属）。这种基于微波的"热射线"——这种射线射向人体的话，会造成类似二度烧伤的伤害——最近已经被研发出来了。发明这种武器的动机是疏散人群，因为它会让人群为了躲避灼伤而分散开来。然而，不管振荡的电场被调节到什么频率，不同金属中铁原子间的化学键和铝原子间的化学键还是过于相似，难以区分，这使得设计出只熔化铁而不熔化铝的武器变得非常困难。

当然，关于熔炼者和钢铁侠的金属盔甲的讨论，引出了一个长期困扰现代人的问题：既然我们能把人送上月球，为什么就不能把金属放进微波炉呢？答案是：金属中的自由电子可能会导致一些很严重的问题。金属具有很高的导热率，在微波炉里与纸张接触的话会引起火灾。外部电场会让电子在整块金属中自由移动，而对于固定的原子来说，外部电场只会让其前后移动。

微波炉里的金属与外界隔绝，其中的电子无处可去，因此它们会堆积在金属的一端。如果金属有尖角或棱，这些堆积的电子会让金属内部产生一个巨大的电场。如果该电场强度超过 120 万伏特 / 米，空气就不再能把高电压金属与微波炉壁分隔开，而是会产生电弧（瞬间火花）。因为金属的曲率有所不同，其产生的电场可能小于临界放电水平，而外面包裹着铝箔的黄油块的尖角却足以制造出一个电弧，给微波炉的内部留下永久的痕迹。

第 16 章　静电的意外魔力

到目前为止，我们主要讨论的是力如何改变物体的运动状态，而与人类有关的力基本上就只有重力。不管是让跳起来的超人速度减慢的力，还是让格温·斯黛西加速坠落的力，都可以用牛顿第二定律 $F = ma$ 中的 F 表示，即重力。但是，在这个宇宙中以及在漫画里，还有其他类型的力。

物理学家发现，仅用 4 种基本的力就可以解释自然界中各种复杂的物理现象。这 4 种力分别是重力、电磁力、强力和弱力，后两种力的名字相当没有创意。[①] 后两种力只存在于原子核内部。强力将质子和中子紧密地结合在原子核里，没有它，带正电的质子就会互相排斥；要是这样的话，除了氢以外，就不会有其他稳定的元素存在了。弱力则产生了一定程度的放射性（比如放射性核衰变，物理学家由此发现了中微子），如果没有放射性，基本上就不会有超级英雄或超级

---

① 这 4 种力结合在一起后会变得非常强大，就像 4 个反派——万力王、电能生命体（Zzzax）、量子队长和半条命合体一样，西海岸复仇者在"统一场理论"中见识了他们联手作战的威力。

反派。我们在日常生活中遇到的每一种力，除了重力之外，从本质上说基本上都是静电力。比如，我们的肌肉产生的力，椅子施加在你裤子上以防你跌坐到地板上的力，汽车发动机气缸内的蒸汽所产生的驱动力等。现在是时候讨论电和磁这对力了，让我们看看，这对奇妙的力如何形成"电磁力"。

很少有超级英雄的力量来自电磁力，但白银时代的两位最早的漫画人物——霹雳少年和宇宙男孩，他们的力量就来自电和磁。他们和土星女孩一起，首次登场于《冒险漫画》第 247 期（1958 年 4 月）。他们从未来穿越而来，就是为了把超级小子招募进超级英雄战队。霹雳少年能徒手制造并发射闪电，宇宙男孩能控制磁性物体，土星女孩则拥有心灵感应能力（稍后我们将讨论这种能力与电磁波传播的密切关联）。因此，超级英雄战队的这三位创始人可以说是电磁理论在实践中的代言人。

这个由不同星球的少年组成的战队来自 2958 年，每个人都拥有一种独特的超能力。一群十几岁来自未来的超级英雄在当时是非常受欢迎的漫画题材，于是超级英雄战队成为《冒险漫画》中的主角，并最终取代了超级小子的漫画故事。战队的成员随着时间推移不断增多，目前拥有超过 30 名英雄。漫画编剧在设计每一位英雄的超能力时，都会努力把自然界中的几种基本力和物理定律的基本对称性考虑在内。战队成员星少侠能把物体变重，轻光少女能把物体变轻，元素少年能把一种元素变成另一种元素（这意味着他能控制核能），巨化男孩能长到惊人的高度，微型紫罗兰能把自己缩小，钢铁少年能把自己变成某种有机铁。在《冒险漫画》第 353 期里，钢铁少年为了消灭噬日者而牺牲，我阅读这个故事的时候还是个孩子，当时我的心灵受到了极大的震撼。

尽管只有少数超级英雄以电力或磁力作为其超能力的来源，却有不少反派用它们来攫取财富或者统治世界（有时候还会兼而有之）。在接下来的几章中，我们将重点讨论两个坏人——电王和万磁王。（我要把这个问题留给你们：哪个坏蛋和电有关，哪个和磁力有关？）

静电力是自然界最强大的力量！

漫画读者初次认识麦克斯·狄龙是在《超凡蜘蛛侠》第 9 期，他是一位技术熟练却自视甚高的电工。麦克斯的一个同事被困在高压线上，但麦克斯对他的生死漠不关心，直到工头答应奖励他 100 美元（1963 年的 100 美元相当于现在的 700 美元），他才同意拯救这位同事。狄龙在救下了那位不省人事的同事后，还得到了一个意料之外的"奖励"——在他手握高压电线的时候，他被一道闪电击中。跟巴里·艾伦（闪电侠）的情况一样，在这场可怕的事故中，狄龙既没有丧命，也没有被烧伤或者神经受损，反而获得了储存电能的能力，他从此可以随意发射闪电。

这场事故改变了狄龙的能力，但没有改变他的反社会人格。他在拥有了强大的超能力后，设计了一套鲜艳的绿黄相间的制服，还有一个绘制着明黄色闪电图案的面具，并以电王为名开启了自己的犯罪生涯，如图 25 所示。就我个人而言，如果我掌握了这种强大的自然力，我一定不会在公众场合穿这种令人反感的服装。如果麦克斯·狄龙不是一个招人讨厌的人，他的朋友或许会委婉地向他提出一些着装方面的建议。但正是这种糟糕的穿衣品位，让反派走上了犯罪之路。

© 1963 Marvel Comics

图 25 《超凡蜘蛛侠》第 9 期里的一个场景，超级大反派电王既说明了电磁学中一个相当高深的概念，又展现出了非常不考究的时尚品位

狄龙发现他的身体可以储存电能，并发射出致命的冲击电流。电王会经常出现在"废弃"的发电站，他站在两个变压塔之间，让电流流入他的身体。充电完成后，狄龙就能用手发射冲击电流，但有时他也会用身体的其他部位放电。一旦他的电能耗尽，他就会丧失超能力，必须赶紧充电。从本质上讲，意外事故把麦克斯·狄龙变成了一支可充电的便携式电击枪。

用体内存储的"电能"朝着警察或者身着制服的超级英雄发射冲击电流，是什么样的感觉呢？如果你曾在干燥的冬天用脚底板蹭过绒面地毯，接着用手触碰金属门把手，你就应该知道，物质是由带电的元素组成的。与物体的质量（质量始终大于零）不同，电荷分为两种，分别为"正电荷"和"负电荷"。"异性相吸"这个说法对感情而言不见得都对，但对于带正电和带负电的物体之间的作用力来说，却是一个颠扑不破的真理。吸引力会把两个带相反电荷的物体拉到一起。同样地，两个带有同种电荷的物体，无论是正电还是负电，都会互相排斥。如果一个包装箱由于随机摩擦而获得了多余电荷，这些电荷会转移到盒子里的泡沫颗粒上，每一个轻飘飘的泡沫颗粒就都带上了同种电荷，它们会相互排斥，一旦盒子被打开，这些泡沫颗粒就会飞散出来。

原子中带负电的电子会被静电吸引力拉到原子核中带正电的质子附近。质子越多，正电荷越大，把电子拉进原子核的力量就越大。然而，原子中的电子越多，它们之间的排斥力也越大。这两种力量——原子核的吸引力和电子的排斥力——会大致相互抵消，正因为如此，铀原子中有 92 个带正电的质子和 92 个带负电的电子，其大小与碳原子差不多，而后者只有 6 个电子和 6 个质子。

两个带相反电荷的物体之间的吸引力或两个带同种电荷的物体之间的排斥力，与第 2 章介绍的牛顿万有引力定律的数学表达式非常相似。也就是说，两个带电物体（电荷 1 和电荷 2）之间的力可以通过以下公式来表达：

$$力 = k（电荷 1 \times 电荷 2）/ 距离^2$$

这个表达式是在 18 世纪由法国科学家查理斯·库仑提出来的，与牛顿万有引力公式十分相似，只不过把质量换成了电荷，把常量 G 换成了常量 k。我们回顾一下牛顿万有引力定律，两个具有一定质量的物体（质量 1 和质量 2）之间的力可以用以下公式来表达：

$$力 = G（质量 1 \times 质量 2）/ 距离^2$$

如果我们把质量换成电荷，把常量 G 换成常量 k，从数学角度讲，这两个表达式就是等价的。因为电荷与质量的单位不同，所以常量 k 的单位与常量 G 的单位也不同，这样才能得出单位相同的力。

k 和 G 的单位不同，更重要的是，k 的数值要远远大于 G。我们想象一下，氢原子核中有一个质子，在原子核外有一个电子在绕核旋转。万有引力会把电子拉向质子，与此同时还有另一个力在起作用，即带正电的质子与带负电的电子之间的静电吸引力。虽然质子的正电荷数与电子的负电荷数刚好相等，但质子的质量几乎是电子的 2 000 倍。当我们用库仑表达式中的 k 乘以电子和质子的电荷数量的乘积时，得到的力是万有引力的 10^{40} 倍。可见，在原子尺度上，万有引力可以忽略不计。但如果没有静电力，就不会有分子，不会有化学物质，也不会有生命。

既然引力比静电力弱这么多，为什么我们还说引力对行星和人类来说十分重要呢？因为它无处不在。两个物体，无论它们的大小如何，总会因为引力而彼此趋近。虽然有反物质，但它的质量也大于零，因此对其他物质也有正常的引力。任何人都能通过实验的方式证实物体之间总是存在引力。最近一些令人费解的天文学实验称，存在与神秘物质暗能量相关的"反重力"。然而，这种说法是有争议的，在我写作本书时，科学家们对暗能量还一无所知。

电则不一样。电荷有两种不同的类型，即正电荷和负电荷，这为屏蔽电场创造了可能性。绕原子核旋转的电子会受到引力的作用。在这个电子附近的另一个电子会被原子核向内拉，并与第一个电子相互排斥。当第二个电子非常接近原子核时，引力和斥力相互抵消，第二个电子上的净力作用为零。如果我们可以轻易屏蔽万有引力，那么类似神奇四侠的死对头无翼巫师所使用的反重力光盘等飘浮装置将变得司空见惯。不管是带正电荷、负电荷，还是不带电（电中性），所有物质的质量都不为零，都会受到来自其他物体的引力作用。所以，最终获胜的还是万有引力，它能把所有东西聚拢在一起，即便是那些不带电的物体。

但毫无疑问，静电力更强大，想想库仑的静电力表达式。如果你身体里的负电荷比正电荷多 10%，那么静电排斥力就足以让你举起一栋同样是负电荷比正电荷多 10% 的办公大楼。而且，虽然办公楼的质量比你的质量大得多，但引力却不会把你拴在这栋楼里，反倒是工作和老板会偶尔拴住你。

闪电侠在奔跑的时候，由于靴子和地面之间的摩擦力，他会获得巨大的静电力。要想奔跑，这种摩擦力是必要的，它会让闪电侠在狂奔的时候累积多余的电荷，类似于我们在冬天时用脚底板摩擦地毯。我们的脚底板与地毯发生的摩擦，在原子尺度上是一个剧烈的过程，会造成电在全身的转移。这些多余的电荷互相排斥，不愿在你身上停留。当你抓住门把手的时候，一条电荷返回地面（对它来说，电荷多点儿少点儿完全不会造成困扰）的通路就形成了。如果电荷足够大，它们会跳到空中，闪电就是通过这样的方法把云中过多的电荷释放到地面上的。当你开车的时候，由于轮胎和道路之间发生摩擦，你的车经常带有多余的电荷，停车后打开车门时手就会被电到。被电到的手会感觉很疼，原因有两个：第一，手指的表面积很小，所以单位面积内的电流很大；第二，指尖的末梢神经非常多，对电流十分敏感。所以，最好用手肘去触碰车身或者门把手，你也可以采用我的策略——整个人都趴在车上。你做出这种奇怪的动作，是为了避免你的手被电到所付出的小小代价。（但你会发现，慢慢地，没有人再把车停在你的车旁边了！）

这种由摩擦引起的静电力（技术上叫作"接触起电"）在《闪电侠》第 208 期中有所体现。闪电侠从一群坏人手里救下了楔石城的居民，人们对他表示感谢。有一个人请闪电侠签名，还拍了拍他的肩膀，结果那个人吃惊地喊道："喂，看哪！他的衣服上全都是静电！"这些多余的电荷通常应该在闪电侠停止奔跑后，碰到接地的金属物品时被释放出来。事实上，这种接触起电的现象直到 2004 年才被注意到（之前的 50 年一直没有人注意），这表明在他打击犯罪的生涯中，除了忽略空气阻力和加速度之外，也对静电力免疫。

我们接着讨论电王，他先在体内储存大量的净电荷，正电荷或者负电荷，然后他才可以放电，就像你的指尖触摸黄铜门把手时产生火花一样。这与电王需要充电才能使用他的超能力是一致的，如果他使用了过多的冲击电流，那么一记漂亮的右勾拳就足以把他打倒。

60 多年前，一位瑞士工程师由于在远足的途中遭遇了麻烦而引发了一项技术革新。乔治·德·迈斯德欧在研究为什么芒刺会紧紧钩住他的羊毛远足裤的基础上，发明了一种含有数百万个钩环的紧固带，即魔术贴。几年前，罗伯特·福尔、凯勒·奥特姆及其同事发现，壁虎之所以能够爬上光滑的墙壁和天花板，是因为它的脚趾上有数百万根微小的毛发，也就是"刚毛"。但是墙壁或天花板上并没有小钩子，是什么让壁虎不会从墙壁或天花板上掉下来呢？静电力！

壁虎脚上的刚毛是电中性的，但它并不需要用脚摩擦绒面地毯就能趴在墙上，因为它会利用刚毛中的电荷波动。壁虎脚趾刚毛的电子一直在四处移动。有时，刚毛的某一侧会有更多的电子，这一侧就会带少量负电荷；有时，某一侧的电子比较少，这一侧就会带少量正电荷。如果刚毛靠近墙的那一侧带少量负电荷，哪怕只有片刻时间，它也会使墙壁带少量正电荷（刚毛所带的负电荷与墙壁表面的电子互相排斥，只留下带正电荷的离子），这样一来，刚毛和墙壁之间就会产生静电吸引力。你大概会认为这种力量（被称为范德瓦耳斯力）非常弱，确实是这样，所以壁虎的每只脚趾上都有数百万根刚毛，才能有足够的静电吸引力来支撑它的体重。

或者也可能是彼得·帕克的体重。漫威的漫画师认为蜘蛛侠在墙面爬行的能力在本质上也是一种静电力，2002 年的《蜘蛛侠》电影中就提到，蜘蛛侠刚获得超能力的时候，手指上长出许多有倒钩的纤维。所以，漫画和电影说的都是对的。英国曼彻斯特大学的一份报告讲述了"壁虎胶带"的研发过程，这种胶带由数百万个微小的纤维（每根纤维的长度是人类一根头发直径的 1/50）组成，足以支撑蜘蛛侠的体重。利用电荷波动产生的静电力制成的胶带，不同于需要一定固化时间的黏合剂，而且这种胶带原则上可以立即使用和重复利用。胶带上的纤维必须非常细小，才能让表面积与体积之比最大化，因为只有纤维表面过剩电荷的波动才能产生静电吸引力。要想产生足以支撑一个成年人体重的力，超细纤维就必须非常密集。这些工程技术上的难题能否成功解决还有待观察。但是，如果"壁虎胶带"变得像魔术贴一样常见，我就再也不用坐电梯上下楼了！

第 17 章　超人教给蜘蛛侠的电学知识

现在，让我们仔细分析一下电王发出的冲击电流。足够大的正电荷可以把电子从很远的地方拉过来，甚至是通过几英里长的电线。电子在电线中受到的拉力被称为"电压"。电子带负电荷，所以正电压把它们拉向一个方向，负电压则会把电子向相反的方向拉。"电流"指的是每秒钟在电线的一个给定点上通过的电子数。

假设用一根软管把水龙头里的水输送到室外。在这种情况下，推动水在软管里流动的水压就相当于电压，在给定的时间段内流出的水量则相当于电流。水遇到的阻力既来自软管的弯折，也来自软管上的小孔，有些水在到达终点前会从这些小孔漏出去。软管的缺陷越多，让软管末端维持相同水流（电流）所需的水压就越大。然而，水龙头即便没有连接软管，也能产生水流；同样，在没有电线的情况下，只要电压足够大，同样能够产生电流。你的指尖触碰门把手时产生的火花或者从空中击向地面的闪电，都属于这种情况。距离越远，使电荷运动所需要的力就越大，根据库仑的静电力公式，力与电荷的距离的平方成反比。一根存在缺陷和小孔的长软管，与一根存在缺陷和小孔的短水管相比，前者对水流的阻力更大。正因为如此，直到你的手指触碰到门把手的时候，才会感受到静电力的冲击：空气对于电是很好的绝缘体，它可以承受超过 120 万伏特 / 米的电场强度。只有当作用于电荷的拉力变得更大的时候，才会战胜空气的阻力。当你接触到静电时，指尖会有刺痛感，所以你肯定不想受到电王的超强电流的攻击。

在《超凡蜘蛛侠》第 9 期里，蜘蛛侠初次遭遇电王，在这个故事中，电流的基本物理学原理被无视了。在他们俩的气候大战中，蜘蛛侠将一把金属椅子举过头顶后砸向电王，从而成功地躲过了电王的冲击电流。"凡是有点儿科学知识的人都知道，所有的金属都能当作避雷针，"蜘蛛侠说，"就像这把金属椅子一样！"事实上，蜘蛛侠对避雷针功能的错误认识表明，他的科学知识并不是那么渊博。冲击电流没有击中蜘蛛侠，而是击中了那把椅子，但这把椅子没有电！如果电流碰到椅子之后就无处可去了，电王的冲击电流波又为什么会直奔这把椅子（金属或是其他材质）呢？

当你打开厨房水龙头时，水会从水龙头流动至下水道。这是因为水的重力在发生作用，而不是因为水受排水管的吸引向下流，即使你在水龙头上方的天花板上安装一个排水管，水也不可能向上流。回到电荷的问题上，水流的运动受到重力的作用，而电流受到电压的作用。

电荷如果无处可去，就不会流动。事实上，水也是这样。想知道如何做到打翻一满杯水，却洒不出来一滴吗？答案是：在水里打翻这杯水！如果杯里的水无处可去，它就会留在容器里。

同样地，不管物体带有多少净电荷，如果它周围的其他物体也有数量相同的电荷，它就不会放电。从技术的角度讲，拉动或推动电荷的电压衡量的是"电位差"，即电荷从一点移动到另一点的势能差。这就是电王如此危险的原因（除了他糟糕的着装品位）：他能够随意控制自身与周围环境的电位差，以及决定何时何地放电。

给导体施加电压，可以提高导体内电子的势能，就像把一块砖举过头顶会增加它的势能一样。多余的势能会一直储存在砖里，直到它被释放出来，这时势能会转化为动能，使砖块在坠落的过程中不断加速。但是，这种能量转换只在砖下落的时候才会发生。同样地，电压使电线中的电子不断加速，动能以电流的形式持续增加，但只有合上电路开关，电子才有处可去。正如被举起的砖块在被放下之前会始终保持势能不变一样，如果电路不接通，电子就不能在电压的作用下加速。同样地，不管我把水龙头开到多大，如果水管的另一端是完全封闭的，就不会有水流入水管。我必须把水管的另一端打开，水才能在水压的作用下流经水管。用专业术语来表达就是，为了让电线中产生电流，它必须接地 [①]。地球，或者说"地"显然是一个很大的物体，它带有巨大数量的电荷。因此，它可以吸收多余的电荷，也可以不费吹灰之力地把电荷传输给电线。为了产生电流，必须有一处电压较低的地方可供其前往，这个道理很明显。但蜘蛛侠似乎并不清楚这一点，而超人从他的第一次冒险开始，就表现出对电流性质的深刻理解。

在第 1 章里，我们讲述了超人最初的冒险，这在《超人》第 1 期中也有描述，那时候大多数人还不知道他的存在。故事中，有一个华盛顿的说客贿赂议员，企图让美国参加欧洲战争（1939 年），超人想搞清楚是谁在背后为这个说客提供资金支持。这位华盛顿最聪明的说

---

① 严格地说，导线不必接"地"，而只需连接到势能较低的地方即可。但最终，任何电流的终点必定是地面。以水为例，我们可以用一根水管连接两个水龙头，让水流入水管。只要两个水龙头之间存在压力差，就会产生水的净流动。但如果想让这个情况持续下去，水压较低的那个水龙头就必须把水排到某个管道里去（在电的例子里就是"接地"）。

客亚力克斯·格里尔背后的秘密雇主原来是埃米尔·诺维尔，一位军火大亨（在他看来，战争是一笔好买卖）。出于某些原因，格里尔拒绝向穿着红蓝两色的连身内衣、披着飘逸红披风的怪人透露自己雇主的名字。于是，超人抱着格里尔从高楼顶上跳下去，假装要和他同归于尽。在这一幕之前，为了让格里尔说出真相，超人像扛着一袋土豆一样扛着格里尔在高压线之间穿行，如图 26 所示。格里尔抗议说这会导致他们触电身亡，但超人却发现可以趁此机会给这位说客上一节物理课。（这节课到底算不算超人为了获得信息，对说客进行心理折

© 1938 National Periodical Publications Inc. (DC)

图 26 《超人》第 1 期中的一幕，真理、正义与美国方式的守护者要求华盛顿的说客说出实情，并向他"亲自"演示了电子接地的原理

磨的一种手段，就留给读者自己评判吧。）"不，不会的。"超人解释道，"小鸟常站在电线上，也没有触电，除非它们碰到接地的电线杆。"

超人说得完全没错。只有当你同时接触高压电线和电线杆（或者电压更低的另一根电线）时，才会形成一条电路，使电线中的电流向电压较低处流动，你也就触电了。在这种情况下，电子的流动（电流）贯穿导体——你的身体——将两个点连接起来。

《冒险漫画》第301期"弹力男孩的神秘出身"表明，接地的物理学原理在1 000年之后终于被弄清楚了。查克·坦恩偶然喝下了一种超塑血清，获得了超级弹跳力，成为超级英雄战队少年联盟的成员。由于他的超能力听起来愚蠢可笑，战队一开始拒绝了他的加入请求，这让查克感到万分失望。然而，他很好地利用了第二次表现自己的机会，给战队留下了深刻印象。当时有个反派用电击手套击败了科学警察和战队中的土星女孩，而查克成功地制服了敌人。查克知道，当他跳跃到空中与坏人相撞时他不会触电，因为不接地。这个故事正确地解释了接地的物理学原理，我们也许不应该感到奇怪，毕竟它是由超人的联合创作者杰里·西格尔编写的。

看来超人可以教给蜘蛛侠一些关于电流和接地的知识。《超凡蜘蛛侠》第9期"被困的捣蛋鬼"并不是唯一的错误，因为可悲的是，在《超凡蜘蛛侠年刊》第1期（1964年2月）中，蜘蛛侠又一次遭遇了电王。这一次，作为保护措施之一，蜘蛛侠特意在他的脚踝上绑了一根金属丝，以确保自己始终接地！亲爱的读者们切记，如果下次你们遇到了能发射冲击电流的大坏蛋，千万不要让自己接地！

避雷针的工作原理不在于它是由金属制成的，而在于闪电会击中建筑物的最高点（避雷针），然后使电流从避雷针处沿着电线安全地到达地面，从而避免建筑物的屋顶发生火灾。避雷针还可以带走大气中多余的电荷，减小电压差和建筑物被闪电击中的可能性。你的指尖和金属门把手之间的静电反应只在你的手指非常接近门的时候才会发生，因为距离越短，电弧要克服的阻力越小。同样地，闪电也会尽可能把距离和阻力降到最小。所以，在雷雨中你不应该站在树下，因为击中树木的闪电很有可能会通过你继续传播。如果你一个人在雷雨中站在一片空旷的地上，你应该在地面上平躺以降低被雷电击中的概率。如果建筑物的避雷针没有接地，原本通过避雷针的电流就会沿着阻力更大的路径通往地面，经过屋顶和建筑物，造成巨大的人身和财产损失。

因为蜘蛛侠将自己与地面连接在一起，造成这样的伤害就是不可避免的结局，电王的所有电能都会流经他的身体去往势能更低的地方。蜘蛛侠的"蜘蛛力量"虽然能帮他承受住一部分电击，但他把自己与地面连接在一起却造成了太多不必要的伤害。

不知道蜘蛛侠的联合创作者——编剧斯坦·李和漫画师斯蒂夫·迪特科——中的哪一个犯下了如此愚蠢的错误，这主要归因于 20 世纪 60 年代漫画的生产方式——"漫威模式"。在漫威那个可怕的竞争对手（李会这样开玩笑地这样形容 DC）那里，一本漫画书的编剧会先创作出一个完整的脚本，包括详细的文字说明和对话，每个漫画格气泡的内容，以及每幅画面大致的样子。接下来，编辑会审读脚本，做出必要的修改，并将其交给漫画师，后者会根据脚本把漫画故事绘制出来。之后是着墨、上色，根据脚本中的对话和说明给图配上文字。漫画编剧通常要等到漫画在报刊亭开始售卖的时候才会再次看到自己的作品。只要有足够的编剧和编辑，按照这样的工作流程，每个月产出一定数量的漫画就不成问题。但 20 世纪 60 年代初期，漫威的编剧和编辑都很少，实际上只有一个，就是斯坦·李。李作为编辑和编剧，（在 1965 年）创作了《神奇四侠》《蜘蛛侠》《X 战警》《复仇者联盟》《超胆侠》《弗瑞中士和他的咆哮突击队》（"二战"题材漫画），以及美国队长和钢铁侠的故事（都刊载于《悬疑故事》），塑造了奇异博士、霹雳火、尼克·弗瑞（出现在《奇异故事》中），以及巨化人、海王子纳摩和绿巨人浩克（出现在《惊异故事》中）等角色。漫威的漫画故事结构连贯、一脉相承，这毫无疑问是因为这些林林总总的漫画书都出自一人之手。

每个月要创作这么多的漫画故事，斯坦·李根本没有时间为所有漫画创作完整的脚本。而且，为漫威工作的漫画师都是自由职业者，他们完成一期的创作后得到报酬，再绘制下一期的漫画（如果他们不工作，就得不到报酬）。顺便说一下，当时为漫威工作的漫画师都是行业的佼佼者，包括杰克·科比、斯蒂夫·迪特科、唐·赫克、约翰·罗米塔和吉恩·科兰等业界大咖。20 世纪 50 年代，因为被扣上了"诱惑无辜"的罪名，整个漫画行业都处于瓦解的边缘，而这些漫画师能够在这个黑暗时代获得成功，就足以证明他们的才华卓著。他们是用图画讲故事的专家，不需要漫画书编剧拿着脚本在旁边指导他们应该在每个漫画格里画什么。

斯坦·李想出了一个聪明的办法来解决时间不够用而聪明人太多的问题：让漫画师讲故事。李先写出一个简短的大纲，长度从几段到几页不等①，描述最新一期的故事情节。从本质上说，他交给漫画师

---

① 有时甚至更短。李曾经与杰克·科比在《神奇四侠》第 48 期中创作了一个传奇故事。李在脚本中写道："神奇四侠与行星吞噬者交战。"科比认为这位吞噬者应该有个传令官，向那个遭遇厄运的不幸星球宣告吞噬者的到来，他因此创造出银影侠这个角色。当科比为《神奇四侠》第 48 期绘制的漫画被送到漫威办公室的时候，李才第一次得知银影侠的存在。

的是一个故事梗概，比如反派人物是谁，他的超能力是什么，他是如何获得这种能力的，超级英雄的首战是如何失利的，最后又通过什么样的妙计赢得了胜利。漫画师们回到自己的工作室，按照李的大纲，绘制出故事画面。拿到画稿之后，李会加上文字和对话，然后书就可以付梓印刷了。通过漫威模式，李和漫画师们共同创作了一本本漫画书。所以，蜘蛛侠对于基本的电流知识一无所知，李和迪特科都难辞其咎。

李和迪特科对于接地的知识了解得不太透彻，但他们明白电和水在一起会造成短路。在《超凡蜘蛛侠》第 9 期中，蜘蛛侠与电王战斗的高潮部分是，蜘蛛侠抓起附近的一个消防水龙带（在天花板消防喷淋头出现之前，这种设施是大厦里的常见消防设备），向电王喷射出大量水雾。蜘蛛侠拿起水龙带并打开主压力阀，心中暗说："我学的到底是什么理科专业，为什么我才想到这个办法呢？"当电王爆炸的时候，他说："水和电还真是不相容！"

正如蜘蛛侠所想，我们也怀疑彼得·帕克学的到底是什么理科专业，但水和电不相容这一点他倒是没错。城市用水虽然从技术上说是电中性的，但含有高浓度的杂质离子。因此，普通自来水是一种电的良导体。电王的电势能很高，因此他对于超级英雄而言是个致命的对手。蜘蛛侠把电王淋成落汤鸡时，也就相当于使电王接地，从而把电王体内的多余电荷输送出去。这似乎是漫威的创作者们应该补上的一堂物理课。在超胆侠打败电王后，警察需要先用水管把电王淋湿，再把他带进警车，送回警察局。

第 18 章　电王跑起来就成了万磁王

在上一章中我们知道，对于不接地的金属能否导电，李和迪特科确实搞错了。然而，我们应该原谅他们一次。毕竟，在很长一段时间里，他们每个月都要出版一本漫画书，讲述一个激动人心的故事，这种快节奏导致故事中出现了不少科学知识方面的硬伤。正如我在前文中强调的，这些漫画故事绝不能用作物理教科书。然而，在电王登场的那一期《超凡蜘蛛侠》中，我们看到了解释电的基本特性的一个绝佳范例，这实在令人印象深刻。

电王在大白天里抢劫了一家银行，然后像蜘蛛侠那样轻而易举地爬上了大楼的一侧，躲开了警察的追捕。第 16 章的图 25 展示的就是这个场景，画面上的一个路人惊呼："看！一个衣着奇怪的人沿墙壁跑上了楼！"另一位路人说："他用电流光束吸住大楼的铁梯！就像磁体一样！简直令人难以置信！"

这个场景会让人产生三种感受。第一，大家会好奇为什么现在很少有人用"衣着奇怪"这个说法；第二，人们会追忆过去，那时行人喜欢对眼前发生的事做讲解；第三，人们会备感欣慰，因为电王沿着墙壁跑上楼顶，从物理学角度来说，这意味着他合理地应用了他的能力。正如漫画里第二个路人所说，麦克斯·狄龙（电王）知道电流能够产生磁场。这种现象，即安培效应，是由汉斯·克里斯蒂安·奥斯特（有一种磁场强度单位以他的名字命名）率先发现的，后来由安德烈·马里·安培（电流单位以他的名字命名）做了进一步阐述。为什么电王通过控制电流能够产生磁场，但能控制磁力的万磁王却不能够随意控制电流呢？这个问题的答案揭示了电和磁之间的深层次对称性，在漫画和现实世界中我们都能发现这种规律。

我们先来定义"电场"。一个电荷会对另一个电荷施加静电力。两个电荷离得越远，静电力就越弱。根据其极性，第二个电荷将被第一个电荷拉近或者推远。因此，我们可以说第一个电荷周围有一个"力的作用区域"。如果用另一种方式来表述这个区域，那么我们可以说第一个电荷周围存在一个"电场"。靠近第一个电荷的第二个电荷会被前者的电场推远或者拉近。电场的强度取决于电荷的大小和距离的远近，距离很近的时候，第二个电荷感受到的力就会很大。而随着距离的增加，力会变小，它与距离的平方成反比（根据库仑表达式）。如果两个电荷时间的距离增加一倍，力就会变为原来的 1/4；如果距离增大至原来的 3 倍，力就只有原来的 1/9。

电荷还会产生另一种场，但只在它运动的情况下，这个场叫作磁场。如果把一根通电的电线靠近指南针，指针就会发生偏转，跟磁体靠近指南针时的情形一样（这个现象是奥斯特发现的）。事实上，两根通电的电线，根据电流的方向不同，会互相吸引或者排斥，就像两个磁体靠近时一样。电王的冲击电流所产生的磁场的确可以吸住大楼的铁梯，让电王沿墙面爬上高楼或者吸附在路过的汽车上（他在《超胆侠》第 2 期中就是用这个方法逃生的）。

两根通电电线之间的力从本质上说并不是静电力。在没有电流通过时，电线呈电中性，电线原子中电子的电荷数与原子核的电荷数刚好相等。当电流从电线中通过时，会有一半数量的电子被带到电线的另一端。只在有电流通过的情况下，电线之间才会产生作用力，这个力是由磁场带来的。

为什么电流会产生磁场，就像普通磁体一样？电磁现象背后的关键因素就是电荷的相对运动，也就是说，电荷之间必须存在相对运动。

如果两个电荷以相同的速度沿同一方向运动，那么从其中一个电荷的角度看，另一个电荷就是相对静止的。在这种情况下，对这两个电荷而言，它们之间唯一的作用力就是静电力。然而，对于实验室里静止不动的人来说，这种运动还产生了一个额外的力，即磁力。磁力与电荷的相对运动有关，这表明磁现象可以用简单的 5 个字解释：狭义相对论。但要弄明白如何用爱因斯坦在 1905 年提出的这个理论解释磁场，可就不止 5 个字那么简单了，我会在不使用复杂的数学知识的前提下尽力解释清楚。

米尔顿·罗斯曼在他的杰作《发现自然法则》中就电荷的相对运动如何产生磁力做出了精彩的论证，他还指出这个力在电荷静止时会消失。我们可以想象两条相邻的长铁轨，其中一条铁轨上有大量的负电荷，电荷之间的距离为一英寸；另一条铁轨上有同样数量的正电荷，距离也是一英寸。在这个虚构的例子中，我们假设这些负电荷和正电荷是源源不断的，无须担心沿着轨道移动的电荷会耗尽。接下来我们引入一个测试电荷（为了便于论证，假设这个电荷带正电），它距离现有的两列电荷都有一定的距离。这个测试电荷受到的净力为零，因为正电荷的一列对它的排斥力与负电荷的一列对它的吸引力是一样的。现在，两个轨道上的电荷开始以相同的速度朝相反方向运动，负电荷向左，正电荷向右。如果测试电荷是固定不动的，那么在给定长度内，会有相同数量的负电荷和正电荷从它旁边经过，这时它受到的净力仍然为零。然而，如果测试电荷与轨道上的正电荷以同样的速度向右移动，就会产生额外的力。

第 11 章在论述闪电侠的极速运动所产生的相对论效应时，我介绍了狭义相对论的特性，对一位静止不动的观察者而言，物体的运动距离会缩短。从测试电荷的角度来看，若它与其余正电荷以相同的速度朝相同的方向运动，对后者而言，测试电荷就是静止不动的。对测试电荷来说，铁轨上的正电荷之间的距离仍然是一英寸；但朝相反方向运动的负电荷之间的距离会缩短，即小于一英寸。此时，测试电荷受到的静电吸引力和排斥力就是不平衡的，它会受到净吸引力的作用。因此，我们赋予这个额外的力一个特殊的名称——磁力。没有净电荷（即电中性）的运动物体不会感受到任何额外的力，这与只有正电流或负电流能产生磁场的实验观察结果是一致的。

我们知道，闪电侠的靴子与地面发生摩擦会让他带有电荷。移动的电荷会产生磁场，但闪电侠在极速狂奔的时候，并没有产生一个巨大的磁场，把他所经之处的每一样固定得不太牢的铁质物体（以及部分固定得很牢的铁质物体）吸在身上，真是太奇怪了。我们只能把磁场缺失的原因归结为闪电侠的"光晕"，光晕也能让他免受空气阻力的伤害。[1]

———————————

[1] 在《闪电侠》第 167 期中，当异次元精灵莫比赋予巴里·艾伦超级速度和保护光晕的时候，他完全知道自己在做什么！在故事的结尾，莫比消失了，但巴里·艾伦还没来得及问他沃利·韦斯特（当时的闪电小子）是如何得到光环的。在现在的漫画故事中，闪电侠的光晕来自神速力。从物理学的角度看，这个解释的合理性就和十维空间的精灵一样不可信。

　　用狭义相对论来解释磁性是由移动的电荷产生的，这种做法确实很奇怪。一般来说，如果物体的运动速度比光速慢得多，我们就很容易忽略相对论效应。当物体的运动速度只有光速的 1/10 的时候，忽略相对论效应也算不上什么大错误。虽然电荷的移动速度比光速慢得多，但在磁场的产生过程中仍然存在相对论效应。当然，这种效应很不明显。有多不明显呢？我们可以用数学方法加以说明。移动电荷产生的磁场大小等于其电场强度除以光速。光速是一个很大的数字，因此对于一个给定的电场，移动电荷所产生的磁场相当弱，但它仍然存在。如果移动电荷的数量增加，或者运动得更快，就能产生更大的电流，以及更大的磁场。

　　基于把电流和磁场关联在一起的安培定律，人们制造出很多实用的设备，比如电磁铁。电磁铁是指缠绕着电线的磁性铁芯。流经线圈的电流会产生磁场，并通过铁芯得以增强。《超级小子》第 1 期中就出现了这样一个装置。超级小子遇上了一伙窃贼，他们驾驶着从军用仓库偷来的坦克，在镇子里横冲直撞。这个"打砸抢团伙"驾着坦克闯入银行，造成一片混乱。虽然超级小子能够飞上天徒手掀翻坦克，但他决定采取更有技术含量的方法，如图 27 所示。"我需要一个火车头、一台发电机以及一根几英里长的电线！"超级小子对一名受害者说。超级小子把一台大型电动发电机放进火车头里，并解释道："这台发电机缠上电线之后就能产生我需要的电流了！现在开始缠电线。"在下一幅图里，我们看到他花了几秒钟时间把这根几英里长的电线绕着火车头缠了一圈又一圈。从图 28 中我们可以看到他的成果，超级小子启动了发电机（假设有足够的煤让它启动）。他大声宣布："我造出了一个超大的电磁铁，它可以带我去好多地方！"火车刚好穿过镇中心，来到打砸抢团伙的坦克旁边。"发生什么事了？我们飞起来

图 27　超级小子展示了电磁学理论的实际应用，他造出了一个便携式的电磁铁
(《超级小子》第 1 期)

图 28　《超级小子》第 1 期里接下来的一幕，超级小子用自己的体力和脑力抓住
了"打砸抢团伙"

了！"当坦克被磁性火车头吸住时，其中一个人大叫道。"是火车头，"另一个见多识广的恶棍说，"那个大磁铁吸住了我们的坦克。"

从物理学角度看，这是完全正确的。发电机产生的电流经过绕着火车头的几英里长的电线，产生了巨大的磁场。如果在线圈中放入一个铁质火车头之类的磁性材料，它就会使线圈产生的磁场增强。然而，为什么超级小子自制电磁铁所产生的超强磁场没有吸住附近停放的汽车、建筑物上松动的铁质物体，或造成火车头的钢质车轮失灵呢？这一切仍然是个谜。

第 19 章　万磁王跑起来就成了电王

《X 战警》第 1 期中出现的第一个大反派是万磁王，他的超能力是产生并控制磁场。万磁王会向超级英雄投掷导弹，还可以让磁性物体发生偏转，但对于一根小小的木棒就无能为力了。事实上，有一些金属物体也不受万磁王的控制：他能轻易地举起汽车，却无法拿起银汤匙或者金手镯。某些材料即使在没有电流通过的情况下仍具有磁性，而其他材料则没有磁性，那么，磁性来自哪里呢？

电荷运动产生的电流所形成的磁场可以用狭义相对论来解释，但磁铁又是怎么回事呢？我们用来固定食品清单的冰箱贴似乎没有做任何运动，但仍然具有磁性。事实上，静止不动的铁块的磁性也可以用相对论来解释。

宇宙中的每一个质子、电子和中子都有一个微小的磁场，与地球磁场或电流产生的磁场相比，前者显得微不足道。我们可以把电子围绕原子核的运行轨迹（大致）看作一个产生磁场的微小电流回路。即使没有这个"轨道运行"效应，原子内部仍然有磁场。亚原子微粒的微小的固有磁场从何而来？答案涉及量子力学，我们将在后文中讨论。狭义相对论的一个原理是，空间和时间应当被平等地视为一个单一的实体，即时空。当我们把相对论与量子力学方程结合时，我们可以推测出电子有一个非常小的内部磁场，而且理论估算数值与测量值正好吻合。只有把相对论和量子力学结合在一起，我们才能用数学方法理解电子、质子和中子的内部磁场。即使是静止的物体，相对论对其磁性的理解也是至关重要的。所以，没有爱因斯坦，就没有相对论，就没有磁性，最重要的是，也没有冰箱贴！因此，如果没有相对论，我们的购物清单就会从冰箱门上掉下来，静静地躺在地上。如果没有爱因斯坦在理论物理学上取得的辉煌成就，等待我们的就只有饥饿。

通常，原子内部电子的磁场都是成对出现的。如果原子的内部磁场相互匹配，原子就没有净磁场，跟正常的原子没有净电场一样，因为原子核中质子的正电荷数量与电子的负电荷数量相等。大多数材料，比如纸和塑料，都没有磁性；而大多数金属，比如银和金，也是没有磁性的。

如果大多数材料的原子都没有净磁场，那么万磁王如何让自己和其他人都像图 29 所示的那样飘浮起来呢？这个超能力背后的物理学基础是万磁王能够产生一个非常大的磁场，使原子磁化，进而把我们或者其他物体变成磁体。

在讨论磁悬浮之前，我先强调一点：万磁王并不是通过影响人体血液中的铁元素而把人举起来的。我们暂且不考虑不均匀的压力对人体内的静脉和动脉造成的影响（这会让问题变得更复杂），而主要关注血液的磁性。一些金属元素，例如铁和钴，其内部电子并非成对排布，于是原子就有了净磁场。然而，血液中的铁元素主要存在于血红蛋白中，血红蛋白是一种在你呼吸时负责输送氧气的蛋白质。血红蛋白是

图 29 《X 战警》第 6 期（上）和《X 战警》第 1 期（左下）中的场景。万磁王想要袭击（上）或者逃开 X 战警中的天使（长着翅膀的那个人），这表明通过磁悬浮原理，万磁王可以让没有磁性的物体悬浮起来，像石头或他本人

一个非常大的分子，包含 4 个较大的蛋白（被称为珠蛋白，像蜷缩起来的蠕虫）。每一个血红蛋白还含有一个血红素基因，由碳、氮、氧、氢和铁组成。血红蛋白分子中的铁原子会与相邻原子发生化合反应，

铁原子与氧原子的化合反应的产物还有另一个名字——铁锈。处理过废铁的人都知道，铁锈会让铁的磁性减弱。铁锈的常见形式之一是三氧化二铁（被称为赤铁矿），没有磁性；铁锈的另一种形式四氧化三铁（被称为磁铁矿）则是有磁性的。铁原子与氧原子结合之后，赤铁矿中铁原子的磁场就消失了，因为铁原子和氧原子发生化学反应后，氧原子中的未配对电子与铁原子中的未配对电子配成了一对。由于血红蛋白中携带着氧气或者二氧化碳，所以铁可能没有磁性，也可能有磁性。但在任何特定的时刻，你的血液中只有一小部分铁有磁性。[①]

即使铁原子没有与氧原子发生化合反应，只要所有原子都没有排列整齐，它也有可能没有磁性。通常情况下，铁或钴中的原子会整齐地排列起来，形成一个区域，叫作"畴"，其中的所有原子的磁场都指向同一个方向。然而，熵会导致畴指向不同的方向，在它们组合起来后磁性互相抵消。把一根铁条加热，原子会获得大量的热能并自由旋转；然后把这根铁条放在一个强大的外部磁场中，外部磁场会使大多数畴都指向同一方向。当铁冷却至室温时，就会产生一个很大的内部净磁场。如果你用锤子击打磁铁或者把它放在炉子里加热，磁畴会随机调整方向，导致磁铁几乎完全消磁。一些可以弯折的、信用卡大小的冰箱贴的磁畴会沿着长边的边缘排列。因为所有冰箱贴的磁场并不指向同一个方向，所以更容易把它们排成一行，其中有的冰箱贴的 N 极指向冰箱，有的 N 极则指向相反方向。[②]

---

① 在电影《X 战警 2》中，万磁王的同伙魔形女在警卫的血液中注入了少量磁性金属，万磁王得以战胜这个警卫，逃离塑料监狱。

② 做个实验：找两个可以弯折的信用卡大小的冰箱贴，让它们有磁性的一侧相对。如果它们的磁场指向同一个方向，你就可以让两个冰箱贴平滑地相对移动。现在把一个冰箱贴调转方向，使它的长边与另外那个冰箱贴的长边成直角。当你让它们相对移动时，你会感受到阻力的作用。

如果某种材料的磁畴都指向相同的方向，我们就称这种材料具有"铁磁性"。固体中许多原子都与其相邻原子间存在很弱的磁力作用，如果将其放置在一个很强的外部磁场中，它们将与该磁场的方向一致；但在室温条件下将外部磁场移除后，这些原子又会随机排列。我们称这样的材料（比如氧分子、一氧化氮和铝）具有"顺磁性"。还有第三类材料，由于相邻原子间的相互作用和化学有序性，它们的原子磁场（由电子在原子内转动产生）与外部磁场方向相反。如果把这些材料放在一个外部磁场中，使磁场的 N 极向上，原子磁场的 N 极就会朝下。我们称这样的材料具有"抗磁性"，它们会试图消除任何一个外部磁场。金和银都具有抗磁性，如果你能够用冰箱贴把自己的金银首饰吸起来，恐怕有人就得做出解释了！水分子也具有抗磁性，因为我们身体的主要成分是水，所以人类也具有抗磁性。

借助这种抗磁性，万磁王能够让自己和其他人像图 29 所示的那样飘浮起来。在中等强度的磁场中，你身体中的原子不易被极化。在室温下，抗磁性比较弱，原子的正常振动战胜了外部磁场的作用。但在一个很强的磁场（大约是地球磁场的 20 万倍）中，你身体中的抗磁性原子就会受到影响，全都指向同一个方向——与外部磁场的方向相反。就像两个磁体 N 极相对时会互相排斥一样，磁场被极化的人也会与万磁王制造的外部磁场（让我们的原子重新排列的磁场）相互排斥。如果万磁王增强他的磁场，磁性排斥力就会变得很大，足以抵消重力的作用。（也就是说，向上的磁性排斥力可能会等于或大于重力产生的向下的拉力，因此会有一个向上的净力让人飘浮起来。）需要提供巨大的能量产生一个非常大的磁场，才能达到这种效果，人越重，需要的向上的力就越大。但这是可以做到的，荷兰奈梅亨大学的强磁场实验室在他们的网站上分享了一些有趣的图片和视频，其中有飘浮的青蛙、蚱蜢、西红柿和草莓，表现了现实生活中的抗磁性悬浮。

电流能产生磁场，那么，移动的磁场也能在附近的电线中产生电流吗？读过 X 战警漫画的人都知道，答案是肯定的。在刚开始与 X 战警的战斗中，万磁王会运用他的超能力把任何金属物体变成攻击武器或者防御盾牌。万磁王的能力对于具有磁性的金属而言是最有效的，在室温下只有三种元素（铁、钴和镍）具有磁性。万磁王可以通过磁化钢梁中的铁把钢梁变成他想要的任何形状，但对于一枚金戒指来说，他能做的就很有限了，除非他愿意付出极大的精力使抗磁材料极化。但万磁王真正的厉害之处不在于他对磁性材料的控制能力，而在于他对电流的控制能力。

例如，万磁王曾经制造了一个计算机控制面板，用它来自动控制能量衰减，以削弱 X 战警的超能力，阻止他们破坏自己的犯罪计划。为了防止遭到 X 战警的破坏，万磁王设计的这个设备没有可供改变程序的按钮或旋钮。万磁王通过控制电流来操控这个面板，再通过控制其产生的磁场施加影响。此外，万磁王通过改变控制面板的磁场，可以产生电流。

变化的磁场是如何产生电流的呢？这个问题的答案又把我们带回关于电流和磁场的最初讨论——相对运动。

就像两个磁体彼此靠近时才有可能相互排斥或吸引一样，外部磁场也会对电流施加作用力。移动的电荷会产生磁场，吸引或排斥其他磁场，无论这个磁场是由另一个电流产生的磁场还是冰箱贴的磁场。若电荷停止移动，停留在外部磁场里的一段电线中，电荷就不会受到外力的作用。[①] 如果电荷仍然停留在电线中，而外部磁场开始运动，又会发生什么呢？假设磁场朝着电线的方向移动，从磁场的角度看，移动的不是磁场本身，而是电线。

磁性的本质就在于相对运动。如果你被蒙住眼睛坐在一辆匀速直线行驶的汽车里，当你到达目的地时，你怎么能证明这是车移动的结果，而不是风景变了呢？如果改变运动的速度或方向，你就会感受到一个与加速度相关的力，由此你会知道自己在移动。但对于匀速直线运动而言，你无法证明是你还是其他东西在移动。你唯一可以肯定的是，你与周围的环境发生了相对位移。

类似的情况是，磁体朝着电线移动，对于磁体而言它自己是静止的，而电线在朝着它移动。但是移动的电荷会产生磁场，并与磁体的磁场发生相互作用。因此，在电线附近移动磁体，带正电荷的离子和带负电荷的电子就会产生电流。电线受到力的作用使电荷可以自由移动。万磁王就是通过这种方式，随意地控制任何设备的电流方向，虽然他操控电流的精确性取决于他操控磁场的灵敏程度。

在考虑磁场对电荷是否有影响时，如果相对运动是唯一重要的因素，且磁体是静止的，电线在磁体附近移动，情况将会如何呢？电荷也会受到力的作用吗？当然！

如果我在太空中拉扯一根电线，电线中的电荷会移动，就像在电线保持静止时对其施加一个电压一样。在任何一种情况下，电荷都会以一定的速度经过一个固定的点。相对于磁体而言，就好像有电流从

---

① 细心的读者会注意到，即使电线是固定的（相对于一些观察者而言），电子仍在不断运动，因为它们具有以温度为衡量标准的动能。我们讨论的重点是，在没有外部电压或磁场变化的情况下，电线中的电子不会产生净运动，所以它们基本上可以被视为静止的。

电线中流过，而且我们知道，电流和磁体会发生相互作用。在这种情况下，移动的电线中的电荷会受到一种力，促使它们流动。当我们拉动电线使其穿过外部磁场时，我们用于拉动电线的能量就被转化为电能。对于线圈来说，是磁体穿过线圈还是线圈穿过磁体并不重要。只要电线中的电荷与外部磁场存在相对运动，即使没有外部电压，也会产生电流。这个机制听起来有点儿牵强，但事实上，你家里用的电就是这么产生的。

发电站的工作原理是，改变线圈的外部磁场，电线中就会产生电流。这就是法拉第定律，这个定律以迈克尔·法拉第的名字命名，他是最先引入电和磁场概念的科学家之一。这个电流所产生的磁场方向与外部磁场的方向相反。这是能量守恒的结果，我们接下来会进一步解释。在某些情况下，这种电流被称为"涡流"，每当线圈的外部磁场增强或减弱时，就会产生这样的电流。

假设我们把一块磁体掰弯，就像一枚有缺口的戒指一样，此时其 S 极和 N 极是相对的，再把线圈放在两极中间。一开始时，线圈的平面与磁体的磁极方向垂直，磁场穿过线圈。如果我们把线圈旋转 90 度，使其不再与磁极方向垂直，穿过线圈的磁场就会非常小。我们再把线圈旋转 90 度，使线圈再次与磁极方向垂直，穿过它的磁场强度就又变大了。我们再把线圈旋转 90 度，通过线圈的磁场强度又会变小，以此类推。穿过线圈的磁场强度的每一次变化，不管是增加还是减小，都会产生电流。随着线圈的旋转，产生的电流方向也会变化。我们刚才描述的就是一个电动发电机的工作原理，通过不断改变穿过线圈的磁场强度，旋转的线圈中将会产生一个电压。把交流电（AC）转换成直流电（DC）是有诀窍的，出于许多实际的原因，我们不会用交流电供给电能。美国的发电机线圈每秒旋转 60 次，因此美国的交流电频率为 60Hz（频率单位"赫兹"的英文缩写，衡量线圈每秒旋转的次数），而欧洲的交流电频率是 50Hz。

当通过旋转线圈的磁场发生变化时，就会产生电流。从能量守恒的角度看，为了产生之前并不存在的电流，我们需要消耗能量使线圈旋转。在《黑暗骑士归来》第 1 期（体现了弗兰克·米勒对 DC 漫画作品中关于宇宙的未来的反乌托邦设想，超级英雄被迫服苦役，莱克斯·卢瑟统治着国家）中，美国有 1/3 的电能是靠闪电侠在跑步机上不停奔跑来提供的。在第 12 章中，我们提到闪电侠发现了能量守恒定律的一个漏洞（可能是通过他的"神速力"），在卢瑟看来，发现了物理规则的漏洞就意味着有利可图。而在现实世界里，我们还没有找到违反能量守恒定律的任何例证，所以涡轮机发电和煮茶的物理学原理别无二致。

几乎所有的商业电厂都靠烧水发电，烧水产生的蒸汽驱动涡轮（类似于风车），涡轮连接着强大磁场中的线圈。当涡轮机转动时，线圈也会转动，从而产生电流。为了把水烧开，我们可以使用煤、石油、天然气等燃料，或者生物质能。另外，核反应产生的热量也可以把水煮沸。所有这些方法都是为了产生蒸汽，推动连接着涡轮且位于磁体两极之间的线圈。煤炭、石油或者垃圾中储存的化学能量与人类食物中的化学能量的来源相同，即植物的光合作用。阳光是太阳中心处核聚变反应的副产品。（因此，所有的发电厂都可以被视为核电站或太阳能发电厂。）

大气温度的差异会引发风力发电设备叶片的旋转，这种温度差异是由大气的吸收或云层的反射造成的阳光分布不均匀造成的。显然，太阳能电池要有阳光才能工作。同样，水力发电（通过把水坝或瀑布中水的势能转化为动能来驱动涡轮机发电）也需要阳光。除了利用潮汐和地热（地球内部的热量）之外，其他所有发电机制本质上都是以某种形式转化太阳能。显然，如果没有阳光，就没有我们。超人故事的创作者们把卡尔—艾尔的超能力来源从具有超强重力的氪星改为太阳，不是没有道理的。

第20章　X教授的超级力量

　　19世纪中叶，在美国西部大开发中可能没有什么身穿制服的斗士，但却有英雄愿意为真理和正义而战。20世纪50年代，美国西部漫画借助"牛仔热"使漫画出版商们渡过难关。那时候，超级英雄漫画因为沃瑟姆博士的《诱惑无辜》所引发的抵制运动而陷入困境。以绿灯侠和美国正义协会的冒险经历为主要内容的《全美漫画》改为由"平原战斗之子"强尼雷霆（白天是老师，晚上是枪手）领衔的《全美西部漫画》，《全明星漫画》也改为《全明星西部漫画》，讲述了双胞胎枪手的探险之旅。在DC的漫画世界中，伤痕累累（身体上和心灵上）的孤胆英雄约拿·哈克斯在美国西部惩恶扬善、行侠仗义，救下了好几位寡妇。同样地，鞭笞和义务警员也在那里弘扬正义，显示了义警风范。而在漫威的漫画世界中，西部故事完全是面对孩子的，《双枪小子》《雄马小子》《林戈小子》《生皮小子》的情节都差不多，小英雄们勇斗盗马贼和马车大盗。19世纪中期，牛仔执法者纵横西部，在现实世界中和漫画世界中皆是这样；物理学家们则忙于阐释电和磁的特性，为现代的无线生活方式奠定了理论基础。

苏格兰物理学家詹姆斯·克拉克·麦克斯韦于 1862 年（正值美国内战爆发）把电和磁联系起来，实现了里程碑式的理论飞跃，开启了科学进步的新纪元。由库仑、高斯、安培和法拉第建立的一系列电磁公式现在被统称为"麦克斯韦方程组"，因为麦克斯韦把这些公式整合起来，建立了电磁场理论。这些科学家中没有一人曾在漫画书中担任主角，但如果没有这些英雄，我们现在只能秉烛夜读。

为了了解烤面包机或电灯泡的工作原理，我们可以先回顾一下前文中水龙头的例子。水龙头的压力类似电压，单位时间内流经水管的水量类似电流。水管存在瑕疵，为了保持水流量，我们必须对水流施加一定的压力。为了展现这两个特点，我们假设用于实验的水管局部有堵塞，管身上还有很多小孔。在这种情况下，部分水流会喷射出去。对于既定的阻力而言，水压越大，水流越大；对于既定的水压而言，阻力越大，水流越小。这些常识可以归纳为一个简单的等式：

$$电压 = 电流 \times 电阻$$

这就是欧姆定律，以格奥尔格·欧姆的名字命名。他是电磁学的先锋科学家之一，电阻的基本单位也是以他的名字命名的。水管越长越细，水管里被堵塞的地方和小孔越多，水流的阻力就越大。在一根狭长的水管一头施加一个很大的水压，到了几英里之外的另一头，就只剩下细小的水流。正因为如此，跨接缆线才会又短又粗，只有这样，第一个电池的电流到达第二个电池时才不会明显减小。

水管上的小孔代表能量损失，这也解释了为什么一个稳定的水压（力）带来的是恒定的水流，而不是牛顿第二定律（$F = ma$）所认为的加速的水流。铜线上显然没有小孔会让电荷漏出去，但其中确实有电阻。电压会对电线一端的电荷产生很大的作用力，因此，它们具有很大的势能。随着电荷在电线中移动，其势能会转化为动能。电荷的动能越大，它在电线中的移动速度就越快，电流也越大。电线上的瑕疵起着减速的作用，快速移动的电荷与这些瑕疵发生碰撞，将一部分能量传递给它们，并引起电线原子的振动（这就是电线变热的原因）。对于给定的电压，电压赋予电荷的动能和转移到电线上的能量共同决定了电流的大小。

这些瑕疵是杂质或者脱离了晶体结构的原子，它们的周围也有电子云，就像电线中的其他原子一样。这些原子与电流发生碰撞后，会来回振动。回想一下第 9 章中的摆球运动，现在我们使系在细绳上的摆球带一个电荷。当带电的摆球来回摆动时，就产生了电流。由于电荷的运动速度在不断变化，因此它产生的磁场强度也在不断变化。由于变化的磁场会产生电场，所以摆动的电荷会产生与不断变化的磁场同相的不断变化的电场，并辐射到空气中。带电的摆球摆动得越快，产生的电流的频率和磁场强度的变化就越大。由于电和磁都有能量，即使不存在空气阻力，带电摆球最后也会慢下来。由带电摆球的简谐振动所产生的交变电场和磁场有一个特殊的名称——光。

为什么漫画里的 X 射线眼镜都是骗人的？

电线中振动的杂质原子会产生交变电场和磁场。杂质原子振动得越快，产生的电磁波频率就越高。在室温条件下，电线中所有原子（和电子）的振动频率约为每秒 10^{12} 次。因此，室温下的任何物体都会发射出频率为每秒 10^{12} 次的电磁波。具有这种振动频率的电磁波被称为红外辐射。温度越高，物体中原子的运动速度越快，电磁波的频率也就越高。

基于原子中电荷的振动速度，即每秒钟来回振动的次数，波长

（两个波峰之间的距离）长则几英尺，短则与原子核的直径差不多。波长较长的电磁波被称为"无线电波"（频率约为每秒 100 万次），波长较短的电磁波被称为"伽马射线"（频率为每秒 100 万亿次以上）。伽马射线的能量更大，与无线电波相比，可能会对人造成更大的伤害。但在本质上，它们都是同样的现象。为了让电线（比如灯泡中纤细的灯丝）中的原子发射出肉眼可见的电磁波（我们称之为可见光），原子必须每秒钟来回振动约 1 000 万亿次。

我们终于可以开始讨论太阳为什么会闪耀了。正如我在第 2 章中提到的，太阳中心强大的引力使得质子（氢原子核）频繁发生碰撞，一些原子会聚合在一起形成氦核。一个氦原子核的质量略小于两个质子的质量，也略小于两个中子的质量。根据爱因斯坦方程 $E = mc^2$，这个质量的差异会产生巨大的能量输出。向外释放的能量平衡了向内的引力，因此太阳在燃烧燃料（太阳耗费的燃料多达每秒钟 600 万吨氢核）的同时能够保持相对稳定。核聚变反应产生的部分能量以动能的形式存在，快速移动的带电氦核在加速时会发出电磁辐射。

加速度指的是速度的变化率，所以氦核每次加速、减速或因为与太阳中心的其他原子核发生碰撞而改变方向，都会发出光。我们看到的阳光其实是很久以前产生的，因为它是慢慢地从太阳中心扩散到太阳表面的。在雾蒙蒙的夜晚我们很难看见任何东西，因为含有水分的空气将光线朝各个方向散射。太阳中心的密度很大，核聚变反应产生的光平均要花 40 000 年才能从太阳中心扩散到太阳表面。

穿过大气层的大部分来自太阳的光都属于电磁波谱的可见光部分，因此肉眼可见。当地球上没有眼睛的生物进化成有眼睛的生物时，它们的眼睛对最普遍的电磁波最敏感。相较光谱中的"可见光"，太阳发出的 X 射线很难到达地球。如果我们的眼睛只能看到 X 射线，那么我们将生活在一个几乎完全黑暗的世界里。那些生活在黑暗中的生物，比如深海动物，由于身处阳光无法到达的地方，所以不会把遗传资源浪费在视力或皮肤色素沉淀上，它们会依靠其他感官来导航。

在白银时代，巧舌如簧的推销员深谙漫画读者的心理，于是卖起了"X 射线眼镜"，声称佩戴者能够透视衣物等固体。就算这些 X 射线眼镜的原理与将红外线辐射转化为可见光的"夜视镜"相似，除了牙医诊所之外，也并没有足够多的 X 射线让它们发挥作用。快去把你的钱要回来吧！

主要在夜间活动的动物的视锥细胞较少，对色彩的感知比较弱，它们的光探测器以视杆细胞为主，只能探测到少量的电磁波。但是，任何具有"X 射线视力"的动物或人都会经常撞到其他物体上，这使其处于明显的进化劣势地位。原子拥有的电子越多，发出的 X 射线就越强。所以，X 射线能穿透软组织（主要成分是水），并从密度较大的骨骼中反射出来。我猜想超人应该是从眼睛里发射出 X 射线，穿透几乎不吸收 X 射线的物质，再反射到他的眼睛里。只有当从外部光源发射的光照在物体上并反射到人的眼睛里的时候，人才能看到这个物体，氪星人除外。要想进化出对波长较短的光敏感的视神经细胞，需要付出昂贵的代价，因此，进化出一种能探测到很少出现的 X 射线的能力，也就没有什么意义了。

我知道你想要拥有一个锡纸头盔

被称为 X 战警的超级英雄战队的领导者查尔斯·泽维尔，是一位坐在轮椅上的心灵能力者，他也被称为 X 教授。他因为脊柱受伤而无法行走，但却能读取并操控别人的思想，因此成为战队的领袖。X 教授的心灵感应能力（具备这种能力的还有他的爱徒琴·葛蕾，以及超级英雄战队中的土星女孩）的物理学原理是，随时间变化的电流可以产生电磁波，并被敏感的人探测到。

我们体内的所有细胞都在各司其职。肌细胞可以产生力量，用于肱二头肌的收缩或心脏的跳动。肝细胞可以过滤血液中的杂质，这些杂质由胃细胞和肠细胞吸收而来。神经细胞或神经元的作用是处理信息，其方法之一就是输送和改变电流。在神经元之间移动的带电物质不是电荷，而是缺少至少一个电子或者拥有多余电子的钙、钠或钾原子（这种带电原子被称为"离子"）。离子在大脑中某个区域不断积累会产生电场，并促使其他神经元内的离子移动。移动的离子形成电流，进而产生磁场。神经科学家进行了一项实验，把敏感电极放置在人类的大脑内，它们检测到因这些离子的运动而产生的电场，通常会随时间发生随机变化。实验者根据电极在大脑中的位置，以及大脑所执行的任务，记录下电场呈现出的相干波图像，这种波经过几个振动周期之后又会回归随机运动状态。神经科学家又展开了一项艰巨的任务，即识别出电压的变化，确定其与行为之间的关系（如果有的话）。人类的思维正是由这些简单而又错综复杂的因素构成的。

虽然科学家们还不知道大脑中的神经元电流是如何产生意识的，但有一点我们是知道的：移动的电荷会产生磁场。反过来，由于大脑中的离子电流不断地改变方向和强度，其对应的磁场也会随时间变化而产生电场。最终的净效应就是，只要有电流产生，就会从大脑向外辐射低频电磁波。这些电磁波的波长、振幅和相位，是由产生电磁波的离子电流决定的。这些电磁波的振幅极其微弱，其功率还不到此刻环绕你的背景电波的十亿分之一（我们生活在无线电波的海洋中，这一点常常被我们忽略，直到某个人打开收音机，无法准确找到某个特定的电台时才会意识到它的存在）。然而，大脑电流产生的电磁波确实存在，但它们很弱，除非在头上戴上传感器，否则很难探测到。对于 X 教授或是 30 世纪的土卫六来客（土星女孩）来说，他们之所以有心灵感应能力，是因为他们的大脑足够敏感，能够探测到其他人的大脑产生的电磁波。当然，如果你戴着的金属头盔（红坦克、万磁王和 X 战警的其他狡猾的敌人都采取过这种防御措施）把你的大脑屏蔽起来，就会阻断电磁波向外传播。

如果你把一块石头扔进池塘，水面上就会泛起波纹，从里向外逐渐变弱。水分子从石头那里得到了动能，但随着波纹变得越来越大，水分子中的能量也会不断向外扩散。当波纹向外扩散时，圆周上每单位长度内的水分子的动能会被稀释。因此，往太平洋中心扔一块石头，不会对加利福尼亚海岸造成明显的扰动。同样，电磁波的强度也会因离波源越来越远而逐渐减弱。所以，如果 X 教授想对远方的敌人使用他的超能力，需要用到一种放大器，叫作"脑波强化机"。这个机器在《X 战警》第 7 期中作为变异人脑电波自动探测器首次出现，但在后来的故事中其功能发生了变化，可以增强 X 教授的心灵感应能力。为了探测到遥远的电磁信号，我们必须使用外部放大器，X 教授的超能力背后的物理学原理也与其相同。正因为如此，无线广播电台和电视台使用兆瓦级功率来传输信号。瓦是功率单位，衡量的是每秒钟的能量多少（单位为焦耳或 $kg \cdot m^2/s^2$），1 兆瓦就是 100 万瓦。广播电台发射的信号功率越大，到达特定远程天线的电磁波的强度就越大，收音机接收到的信号也越强。商业电视台通过一个大天线中的电荷振动来产生信号。你的电视机或者收音机不是用脑波强化机来放大信号的，它是使用晶体管来实现这一功能的。

探测到一个人的大脑产生的电磁波是一回事，探测产生电磁波的神经元电流又是另一回事。换句话说，一个人真能读懂别人的想法吗？答案是肯定的。X 教授和土星女孩大概是用与电视原理相反的方式做到这一点的，下面我来解释一下这个过程。

电视信号本质上是一个强大的发射机发出的电磁波，当它被传输到屋顶的天线时，会使电荷以入射信号的频率和振幅来回振动，然后电磁波中的信息会被传输至电视机。老式阴极射线管电视机的核心部分是一个表面为玻璃的显像管，上面涂有一种磷光材料，被高能电子击中时会发出短暂的闪光。这块玻璃板位于一个形状不规则的玻璃盒子的一端。盒子较窄的另一端是一根电线，通电后会释放出电子。这些获得自由的电子穿过有一定电压的金属板，向显像管的另一端也就是涂有磷光材料的玻璃板移动。由于金属板上的电压不同，电子会被引导至玻璃板的特定区域。显像管的内部呈真空状态，旨在减少空气分子的数量，以免造成电子束发散。每当电子束撞击玻璃板时，就会将动能转移给磷光材料，使其发出亮光。然后，金属板上的电压会发生变化，使电子束对准屏幕上的另一个位置，点亮该位置的磷光材料。如果电子束停止撞击，玻璃板就会暗下来。这个过程会一直持续下去，直到电子束扫过整个玻璃板。玻璃板上的明暗区域就会在电视屏幕上生成一个图像。

通过对显像管上的图像做出轻微的改变，可以造成一种图像正在运动的假象。如果在电子束撞击到的三个位置上使用三种不同的磷光材料或滤色器发出红色、绿色和蓝色的光，只要对每个位置上的滤色器所受到的照射量做出细微调整，就可以生成彩色图像。电视显像管背后的基本物理学原理就是，电磁波中包含一系列指令性信息，用来指示施加在金属板上的电压的大小和时间长短。

显像管中变化的电子束会发出电磁波，与天线接收到的电磁波不同，但与电视图像有关。在靠近电视的地方放置一个敏感度高的天线，就可以探测到这些电磁波。如果我们使用适当的软件，就能重构电子束产生的图像。这种"反向电视"上显示的是与电视上相同的图像，从这个角度看它似乎没有什么特别的价值。但是通过它，人们在不接入计算机的情况下就可以读取发送到计算机显示器上的信息。[①]或者，我们也可以用这种方法把信息从一个大脑发送到另一个大脑。

那么，X 教授能否通过意念控制其他人的行为呢？最新的实验表明，这确实有可能。事实证明，我们不仅能探测到离子电流在大脑中产生的微弱磁场，还可以探测到其反向过程。神经科学家发明了一种研究工具，叫作经颅磁刺激（TMS）。他们在测试对象的头部施加一个随机变化的磁场，从而对大脑皮层的特定区域进行电流刺激。实验结果表明，测试对象的反应时间和手部的自主运动能力会受到外部磁场的干扰。

用意念控制他人的行为，这种能力并非只有 X 教授和土星女孩才有。事实证明，我也拥有如此惊人的精神力量。因为我的课不是让我的学生匆匆离开报告厅，就是陷入沉睡！

---

① 1985 年，英国国家广播公司宣布他们可以从遥远的距离外监控用户电视屏幕上的图像。最近的研究表明，液晶电视屏幕也很容易被远程监控。

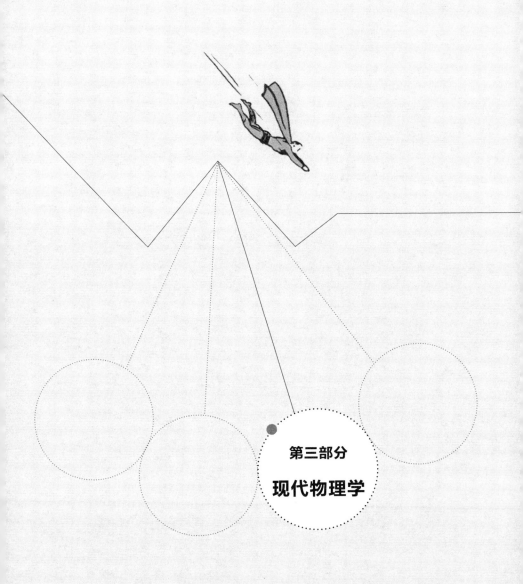

第三部分

现代物理学

第 21 章　微观宇宙之旅

　　漫画读者总是希望在每个故事的最后，英雄都能获胜，这是合情合理的。因此，在每个故事接近尾声时，正义到底是如何战胜邪恶的，就成了读者最大的乐趣所在。我不想过分强调这一点，但毫无疑问，敌人越强大，故事就越精彩。正因为如此，20 世纪 60 年代，神奇四侠的故事才这么受欢迎。斯坦·李勾勒出神奇四侠的人物特征和基本的故事情节，杰克·科比则赋予这个故事以精髓。如果超级英雄只能和他们的克星势均力敌，那么在第 5 期（1962 年 7 月）中，当神奇四侠成为"毁灭博士的囚徒"时，神奇四侠可谓取得了伟大的胜利。

　　维克托·冯·杜姆是一位科学天才，仅次于神奇四侠的领袖里德·理查兹。理查兹和冯·杜姆上的是同一所大学，都拿到了"科学奖学金"（在漫画世界里，高等院校求贤若渴，就像现实世界里的大学争夺优秀运动员一样）。冯·杜姆的一项"不被准许"的科学实验出了大问题，炸毁了实验室和他的脸，他也因此被开除。他戴上了一个金属面具，穿上了一身高科技盔甲（可以与钢铁侠的盔甲匹敌），以毁灭博士的身份踏上了漫长的征服世界之旅。当然，冯·杜姆没有获得学位，所以不能算真正的博士。很可能是因为他这种未能毕业的痛苦，以及他想羞辱里德·理查兹的渴望，驱使着他从事邪恶的勾当。在 20 世纪 60 年代的 DC 漫画中，很多反派人物最后都会被打败并被抓进警察局，而神奇四侠似乎永远也没有办法在与毁灭博士的战斗中占据上风。因为毁灭博士是欧洲小国拉托维尼亚的独裁统治者，到底应该把这么一位邪恶的国家首脑交给哪个机构处置，确实是个难题。

更重要的是，毁灭博士的自尊心非常强，他宁愿死也不愿意被囚禁起来。因此，这个漫画故事的结局往往是冯·杜姆迷失在太空中或者在另一个维度的空间里游荡，或者被困在时间里，而这些都是他为神奇四侠设计的结局。在《神奇四侠》第 10 期"毁灭博士归来"的高潮部分，毁灭博士被他用来对付神奇四侠的缩小射线击中。故事的结局是毁灭博士被缩小后消失，但这并不是我们最后一次见到他。在《神奇四侠》第 16 期里，神奇四侠来到"毁灭博士的微观世界"，得知毁灭博士原来没有死。当毁灭博士缩小到一定程度后，他进入了一个"微观世界——一个能放在大头针尖上的世界"。后来，在《神奇四侠》第 76 期里，里德、本和乔尼经历了一场冒险，进入了微观宇宙，也就是由微观世界组成的宇宙（至少是一个银河系），它存在于里德·理查兹实验室的显微镜载玻片上的一个污点里。这样一来，漫画编剧就无须解释《神奇四侠》里那个不可思议的巧合，即神奇四侠和毁灭博士缩小之后竟然会来到同一个微观世界。

如果毁灭博士进入并征服的这个微观世界确实可以安放在大头针尖上，那么它的最大直径只有 1 毫米。相较而言，地球的直径是 13 000 千米。1 千米等于 100 万毫米，所以微观世界是地球的 130 亿分之一。在第 5 章中我们讨论了缩小物体尺寸所面临的种种困难。微观宇宙的密度不可能是地球的 60 亿倍，除非它是由白矮星物质组成的。而毁灭博士、神奇四侠以及这个微观世界中的居民都能够正常行走，这表明情况并非如此。微观世界里的毁灭博士和里德·理查兹都和平常一样聪明，石头人也一如既往地强壮，所以他们缩小的过程中不可能少了什么原子。因此，我们只能遗憾地得出结论：毁灭博士的微观世界与他的其他"伟大计划"非常相像——理论上令人印象深刻，但很难实现。

如果说构建一个能安放在大头针尖上的世界非常困难，那么在《原子侠》第 5 期"杜姆的致命钻石"里，原子侠的冒险之旅又该怎么解释呢？雷·帕尔默（原子侠）的一个考古学家朋友把他在蔚蓝群岛的匹克山上发现的一颗钻石带回了常春藤镇，这颗钻石会射出奇怪的射线，把人和家里的猫都变成钻石雕像。"尽管它看起来很坚硬，"在帕尔默教授准备调整自己的大小时，他想，"但是在构成钻石的原子之间其实存在着巨大的空隙！"

确实如此。对大部分原子而言，在带正电的原子核与带负电的电子之间，都是一片空白。当原子侠缩小到亚原子大小时，他竟然在原子内部发现了一颗行星！我实在想象不出这颗行星是由什么组成的，肯定不是原子，因为它比钻石中的电子还要小。在普通物质的原子中存在一整个文明社会，这个发现至少会让帕尔默获得诺贝尔物理学奖，以及全世界的赞誉和无尽的财富。这位英雄具有可贵的品质，他从未想过将这一科学发现公之于众，无论是在《原子侠》第 4 期和第 19 期、《美国正义联盟》第 18 期，还是在《勇敢与无畏》第 53 期里。

虽然漫画书声称原子内部存在微观世界纯属幻想，但量子力学描述的原子内部世界也很神奇。在原子内部的"大片空间"中存在着与电子运动有关的"物质波"，这些物质波是理解原子物理学的关键。

如果你知道的所有事都是错的，你该怎么办？

现在到了我们深入研究原子世界的时候了。接下来我会讲述一些物理学理论，请大家耐心读下去。当然，我们很快又会回到漫画书的讨论上来，但我们需要先了解一些背景知识，才能理解为什么一些物理学家认为存在平行宇宙和无限多个地球。

19 世纪末，越来越多的实验证据表明，我们在前几章中介绍的物理学原理并不能解释原子和光的所有现象。例如，物理学家一直没搞清楚为什么热的东西会发光。把铁拨火棍放在一个火烧得很旺的壁炉里，当它被烧热之后，一开始会发出红光，后来又发出白光。基于前一章中介绍的麦克斯韦的电磁学理论，物理学家们知道，每个原子中的电子会随着拨火棍变热、发光而来回振动，振动频率越快，电磁辐射的频率也越快。早在 19 世纪，科学家们就发明了用于测量紫外光和红外光的先进技术，这两种光分别位于可见光谱的两侧，我们的眼睛看不到它们。有了这项技术，他们就能精确地测量出当物体的温度升高时，会发出多少特定波长的光。他们发现了两个奇怪之处。第一，发射出多少特定波长的光只取决于物体的温度，而与其他特性没有任何关系。不管物体的成分、形状或大小如何，决定发射光谱的唯一因素就是物体的温度。第二，发射光的总量并不是无限的，这也只取决于物体的温度。后一点成为推动量子力学发展的第一块多米诺骨牌。

一个热的物体发出的光只取决于它的温度，这个事实让我们没办法不劳而获。若两个材质不同但温度相同的物体发射不同的光谱，它们之间就会发生净能量转移，并产生有用功，但这个过程没有任何热量的移动。这显然违反了热力学第二定律，但事实证明，这个现象并不能这样解释。发射光谱只取决于温度，这带来的一个实际好处就是，我们可以建立一个用发射光的强度和波长来测算普通温度计无法度量的温度的函数。太阳表面的温度（约 6 093 摄氏度）和大爆炸的微波背景辐射残留物的温度（绝对零度以上 3 度）就是这么估算出来的，即通过观测它们的发射光谱得到的。

发光物体发射出的能量并不是无限的，这个发现对物理学家来说并不意外。但令他们深感不安的是，根据麦克斯韦的电磁学理论，光能可以无限增加！麦克斯韦方程组能计算出低频率下的发光量，而且计算结果与观测结果完全一致。当一个热的物体的发光频率增加到光谱的紫外线部分时，光的强度会达到峰值，之后则会随着频率增加而减弱，根据能量守恒定律或常识我们都能得出这样的结论。然而，根据麦克斯韦方程组和热力学理论运算得出的曲线表明，光谱的可见光部分以上的光强会变得无限大。这被称为"紫外线灾难"，尽管这只是理论运算的结果。许多科学家对这个计算进行了一次又一次的检查，但始终找不到哪里出了错。显然，从物理学角度看，确实有些地方不对或者不完整。

麦克斯韦方程组在其他情况下都没有问题（基于这一理论，人们在 1895 年发明了无线电，进一步推动了电视以及各种形式的无线通信的发展），因此人们一直认为这个方程组应该不存在什么根本性的问题。相反，科学家们认为，问题出在把麦克斯韦的理论应用于发光物体的振动原子上。于是，很多人试图寻找其他方法和理论，来解释发光物体的光谱。我们分析一下，为什么光谱只依赖于物体的温度这件事很重要。如果电磁学理论无法解释少数物质的个别特征，可能有点儿尴尬，但并没有大碍。但是，如果它没办法解释所有物质的共有属性，就说不过去了，必须想办法解决。

1900 年，陷入困境的理论物理学家马克斯·普朗克为了解释发光体的发射光谱，在万般无奈之下采取了自己唯一能采取的行动——作弊。他先根据实验得到的光谱能量分布曲线写出相应的数学表达式；一旦他知道自己想要的公式是什么样子，接下来只需找到物理上的论据就可以了。在尝试了各种各样的方案之后，他想出的唯一的解决办法就是给他的公式加上限制条件，对于发光体的原子能量做出规定。普朗克提出，任何原子中的电子只能具有特定的能量。根据"多少"（how much）这个词对应的拉丁语词，这个理论被称为"量子物理学"（quantum physics）。相邻能量级之间的差别实际上非常小，如果挥拍打出的网球的能量是 50 千克·米^2/秒^2，那么原子中相邻能量级之间的差别还不到 100 万亿分之一千克·米^2/秒^2。以后你若在广告里听到商家吹嘘说，汽车设计或洗涤剂方面的创新实现了"量子飞跃"，就要心中有数了。

普朗克在计算过程中引入了一个新的常量，它是一个可调参数，用"h"来表示。他认为，一个原子的能量变化只可能是 $E = hf$ 或 $E = 2hf$ 或 $E = 3hf$ 等，而不可能是介于这些值中间的数字（因此原子的能量变化值不可能是 $E = 1.6hf$ 或 $17.9hf$ 这样的数值），其中 f 是指特定原子的振动频率。这就好比是，摆球的一个摆动周期是 1 秒或 10 秒，而不可能是 5 秒。普朗克自己也觉得很奇怪，但为了保证计算结果的准确性，他认为有必要做出这个假设。他本想找到发光物体的光谱能量分布的数学表达式后，就把 h 的值归零。但令他沮丧的是，每当他这么做的时候，他的数学表达式就会回到经典的电磁学理论，得出能量无穷大的结论。避免这种无意义结果的唯一方法就是靠同样荒谬的理论（至少对当时的科学家来说如此），即原子的能量值不是随机的数值，而是只能以 $E = hf$ 为基础发生变化。由于 h 的值非常小（$h = 660 \times 10^{32}$ 千克·米 ^{2}/ 秒），所以当我们研究棒球或者行驶的汽车时，从未注意到这个小小的"能量"。但原子中电子的能量级非常重要，绝对不能忽视。

原子中电子的能量值呈离散分布，没有中间值，这确实很奇怪。如果普朗克常量 h 大得多，对于一辆以每小时 50 英里的速度行驶在高速公路上的汽车而言，我们就可以想象这种能量值的离散性会导致什么后果。根据量子理论，汽车能以每小时 40 英里或者 60 英里的速度行驶，却不可能以每小时 50 英里的速度行驶！尽管我们可以假设汽车以每小时 50 英里的速度行驶，并计算出它的动能，但根据量子物理学，汽车是不可能以这种速度行驶的。如果汽车得到了一定的能量（比如一阵风），那么它的速度可以提高到每小时 60 英里，但前提是风的能量能够精确地弥补动能差。如果风势较弱，没有那么大的能量，就不会对汽车造成影响，汽车会继续按原来的速度行驶。只在风的能量恰好可以弥补所需的动能差时，汽车才会"接受"这个推动力并提速。速度的提高几乎是瞬间完成的，这种加速度可能会对开车的人造成伤害。对于在高速公路上行驶的汽车而言，这种情况十分荒谬，但对于原子内部的电子而言，它却是非常准确的。

我们如何理解原子中电子的能量值只能是特定的离散值呢？你必须接受一个非常奇怪的概念，事实上，与量子物理有关的所有荒谬的观点都可以归纳为一句话：任何物体的运动都会产生波，物体的动量越大，波长越短。

物体只要移动就会产生动量。1924 年，物理学家路易斯·德布罗意提出，伴随运动而来的是"物质波"，物质波的波峰或波谷之间的距离取决于物体的动量。虽然物理学家研究的是物体的"波函数"，但我们会着重讨论"物质波",这表明我们关注的是与客观物体的运动有关的波,这个物体可能是一个电子,也可能是一个人。

物质波不是一种物理波。加速电荷产生的交变电场和磁场的波是光;风吹动水面形成的涟漪,或者把石头抛进水中所形成的同心圆波纹,都是机械波;发声体产生的振动在空气或者其他介质中的传播是声波。然而,与物体的动量有关的物质波与光、机械波、声波都不一样,从某种意义上来说,它只是随着物体一起移动而已。它既不是电场,也不是磁场,既不能脱离物体,也不需要介质来传播。但是,这种物质波会产生实实在在的物理结果。当两个物体相互靠近时,它们的物质波会互相干扰,就像两块石头被扔到同一个池塘里,每块石头都会在水面上形成一系列同心圆波纹,两组波纹相遇后,就会形成相互交错的复杂图案。如果你问某个物理学家,这种波到底是什么,他会列出一大堆数学表达式,但他的潜台词是:我也不知道。这一次,我们那个"不合常理的奇迹"的说法也适用于现实世界,而不只是四色漫画!

只要物体不是以接近光速的速度运动,它的动量就可以被描述为质量和速度的乘积。马克卡车比以同样速度行驶的宝马 MINI Cooper 型汽车的动量更大,因为前者的质量比后者大。如果 MINI Cooper 型汽车以比卡车快得多的速度行驶,它的动量就会更大。物理学家通常用字母"p"来表示一个物体的动量,用希腊字母拉姆达(λ)表示物质波的波长。德布罗意提出了物质波的概念(1926 年由克林顿·戴维森和雷斯特·革末在实验中得到验证),它与物体动量之间的关系为,动量乘以物质波波长等于一个常数,写作 $p \times \lambda = h$,这里的 h 就是普朗克常量。

物体动量和物质波波长的乘积是一个常数,这意味着动量越大,物质波波长越短。由于动量等于质量和速度的乘积，因此大的物体，比如棒球或汽车，动量也很大。速度为每小时 100 英里的棒球，其动量大约是 6 千克·米／秒。从 $p \times \lambda = h$ 这个公式可知，因为 h 的数值非常小，所以棒球的物质波波长（即相邻两个波峰之间的距离）比一个原子直径的 $1/10^{32}$ 还要小。因此，我们不可能在球场上看到物质波。显然，我们不可能探测到这么微小的波，而在大多数情况下，棒球的运动则完全符合牛顿的经典物理学定律。

电子的质量很小，所以它的动量也很小。动量越小，物质波的波长就越大，因为它们的乘积是个常数。在原子内部，电子的物质波波长与原子的大小差不多，所以在考虑原子的性质时，我们不可能忽略这样的物质波。当 DC 漫画中的超级英雄原子侠缩小到一个原子大小时，他应该会看到一些奇怪的景象。原子侠的身高小于可见光波长，正如我们看不见波长在几英寸到几英尺范围内的无线电波一样，原子侠的视力也跟正常人不一样，而且他的体量和原子内部电子的物质波波长差不多。漫画中提到，缩小后的原子侠会把看到的一切当成太阳系来理解，因为他的大脑找不到其他有效的参照系来分析他的感官发出的信号。

我们可以想象一个绕原子核旋转的电子，受到原子核中带正电荷的质子的静电吸引力。在电子绕原子核旋转的过程中，只有某些波长符合电子振动的完整周期。当电子回到起始点，完成一周的旋转时，物质波也必须和电子出发时一样，处于同一起始点上。如果电子出发时物质波处于波峰（以此为例），在绕核旋转一周之后却处于波谷，这会比物质波的概念更不可思议且更难以理解。为了避免在完成一个周期时，波长从最大值跳跃到最小值，电子中只有某些波长符合完整的周期。由于物质波波长与电子的动量有关，所以电子的动量只能是某些特定的（离散）值。动量又与动能有关，基于物质波波长在电子绕核旋转一周后不应该变化这个要求，我们可以得出结论：原子内部的电子只具有特定的离散能量值。

这些离散能量值是受物质波波长约束的直接结果，反之，物质波波长之所以受到约束，是因为电子被束缚在原子内这一事实。在空旷的原子中运动的电子，其动量不会受到任何限制，因此它的物质波可以有任意波长。当我拨动琴弦的一端时，如果另一端不固定的，琴弦就可以随意振动。但如果琴弦的两端都是固定的，就像小提琴琴弦那样，琴弦的振动频率就会受限。当我拨动小提琴琴弦时，它只能以一定的频率振动，这取决于弦的长短、粗细以及张力。

同样，由于受到带正电荷的原子核的静电吸引力的作用，电子会在某个轨道上运动。如果以正确的方式"弹拨"它，电子的物质波就会具有更高的能量值。若电子要回归较低能量级，它必须通过跃迁来实现。由于能量是守恒的，电子在回归较低振动频率的过程中，必将释放两个能级间的能量差。由于电子的能量是离散的固定值，所以它从一个能量态到达另一个能量态的过程被定义为"量子跃迁"或"量子跳跃"。在这个过程中，电子释放的能量通常以光的形式存在，光量子又被称为"光子"（这个概念是在 1905 年由阿尔伯特·爱因斯坦提出的，这一年对他和物理学来说都是繁忙的一年；但是直到 1926 年，吉尔伯特·路易斯才创造了"光子"这个词）。

在一个玻璃管里充满某种气体，比如氖，接通电流后，电流的高能电子有可能与氖原子发生碰撞。如果高能电子的能量恰到好处，氖原子就会被激发至更高的能量态。之后，氖原子会回归低能量态，并发射出光子，光子的振动频率取决于两个能量态间的能量差。因此，霓虹灯都具有肉眼可见的颜色。玻璃管内气体的种类不同，对应的颜色也不同。你可以使用任何气体，但只有某些元素能在可见光谱部分发生量子跃迁。如果原子受到高能光子的碰撞，被激发出多种高能态，当它们回归低能态时，就会发出多种波长的光。不同的元素具有不同的低能态和高能态，就像小提琴或吉他的琴弦由于长短、粗细和张力的不同而具有不同的振动频率范围一样。把两根相同的小提琴弦以同样的张力固定，在拨动它们的时候就会产生同样的频率范围。所以，两个相同的原子从激发态回到基态时，也会发射出波长相同的光。

因此，高能光子的发射光谱是独一无二的，就像人类的指纹一样。比空气轻的氦气之所以会被发现，就是因为我们从太阳光中探测到其标志性的发射光谱（"氦"的英文单词源自 Helios，意思是希腊的太阳神）。科学家们将这种光谱与氢气和其他气体的发射光谱仔细做了比较后认为，这个范围的波长一定属于一种新元素，由此发现了氦气的存在。

任何物体的运动都会产生物质波，而且物质波的波长与物体的动量成反比。这个概念有些奇怪，但如果接受了这个概念，我们就能理解所有化学理论的基础。把两个原子紧密地结合在一起，它们之间就会产生一个化学键，从而形成一个新的基本单位——分子。为什么原子会结合在一起？一个原子中带负电荷的电子一定会排斥另一个原子中带负电荷的电子。在量子力学出现之前，对于宇宙为什么不是由彼此孤立的原子组成的，一直没有令人满意的根本性解释。

促使原子结合的因素是不同原子中电子的物质波之间的相互作用。当两个原子相距很远时，原子中电子的物质波不会发生重叠。而当两个原子靠得足够近时，它们的电子云就会交叠在一起，电子的物质波就会互相作用，形成新的波形，就像把两块石头同时丢进池塘里所产生的复杂波纹一样，这种波纹与单个石头产生的波纹差别很大。在多数情况下，这种新波形是一种高能且不和谐的噪声，就像由没有受过专业音乐训练或没有天赋的新手同时演奏单簧管和小提琴所发出的声音一样。此时，这两个原子间不会形成化学键，也不会发生化学作用。而在某些特殊情况下，两个物质波会发生干涉现象，形成一种新波形，其能量值比单个物质波要低。此时，两个原子通过物质波的这种相互作用降低了总能量，而原子一旦处于较低的能量态，就需要额外的能量（被称为"束缚能"或"结合能"）才能将它们分开。这样一来，尽管带负电荷的电子之间有很大的排斥力，但由于电子的物质波特性，这两个原子会通过化学键结合在一起。

有人认为原子的离散能量值来自电子特定的运行轨道，与电子物质波的整数倍波长相对应，这个观点听起来似乎有些道理，但其实并不正确。尽管将原子比作太阳系看似很不错，但电子不太可能沿着圆形或椭圆形的轨道绕着带正电荷的原子核运动。电子在沿着曲线路径运动时，会不断加速。正如上一章所说，加速的电荷会发射出携带能量的电磁波，如果电子在运行轨道上不断发光，它的动能就会逐渐变小，最终电子会在不到一万亿分之一秒的时间内被吸入原子核。这样一来，就没有哪个元素是稳定的了。如果电子真的在环形轨道上运行，就不会有化学反应，也不会有任何物质。

然而，只有一部分物质波波长与离散能量级对应，这一点仍然是正确的，但我们用以得出这个结论的模型只能算一个还不错的比喻，而不是过硬的理论。我们不应该把电子视为具有特定物质波波长、沿着环形轨道运行的点粒子，因为海森堡和薛定谔的全量子理论告诉我们，电子有一个波函数，我们将在下一章中做具体探讨。对于一根小提琴琴弦来说，波到底位于琴弦上的哪个位置，探究这样的问题是没有意义的。同样地，因为原子中电子的物质波会延伸到原子之外，所以我们也不能精确地测量出电子的位置或者运动轨迹。当原子中的电子物质波从一个波形变成另一个波形时，它会发射或吸收光。正如我们将在下一章中看到的，这些物质波将带来无限的地球危机！

第22章 平行宇宙究竟在哪儿?

《展示橱》第 4 期讲述了巴里·艾伦如何获得超能力，并成为白银时代的闪电侠的故事，这个关于英雄出身的故事反映出白银时代和黄金时代的超级英雄故事都是一脉相承的。巴里·艾伦这位警察局的科学专家，在自己的实验室里一边享用着牛奶和馅饼，一边翻看《闪电侠》第 13 期，封面正是黄金时代的闪电侠。这时他突然被闪电击中，身上还沾上了化学药剂，但他从此拥有了以光速奔跑的能力。获得超能力之后，他马上就开始思考如何利用超级速度来帮助其他人。他从之前读的那些关于闪电侠的漫画中获得了灵感，于是穿上红黄相间的制服，以白银时代的闪电侠身份开启了惩恶扬善的生涯。这种故事放在今天会被贴上"后现代主义"的标签，但那时大家只是认为其"情节设置还算有新意"。在 20 世纪 60 年代的《闪电侠》漫画所描写的巴里·艾伦生活的现实世界中，20 世纪 40 年代的闪电侠（穿着不一样的制服，因一场不一样却同样让人难以置信的化学事故而获得了超能力）是巴里读过的漫画书里的角色。

对于白银时代的闪电侠来说，黄金时代的闪电侠（他的真实身份是杰伊·加里克）是个虚构的人物，但这一切在 1961 年 9 月发生了改变。那个月出版的《闪电侠》第 123 期"两个世界的闪电侠"（见图 30），揭示出白银时代的闪电侠和黄金时代的闪电侠都是客观存在的，但他们分处两个平行的地球上，被一道"振动屏障"分隔开。在这个

图 30　在《闪电侠》第 123 期的封面中，读者第一次得知除了我们存在的世界之外，至少还有两个世界

故事中，白银时代的闪电侠（巴里·艾伦）的神速力振动频率，刚好与 2 号地球的振动频率一致，于是他穿越到那里，他的偶像——黄金时代的闪电侠（杰伊·加里克）就生活在那里。在巴里意识到自己身处黄金时代超级英雄的世界后，他遇到了杰伊并做了自我介绍。"正如你所知，"警察局的科学专家巴里解释说，"如果两个物体以相同的频率振动，它们就可以存在于相同的时空里！"显然，巴里·艾伦作为法医科学家更出色一些，而不是作为一名理论物理学家。不管两个物体的振动频率如何（正如我们在第二部分中看到的，固体中的原子会振动仅仅是因为它们具有一定的温度），它们都不可能同时出现在同一个地点（除非我们讨论的是像光子这样没有质量的粒子）。

"两个世界的闪电侠"这个故事的作者是加德纳·福克斯，他创作了许多黄金时代的连环漫画。他提出一个理论，用来解释白银时代的闪电侠如何能读到关于 2 号地球上的闪电侠的漫画书，这也揭示出他本人的工作习惯。正如巴里所说，"一个名叫加德纳·福克斯的作家讲述了你的冒险故事，他说这是他梦中的经历！显然在福克斯睡着以后，他的思维被调到了 2 号地球的频率！这就解释了他是如何构思出闪电侠这个角色的！"[1]白银时代的闪电侠和黄金时代的闪电侠的这次对话大受漫画迷们的欢迎，从那之后白银时代的闪电侠越发频繁地穿过振动屏障，去往 2 号地球。（黄金时代的闪电侠居住的地方，尽管在时间上出现得更早，却被称为 2 号地球，而白银时代的闪电侠所在的世界则被指定为 1 号地球。）在故事的结尾处，20 世纪 60 年代白银时代的美国正义联盟（包括闪电侠、绿灯侠、原子侠、蝙蝠侠、神奇女侠、超人和其他超级英雄）与 2 号地球上的 20 世纪 40 年

----

① 虽然巴里的解释并无令人兴奋之处，但白银时代漫画书的常见做法就是，只要不是问句，句末的标点就一定是感叹号！

代的美国正义协会（包括闪电侠、绿灯侠、原子侠、蝙蝠侠、神奇女侠、超人和其他超级英雄）相遇，并展开了一系列冒险的旅程。这两个超级英雄战队的相遇备受读者欢迎，很快就成为一年一度的传统桥段。但是随着美国正义联盟和美国正义协会相遇次数的增加，读者们逐渐失去了新鲜感。于是，美国正义联盟开始去往其他平行地球，比如 3 号地球。在那里，美国正义联盟黑化为美国犯罪联盟（大概是为了与欧洲的犯罪组织区分开）。惊奇队长比利·巴特森大喊一声"沙赞"即可变身为超级英雄，他与其他队员一起住在 S 号地球上，美国正义联盟后来也造访了这里。[①]除此之外，还有 X 号地球、4 号地球等。最终，"多元宇宙"成了对这个无穷无尽的宇宙最恰当的描述。

在美国正义联盟的故事中，关于白银时代与黄金时代的超级英雄的相遇桥段常被冠以"2 号地球危机"或"X 号地球危机"之类的标题。但后来，故事脉络变得过于错综复杂，同时有多条线在推进。1985 年，DC 漫画公司试图规范多元宇宙。在为期一年的系列故事里，众多的宇宙被一一简化，这个系列被称为"无限的地球危机"。DC 漫画的编剧和编辑借此机会清除了那些不太受欢迎的世界，而把所有最受欢迎的超级英雄全都集中到一个地球（刚好是白银时代的超级英雄所在的 1 号地球）上。对于漫画迷来说，"无限的地球危机"之所以让人难以忘怀，是因为闪电侠巴里·艾伦和超级少女死了（他们为阻止企图摧毁 1 号地球的邪恶敌人而壮烈牺牲），超级小子也被从超人的故事中抹去了。与大多数漫画书的结局不同，巴里·艾伦和

---

①　此时，DC 漫画公司赢得了与福塞特公司旷日持久的官司，后者成功打造了惊奇队长等漫画角色，但侵犯了超人的版权。这场官司差点儿导致福塞特公司破产，DC 漫画公司则买到了惊奇队长的版权。显然，以后 DC 漫画公司不用再担心惊奇队长与超人漫画的不正当竞争了，也不用担心超人漫画的销售了。

超级少女再也没有复活（在本书英文版的第一版出版后和第二版出版前的这段时间，他们又都回归了），打击犯罪的冒险故事再次从克拉克·肯特的少年时期讲起。

虽然这些听上去似乎都很荒谬，但多元宇宙可能是漫画书正确表述的为数不多的物理学概念之一！[①]在《展示橱》第4期出版的4年前，作为对量子力学方程的一种解释，物理学家正式提出多元宇宙这个概念。我再强调一次，一些科学家认为多元宇宙的概念在理论物理学中是站得住脚的。目前的理论物理研究表明，如果有不同的地球存在，它们会与漫威漫画的描述非常相像，你在过往发生的微小变化，也会影响与现实世界没有交集的另一个世界，不管你的振动频率如何。

英雄所见略同

到目前为止，在本书中，我们已经探讨了物理学家所定义的"经典力学"：只要知道施加于这个物体的外力，你就可以推算出它的各类数据（比如把梯子靠墙放，与墙面最大成多大角度仍能使其保持平衡），包括运动速度（比如梯子倒下时的速度）。一个宏观物体在外力的作用下如何运动，取决于我们熟悉的牛顿第二定律（$F = ma$）。对于宏观物体（比如汽车、棒球或人）而言，对其运动起主导作用的力量是重力和电磁效应。在讨论电力和磁力时，我们仍然可以利用 $F = ma$ 这个方程，其中左边的 F 可以是静电吸引力、静电排斥力，或移动电荷受到的磁场的作用力。"量子力学"作为物理学的一个分支，与"经典力学"的区别就在于，当人们讨论电子、原子以及它们的物质波时，$F = ma$ 不再适用。

---

① 这一次，使用感叹号是有道理的！

物理学家曾非常努力地"修正"经典物理学（对牛顿力学定律进行微调，而不是完全颠覆），使之也适用于原子，但他们后来不得不承认：原子内部适用一种不同的"力学"。也就是说，需要建立一个新的方程来描述外力对原子的影响。经过大约 25 年的反复尝试，沃纳·海森堡和欧文·薛定谔几乎同时得出了适用于原子的方程。

大家不要害怕，我们不会讨论海森堡和薛定谔的方程涉及的任何数学运算。我将在下文中列出薛定谔方程，但我们只要像观看动物园里罕见的动物一样看看它就好。海森堡的研究中用到了线性代数，薛定谔用的则是复杂的偏微分方程。要想把他们的方程解释清楚，就会违反我许下的诺言：本书不会用到比高中代数更复杂的数学知识，这个规矩直到现在还未被打破。

然而，关于数学，我在这里要做两点说明。第一，海森堡和薛定谔可以利用现成的数学知识，这与艾萨克·牛顿不同，牛顿为了运用他的运动定律，发明了微积分。海森堡和薛定谔用以建立方程的线性代数和偏微分，数学家们早在 18 世纪和 19 世纪就发明出来了，到1925 年已经发展得相当成熟了。

数学家们常常会为了构建一套规则而发明一个新的数学分支或分析方法，并通过逻辑推理得出相应的约束条件和原理。后来，物理学家们发现，在描述自然世界的行为时，那些曾经只是为了满足数学家好奇心的理论，变成了他们不可或缺的研究工具。例如，1915 年爱因斯坦建立广义相对论时，如果没有伯恩哈德·黎曼于 1854 年提出的椭圆几何学理论，他的研究难度将大大提高。物理学家利用前人取得的数学成果去推动自己的研究，这样的事屡见不鲜。

海森堡和薛定谔采用的数学方法虽然隶属不同的数学分支，但1926 年薛定谔经过认真检验后发现，他们俩的方法在数学上是等效的。因为他们描述的是相同的物理现象（原子、电子和光），而且基于相同的实验数据。虽然他们使用的数学语言迥异，但最终被证明是同一个理论，这也没什么可奇怪的。

薛定谔和海森堡在同一年各自独立地对量子世界做出了相同的阐释。随着时间的推移，某些想法会同时在多个人的头脑中"开花结果"，这样的事不仅仅发生在理论物理学领域，在电视节目和好莱坞电影中也经常出现。《动作漫画》中的超人取得成功之后，包括国家漫画出版公司在内的其他出版社纷纷推出超级英雄题材的漫画，希望能再创奇迹。然而，大量文献记录表明，电影工作室和电视网络会各自独立地做出相似的决策，决定创作某类题材的作品，比如海盗题材的电影或医生题材的电视剧。这种同步性也体现在漫画作品上，比如《X战警》和《末日巡逻队》。1964 年 3 月，在 DC 推出的漫画《我最伟大的冒险》第 80 期里，一支非典型意义的超级英雄战队（机甲人、底片人以及必不可少的女性成员——弹力女孩）登场了，他们所具有的特殊力量致使他们遭到主流社会的排斥。该战队的领导者是一位坐在轮椅上的天才，被称为"首席"。他说服战队成员团结起来匡扶正义，与犯罪分子进行持续不懈的斗争。3 个月后，漫威推出《X战警》第 1 期，其中有一群变异人（镭射眼、野兽、天使、冰人和不可或缺的女性成员——惊奇女孩），他们拥有的特殊力量也导致他们被主流社会排斥。X战警的领导者也是一位坐在轮椅上的人，拥有心灵感应能力，被称为"X教授"。他也说服战队成员团结起来惩恶扬善，与犯罪分子斗争到底。

尽管存在一些区别（X教授的头上和脸上都是光溜溜的，而首席则长着红头发和大胡子），但这两个系列在构思上惊人的相似之处还是让许多漫画迷产生了怀疑：《X战警》是不是抄袭了《末日巡逻队》? 然而，对这两种漫画创作者的访谈表明，它们相似的情节更可能是一种巧合。漫画在付印和上市销售之前，需要经历漫长的生产过程，包括构思、创作、绘制、着色、配文等，因此当《末日巡逻队》上市的时候,《X 战警》应该也在印刷了。

另一个典型的案例是 DC 的《沼泽怪物》(由莱恩·韦恩编剧)和漫威的《类人体》(由格里·康韦编剧)，这两部作品在 1971 年的同一个月内先后上市。韦恩和康韦都坚称他们的作品都是独立创作的，而他们是室友这件事也纯属巧合。

如果微观物质的行为受到其物质波的影响，原子物理学就需要建立物质波方程，描述这些波在时空中是如何演化的。1925 年，薛定谔（如图 31）基本上"猜"出了正确的数学表达式。

$$-\hbar^2/2m \ \ \partial^2\Psi/\partial x^2 + V(x, t)\Psi = i\hbar \ \partial\Psi/\partial t$$

Photograph by Francis Simon, courtesy of ALP Emilo Segre Visual Archives, Francis Simen Collection

图 31　欧文·薛定谔，理论物理学家，诺贝尔奖获得者，花花公子。他提出的薛定谔方程成为量子力学以及现代科技生活的基础

根据薛定谔方程，科学家们建立了一个用以理解光与原子相互作用的框架，这也是薛定谔建立物质波方程的目的所在。在根据薛定谔方程获得的关于微观物质本质的洞见的基础上，下一代科学家发明了晶体管、激光、原子弹和氢弹。如果没有量子理论，想发明晶体管和激光几乎是不可能的。又经过了一代人，CD 播放机、个人电脑、手机和 DVD 播放机也出现了，而且还有更多。如果没有晶体管或激光，这些都不可能出现；如果没有薛定谔方程，晶体管和激光也不可能出现。所以，薛定谔的肖像曾被印在他的祖国奥地利的 1 000 先令的纸币上。对于我们习以为常的 21 世纪的生活方式，薛定谔确实是当之无愧的缔造者之一。

上文中我说薛定谔"猜"出了物质波方程，用"猜"这个字眼儿也许有点儿过分了。欧文·薛定谔凭借其相当敏锐的物理直觉发现了一个可以描述原子行为的新方程，而普通人可能永远也无法理解像牛顿或薛定谔这样的天才到底是怎么做到的。形成一种新的自然理论所需的洞察力也许要强于艺术创作需要的能力，因为新的物理学理论不仅必须是独创的，还要经过数学方法的验证，且与实验结果要保持一致。如果与实验结果冲突，即使再优雅的理论也毫无价值。

虽然我们无法知道薛定谔是怎么取得这些成就的，但我们知道他是在哪里以及在什么时候做到的。科学史学家告诉我们，薛定谔于 1925 年提出了他的著名方程，当时他借住在朋友位于瑞士阿尔卑斯山的小屋里，享受他悠长的圣诞假期。我们还知道他的妻子没有住在那儿，但他也不是独自一人。遗憾的是，我们不知道那时和薛定谔待在一起的是他众多女友中的哪一个。

说到这里，你们可能想重新审视一下图 31 的薛定谔照片。对于"这个人为什么笑"，你们可能也有了新的答案。当然，欧文并不是那种传统意义上的万人迷。如果你思考过有没有哪个数学公式能够增加你对于异性的吸引力,薛定谔方程可能是一个很好的选择。此外,本章中对于量子物理学的简要介绍,也会增加你的异性缘。当然,关于超级英雄漫画背后的科学原理的渊博知识,会赋予你致命的异性吸引力!

两个世界里的薛定谔的猫

薛定谔方程就相当于电子和原子层面的 $F = ma$。在确定了外力 F 的情况下,我们可以通过牛顿第二定律计算出加速度 a,以及物体的速度和位置。同样,已知电子的势能 V,我们就可以用薛定谔方程计算出单位体积 Ψ^2 中的电子出现在某处的概率。一旦知道了电子出现在某处的概率,就能计算出电子的平均位置或动量。考虑到平均值是唯一可靠的量,这实际上是一个理论中最重要的部分。

平均值对于量子物理学的重要程度,不同于我们在第 13 章中提到的热力学中的平均值。热力学之所以要用到一个物体中原子的平均能量,仅仅是因为它比较方便。从原则上说,如果我们有足够的时间和计算机内存,或者拥有闪电侠或超人的速度,就可以追踪房间内每一个空气分子的位置和动量。据此我们可以计算出单位面积的墙壁瞬间受到的力的大小,这个结果与压力测量的值是一样的。此外,在量子理论中,物质的波动性限制了我们的测量能力,所以平均值是我们能得到的最理想的结果。

为什么说物质的波动性让我们很难准确测量出一个原子中电子的精确位置呢?我们可以想象一根两端被固定的小提琴琴弦,它有一个基本振动频率和几个较高的泛音。假设琴弦以一定的频率振动,但是我们听不到这个频率。如果琴弦振动的速度快到让人看不清它在动,我们该如何确认琴弦是否在振动呢?一种方法是触摸琴弦,用手指感受它的振动情况。如果我们的指尖足够敏感（像超胆侠一样），甚至可以确定琴弦刚才的准确振动频率。

我之所以说"刚才"，是因为一旦我们的手接触到琴弦，它就不再像之前那样振动了。它要么停止振动，要么以不同的频率振动。也许我们可以让手指靠近琴弦，而不是直接接触，来确定振动频率。通过这种方式，我们可以感受到由振动的琴弦引起的空气振动。为了提高测量的准确程度，我们必须让手指离琴弦非常近才行。但是，空气的振动将从我们的指尖传递到琴弦上，这也会改变它的振动模式。我们的指尖离琴弦越远，反作用力就越弱，这使得我们无法准确判断琴弦的振动频率。

原子内电子的物质波对扰动同样敏感，对一个电子位置的测量将使电子的物质波受到影响。关于"观察者"在量子物理学中所起的作用我们已经说了很多，但如果你的观察对象比观察工具还要小，你就会对观察对象形成干扰。

量子理论可以精确地测量出放射性元素的原子有半数发生衰变所需要的时间（这就是所谓的"半衰期"），但不能准确预测出单个原子何时发生衰变。下面这个例子可以清楚地说明这个问题：我从口袋里拿出一枚 25 美分的硬币，把它抛起来一次（只抛一次），头像面朝上的可能性有多大呢？你很可能会凭直觉回答头像面朝上的概率是 50%，但你又不敢确定。对那些认为概率是 50% 的人，我会对他说：请证明给我看。你很难做到，因为只要我们生活在一个硬币有正反两面的世界里，抛一次硬币就证明不了这个结论。如果你抛 1 000 次（或者一次抛 1 000 枚硬币），你就会发现，对于一个质地均匀的硬币，头像面朝上的概率非常接近 50%。但是，概率对于孤立事件没有什么意义，而薛定谔方程所能提供的信息就只有概率，这让那些习惯了像钟表一样精密的牛顿力学的老一代物理学家感到很不适应。此外，量子物理学家还设计出一个概念性实验，打开了潘多拉的盒子（盒子里有一只猫）。

他们设想了这样一种情况：一个盒子里装着一只猫、一瓶密封的毒气，以及一个装着放射性同位素的小盒子。放射性元素的半衰期为一个小时，这意味着，一个小时后放射性同位素有 50% 的概率会发生衰变。放射性同位素在衰变的过程中会释放出 α 粒子（又称氦原子核），这种粒子一旦击中装着毒气的瓶子，瓶子就会破裂。因此，一个小时之后瓶子破裂导致猫被毒死的概率为 50%，而瓶子完好无损，猫也好好活着的概率也是 50%。根据薛定谔方程，在一个小时的时间里，猫可以被描述为"一只死猫和一只活猫的叠加（或平均值）"。而一个小时后，我们打开盒盖向内看去，"猫的波函数的平均值"就会变成一种情况：要么是猫活着，要么是猫死了。但只要不打开盒盖，我们就不知道确切的结果。而如果盒子是透明的，我们就无法确定外界的光线会不会干扰放射性同位素的衰变过程（你应该还记得观察者有时会对量子系统造成影响）。许多物理学家认为这个解释存在一定的缺陷（《美国正义联盟》第 19 期提到，最近关于光的量子纠缠的实验表明事实确实如此），为了解决问题，他们进行了大量的思考和研究。下文介绍的是一个激进的解决方案，闪电侠和超人就是用这个方法穿越到其他"地球"的。

1957 年，物理学家休·埃弗莱特提出，当猫被关在盒子里时，存在着两个几乎完全相同的平行宇宙：在一个宇宙里，一个小时之后猫还活着；而在另一个宇宙里，一个小时之后猫死了。所以，当我们打开盒子向里看的时候，波函数不会坍塌，在那之前猫也不是有 50% 的概率死亡，有 50% 的概率活着。事实上，在一个小时之后，我们所做的事情只是确定我们生活在哪一个宇宙里，是猫死了的那个宇宙，还是猫活着的那个宇宙。事实上，由于至少有两个可能的结果，与这些可能的结果相对应，就会存在许多个宇宙。与某个量子事件的两个可能结果相对应的两个地球将以不同的方式演化。如果另一个地球是刚刚分化出去的，它和我们原本的地球就会很相像。如果分化发生在很久以前，那么这两个地球可能会大相径庭。所以，第二个地球的演化历史可能跟我们的地球很像，但也可能存在很大的差异。[①]

因此，对于漫威漫画中的"如果……会怎么样"的问题，以及DC 漫画中不同的地球，量子理论都提供了物理学依据。在一个地球上，杰伊·加里克因实验室事故而吸入"重水蒸汽"，获得超级速度，从此他以闪电侠的身份与他的战友们一起惩恶扬善。而在另一个地球上，警察局科学家巴里·艾伦因被雷电击中而获得超级速度，从此以闪电侠的身份与他的美国正义协会的战友一起匡扶正义。在第三个地球上，又一个极速者——大反派强尼·快克伙同美国犯罪集团犯下了一系列罪行。从原则上说，存在无限多个地球与量子效应的所有可能的结果相对应，但这一理论认为，在这多个地球之间通常不存在任何联系。但是对于闪电侠这种拥有超级速度的人来说，往返于这些地球之间是相当容易的事，其发生频率与读者买杂志的频率差不多。

然而，对于大多数物理学家来说，休·埃弗莱特的理论导致了另一种无限的地球危机。在他们看来，用多元宇宙理论解释薛定谔的猫的问题，无异于饮鸩止渴。然而，这个理论不存在逻辑上或物理学上的矛盾，也没有人能够证明它是错误的。

那些觉得这个理论存在问题的物理学家认为，这种自然理论只能预测出概率，而不能确切描述多元宇宙。多元宇宙模型自问世以来，

---

① 《动物侠》第 32 期完美地重现了"薛定谔的猫"这个实验。为了充分理解这个实验，你最好从第 27 期看起。

一直被当成量子理论的疯疯癫癫的"阿姨"，直到不久前还被锁在假想的阁楼里。举个例子，我在本科以及研究生阶段学习量子力学时，从未接触多元宇宙理论。我是偶然邂逅这个理论的，源于我在研究生办公室里看到的一本书，是布莱斯·德威特和尼尔·格雷厄姆于 1973 年写作的《关于量子力学的多元宇宙的解读》。我把自己该做的作业放在一边，读起了这本书，我因此认为在某处可能存在着另一个詹姆斯·卡卡里奥斯，他按时完成了作业（这个发现对我来说并没有什么实际的好处）。

虽然现在还没有物理学家能构建出多元宇宙模型，但有些理论物理学家都认同一种理论，即弦理论。

为什么超人无法改变历史

在薛定谔方程建立之后的几年里，科学家们找出各种方法来描述电子的物质波与量子层级的电场和磁场的相互作用（被称为"量子电动力学"或 QED），以及细胞核内的夸克物质波（被称为"量子色动力学"或 QCD）。理论物理学还未完成的一个目标是，如何将由引力物理学所支配的宏观世界与量子世界结合起来。关于引力的作用，有一个非常好的理论，那就是爱因斯坦的广义相对论。关于电子的量子性质，也有一个非常好的理论，那就是量子电动力学。但是，把两大理论结合成一个整体，至今还没有哪个科学家能做到。最接近量子引力理论的就是弦理论。

简单地说，弦理论认为物质本身就是一种波或者能量弦线，这些"弦"是宇宙万物最基本的组成单位。目前，许多物理学家对弦理论持怀疑态度。他们的理由之一是，为了让方程成立，弦理论只能在十一维时空（十维空间和一维时间）中起作用。这确实有点儿尴尬，因为我们生活在三维空间里，没有人见过其他维度。[①] 弦理论家对此的解释是，确实存在十一维度时空，但其中的七维空间被卷曲成球形，直径小于 10^{-33} 厘米（这个长度被定义为普朗克长度）。物理学家对弦理论持怀疑态度的另一个理由与额外维有关：探测这么小的尺度需要更高的能量，目前或者下一代粒子加速器都无法达到。如果没有实验验证，判断一个方程是否正确的唯一方法就是优雅的数学。这可能会让我们误入歧途，虽然经典力学和量子力学中确实蕴含着一定的数学之美，但我们没有理由认为，大自然会真的在乎我们建立的方程美不美。然而，弦理论是量子引力理论唯一的希望，我们只有继续研究，才能知道它是否成立。

研究量子引力的物理学家们援引了多元宇宙的假设，以解决他们在与时间旅行有关的计算中遇到的逻辑矛盾。最近，一些科学家声称时间旅行从物理上讲是不可能的，在现实中也不太可能成真。著名的"祖父悖论"反映了人类穿越到过去会遇到的棘手问题。如果一个人真能回到过去，在他父亲出生之前他就能先杀了他的祖父，从而阻止他自己的出生；但要成功实现这个目标，他又必须降生在世上。为了找到解决这一难题的方法，现代理论物理学家重拾休·埃弗莱特的多元宇宙理论。如果真的存在无数个不同的宇宙，（理论家们认为）当你穿越回过去的时候，时空的严重扭曲将使你进入一个平行于你原本所在世界的宇宙。你可以杀掉你的祖父，但无须担心这样做会影响你自己的存在，因为你的祖父在你所在的那个世界里是安全的，不会受到你在另一个世界里的所作所为的影响。

---

① 除了米克斯杰兹皮特先生、蝙蝠蛛、莫比等捣蛋鬼之外，奇异博士可能也见过其他维度。在《奇异故事》第 129 期里，有人警告他："小心特里伯诺！第六维度的暴君！"

早在 1961 年《超人》第 146 期"超人最伟大的壮举"里,就出现了祖父悖论、多元宇宙、时间旅行等现代物理学概念。在这个故事中,超人为了帮助罗丽·陆曼瑞思(与他有"特殊关系"的亚特兰蒂斯美人鱼,虽然她是个女孩,也是超人的朋友,但不是他的女朋友),打算穿越到过去。罗丽请求超人帮她阻止亚特兰蒂斯沉没,这是发生在数百万年前的事。超人认为,他曾多次试图改变历史(在之前的《动作漫画》和《超人》里均有体现),但都以失败告终。然而,罗丽的苦苦恳求还是让超人决定放手一搏。我们知道,要想突破音障,就必须施加很大的作用力,速度也要大于每小时 1 207 千米。DC 漫画中提出,如果作用力更大、速度更快,就可以穿过"时间障碍"(闪电侠和超人都能达到这样的速度,从而在过去和现在之间来回穿梭)。超人来到了公元前 8000000 年,距离海岸不远的小岛就是先进的亚特兰蒂斯文明的所在地,但一场破坏力巨大的海底地震引发的海啸即将彻底摧毁这一文明。超人跑到另一个位于安全地带的小岛,这是另一个先进文明的所在地。我们从未听说过这个古老的文明,故事里对它也未做介绍。超人从这个岛上的一栋即将被拆除的建筑物上拿走了一些"奇怪的金属",用它们制造出一台巨大的起重机,把整个亚特兰蒂斯岛吊起来,安置于第三座安全的荒岛上,使其躲过灭顶之灾。(至于这种金属是由什么元素构成的,能让起重机具有负载整个亚特兰蒂斯岛的强度,我们就不得而知了。)

与之前种种失败的尝试不同,这一次超人成功地改变了历史的进程。于是,他决定在返程的途中多停靠几"站",借此机会"纠正"各种历史事件。他拯救了在古罗马斗兽场里快要被狮子吃掉的基督徒[①],即将被英军绞死的内森·黑尔,在小巨角河战役中几乎全军覆灭

---

① 与普遍的看法不同,在古罗马丧命的多数基督徒都死在马克西穆斯竞技场,而不是斗兽场。

的卡斯特骑兵团，并出现在 1865 年 4 月 14 日的福特剧院林肯遇刺的地方。如图 32 所示，约翰·威尔克斯·布斯准备刺杀林肯总统，他喊道："这就是暴君的下场！"就在他准备开枪的那一刻，一双能捏碎钻石的手抓住了他的手枪。后来，超人就像走进了历史糖果屋的孩子，决定去拯救他的父老乡亲——氪星上的人们。因为他失去了氪星太阳（Rao）的红色光线赋予他的超能力（此时他的惊人能力来自于地球绕之运行的黄色太阳），超人决定用沉船打造一艘太空战舰，把氪星人都运送到其他星球上去。他通过超级视线，看到他的父母带着还是婴儿的卡尔—艾尔来到一颗新的行星上。超人突然意识到自己不经意间创造了一个悖论：如果他的父母没有把还是婴儿的他送到地球上，他又怎么穿越回去拯救他们呢？

图 32　超人穿越时空，从约翰·威尔克斯·布斯的枪口下救出了亚伯拉罕·林肯。他真的做到了吗？

当他回到 1961 年时，超人惊奇地发现历史课本并没有被改写，如图 33 所示。林肯在福特剧院被枪杀，内森·黑尔和卡斯特骑兵团也未能摆脱死亡的命运。超人不明白这是为什么，因为"（历史）书上写的肯定是事实啊"。当再次开启时空之旅时，超人来到另一个地球上（见图 34），那里的历史书忠实地记录了超人在纠正"历史错误"方面所起的作用。

图 33　在与图 32 同一个故事里，超人意识到，尽管他穿越时空完成了"伟大壮举"，历史却并没有被改变

太神奇了！超人早在 1961 年就发现了理论物理学家在 2001 年才

发现的东西：只有借助量子力学中的多元宇宙理论，时间旅行才有可能成真。超人确实完成了这些惊人的壮举，改变了历史的进程，但这些都发生在另一个宇宙中，而不是他所在的世界里（见图 34）。在漫威漫画《复仇者联盟》第 267 期里出现了类似的故事，邪恶的时间之王——征服者康为了打败超级英雄，频繁地进行时空穿梭，结果制造出多个地球。这是漫画领先于物理学的范例之一。

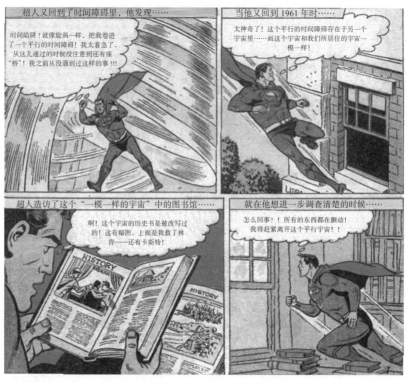

图 34 超人来到 1961 年，发现量子理论学家最近才提出的一种假设——穿越时间会把人带到不同的平行宇宙中去

第 23 章　幻影猫为什么能够隧穿?

　　除了能以极快的速度奔跑,闪电侠还可以控制他体内的每个原子的运动状态。在《闪电侠》第 116 期和第 123 期里(见图 30),他首次展示了这种本领,此后我们能常常看到他运用这种能力了。《闪电侠》漫画的编剧说,通过让身体中原子的振动频率与墙壁中原子的振动频率相匹配,闪电侠就能穿过一堵坚实的墙,而且不管是他自己还是墙壁都不会有任何损伤。但是,我们无法穿过墙壁,并不是因为我们体内原子的振动频率与墙壁里原子的振动频率不一致。正如前文中讨论过的,我们体内原子的振动表现为我们的体温,这个温度范围与墙壁的温度范围有 40% 是重合的,所以我们体内原子的振动频率跟墙壁中原子的振动频率算是比较匹配了。

　　然而,在量子力学中有一个现象叫作隧穿。它指的是在适当的条件下,物体可以穿过固体屏障,但对于屏障或自身都不会产生影响。这个奇怪的理论听起来相当不可思议。根据这个理论,电子的运动跟 X 战警中的凯蒂·普莱德(她的超能力是穿过坚固的墙壁,见图 35)或闪电侠的超能力非常相似。

图 35 《X 战警》第 130 期中的一幕，幻影猫（这时她还不是 X 战警成员）用她的变异能力穿过墙壁，悄悄靠近地狱火俱乐部的白皇后

　　根据薛定谔方程，我们可以计算出电子从一个位置移动到另一个位置的概率。但基于常识，我们却觉得电子不可能发生这种变化。假设你站在一个露天的手球场里，球场有三面围着铁丝网，第四面是一堵水泥墙。水泥墙的另一侧是另一个露天手球场，同样是三面围着铁丝网，并与第一个球场共用这堵水泥墙。你可以在第一个球场里自由活动，但如果没有超能力，你就不可能穿过水泥墙，进入第二个球场。我们把相关条件代入薛定谔方程，其计算结果表明，你待在第一个球场里的概率很大（这一点儿也不奇怪），但你也有可能出现在第二个球场里。（啊？这太奇怪了吧！）后一种可能性不大，但不是没有。一般来说，只在概率为零的时候我们才能说这件事不可能发生，而在其他情况下只能说它不太可能发生。

　　这是一种量子力学效应，对古典力学而言，你不可能出现在第二个球场里。它被称为"量子隧穿效应"，事实上这个名称有些问题，因为在你穿过墙壁的时候，并没有挖出一条隧道。墙壁上没有洞，你也不是从墙下面或是上面过去的。即使你在第二个球场朝着墙冲过去，这堵墙仍然是一道坚实的障碍，你返回第一个球场的可能性也是微乎其微。但是，量子物理学家就是用"隧穿效应"来描述这种现象的。根据薛定谔方程的解，我们发现，你朝着墙冲得越快，出现在墙的另一侧的概率就越大。黄金时代和白银时代的闪电侠毫无疑问都是凭借超级速度穿过墙壁的，如图 36 所示。闪电侠能让自己的动能增加到一个特定的值，根据薛定谔方程，这个时候他穿过墙壁的概率几乎是百分之百。

© 1961 National Periodical Publications Inc. (DC)

图 36 《闪电侠》第 123 期中的一幕，杰伊·加里克——黄金时代的闪电侠，亲身演示了量子力学中的"隧穿"过程。物体的物质波穿过坚固的屏障的可能性很小，但不是不可能。物体接近障碍物的速度越快，穿过去的概率就越大。正如杰伊指出的那样，隧穿过程不会对障碍造成任何影响

我们想象一下，两块金属板中间隔着一层真空。左边金属板上的电子就像第一个露天手球场里的人，而把它们与第二块金属板隔开的物体不是墙，而是一层真空，第二块金属板可以被视为另外一个露天手球场。将相关条件代入薛定谔方程后我们发现，第一块金属板中的电子出现在第二块金属板上的概率非常小，但不是零。电子不会穿过真空层，也没有足够的动能摆脱其所在的金属板。（这是一件好事，否则所有物体中的电子都会逃逸到各个地方，静电会变成最让人头疼的问题。）但是电子的物质波会延伸到真空层，并随着距离的增大而

减弱。当光从密度较高的介质传播到密度较低的介质中时，也会发生类似的现象。在这种情况下，光基本上都会在两种介质的交界面处被反射回来，但仍有少量的光会衍射到密度较低的介质中去。波在密度较低的介质中衍射得越远，它的能量级就越低。由于电子的波函数的平方表示在时空中的某一点发现电子的概率，因此处于一定能量级的"物质波"就表明电子出现在第二块金属板上的概率不为零。如果两块金属板的间隙不算太大（与电子的物质波波长相较而言，即不到一纳米），那么物质波到达第二块金属板中时仍然有可能具有较高的能量级。也就是说，障碍物一侧的电子会朝着障碍物移动，但多数情况下都会被反射回来。如果撞击墙壁的电子有 100 万个，根据墙壁高度与厚度的不同，反射回来的电子可能有 990 000 个，有 10 000 个电子会出现在墙壁的另一侧。

如果两块金属板的间隔非常大，即便是动能最高的电子，发生隧穿的可能性也微乎其微。人类的动量很大，所以我们的物质波波长非常小，还不到一个原子直径的 10^{-24}，远小于把我们与第二个露天手球场隔开的水泥墙的厚度。然而，如果你朝着水泥墙冲过去，你的物质波仍有很小的概率会到达墙壁的另一侧。你的动能越大，穿过墙壁的概率也越大。对此持怀疑态度的人可以自己试试看，无论结果多么令人沮丧，都不要放弃。

固体中的电子以每秒超过一万亿次的速度旋转，因此，每秒钟内它们都有一万亿次机会穿过障碍物。如果朝着障碍物发射足够多的电子，只要墙不是太高或者太厚，总会有一部分电子到达障碍物的另一边。量子隧穿效应不仅在电子身上得到了验证，还是制造一种独特设备的理论基础。这种设备就是"扫描隧道显微镜"（STM），它可以直接对原子成像。如图 37 所示，当金属针尖离金属板表面非常近时，它就会阻拦金属板表面原子的电子溢出。当电子从金属板表面进入金属针尖时，与针尖相连的一个仪表就会显示有电流经过。隧穿效应是否会发生，主要取决于金属板表面与金属针尖的距离。二者之间的距离仅改变一个原子的宽度，就会让隧穿概率发生上千倍的变化。通过在金属表面缓缓移动针尖，仔细测量出每个位置的电流，就能绘制出金属表面每个原子的位置图。

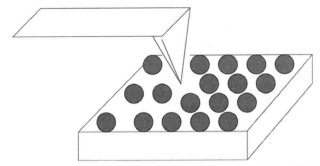

图 37　图中展示了"扫描隧穿显微镜"的基本原理。金属针尖距离导体表面非常近，这里的"非常近"是指几个原子的宽度。当针尖划过表面上的原子时，原子的电子概率云可能会发生隧穿，进入到针尖里。当针尖位于原子正上方时，隧穿的概率较高，针尖处的电流相应较大。通过这种方式，就能对金属表面的原子进行扫描和成像

图 38 显示的是石墨晶体（也就是我们常说的"铅笔芯"）表面碳原子的位置分布图。灰色并不代表碳原子的真实颜色（碳原子不是黑的、白的或其他颜色），它只表示金属针在某个位置测量到的电流强度，从而反映出某一点的电子密度。从图 38 中我们可以看出，石墨原子组成一个个六边形，就像雪花的六边形薄片一样。碳原子形成的六边形结构意味着石墨晶体包含很多层碳原子，且层层叠加。它们就像酥皮点心，一层又一层，由二维平面叠加成三维晶体。固体石墨中的平面堆叠得非常松散，很容易就能让它们分开，只需在纸上写写画

画就可以做到。事实上，从图 38 中我们也能推断出，与所有碳原子都有 4 个同样牢固的键这样的物质（也就是"钻石"）相比，石墨更适用于书写。我们将在第 25 章对碳键的性质做进一步探讨。

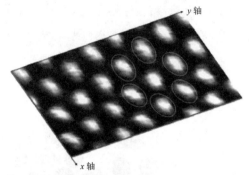

图 38　通过"扫描隧穿显微镜"观察石墨表面的原子所得到的图像，这种形式的碳被用作铅笔芯。每个白点表示一个空间区域，这一点的隧穿电流较大（参见图 37）。碳原子的六边形晶格很明显，灰度用来表示隧穿电流。y 轴长为 1 纳米，x 轴为 0.5 纳米。在这里感谢明尼苏达大学的劳拉·亚当斯（Laura Adams）博士和艾伦·戈德曼（Allen Goldman）教授的贡献

在下一章中，我们将探讨晶体管和二极管的物理学原理。简言之，这些半导体设备事实上是一种调节和放大电流的阀门，控制电流的方法之一就是隧穿效应。正常情况下，当两个导体相互靠得很近，并被一层薄薄的绝缘体隔开时，一个导体中的电流是无法流入另一个导体的。如果我们给这个像三明治一样的物体施加一个电压，把两个导体的电子隔开的这堵"墙"的厚度就会发生变化。正如我们之前提到的，隧穿概率对于障碍物的厚度非常敏感。这样一来，就可以用隧穿效应来调节电子在设备中的流动，"隧穿二极管"是手机以及其他许多设备的组成部分。因此，量子隧穿效应并不单纯是一个深奥的理论，也不是只在原子显微镜下才能发挥作用。如果没有隧穿效应，我们生活中的很多产品都不可能出现。

当我们把量子力学理论应用于宏观物体,比如 X 战警中的幻影猫(见图 35)时,我们会发现隧穿仍然是有可能的,尽管概率微乎其微。为什么会这样呢? 假设幻影猫的质量是 50 千克,即便她能以足够快的速度向着墙冲过去,而且每秒钟尝试 100 万次,要想靠隧穿效应到达墙的另一侧,恐怕也要等到地老天荒了。显然,在这里起作用的还是我们所谓的"不合常理的奇迹"。随着我们掌握的物理学知识的增加,我们现在可以更准确地描述出幻影猫的超能力,她具有改变自己的波函数的能力,从而把隧穿概率提升至接近 100%。如果你不小心把钥匙锁在了车里,这一招还挺管用的。

长久以来,漫画中一直有一个不解之谜:如果幻影猫可以穿过墙壁,她为什么没有穿过地板呢? 当她发生"相变"不再是实体的时候,她还能走路吗?《X 战警》第 141 期中交代说,幻影猫发生相变后是在空气上行走的,并不接触地面。因为她没有实际形态,所以不会受到脚下的暗门的影响。我们假设她确实可以在空中行走,也就是说,空气对她的脚施加的作用力推动她向前进。如果是这样,那么她那双仍是实体的脚又是如何随着她发生相变的身体穿过墙壁的呢?

如果她穿过固体屏障靠的确实是量子隧穿效应,那么她不会穿过地板是合情合理的。当一个电子从障碍物的一侧穿越到另一侧时,它的能量是不变的。如果它在障碍物的一侧时具有一定的能量,那么在隧穿之后它的能量仍然不变。事实上,只有当物体的能量在障碍物两侧都一样时,才会发生隧穿。当从一个区域穿过障碍物到达另一个区域时,动能与势能的比值会发生变化。但是,即使没有穿过墙壁,当子弹或者爆炸的气流穿过幻影猫的身体时,她也可以发生"相变"。这意味着她在站立不动的时候也进行了"隧穿",让"障碍物"从她的身体中穿过。

从技术上讲，在进行隧穿时她是不能动的，因为任何物体对她的作用力都有可能增加她的能量，无论是实木地板还是空气。但同时，她也不能失去任何能量。当她接近墙壁时，她需要做的就是正常前进，调控自己的超能力，让隧穿概率最大化，只有这样，她才能穿过这堵墙。当她想要穿过地板的时候（比如在《了不起的 X 战警》第 4 期里，她穿过近 100 英尺厚的金属来到地下实验室），她会先轻轻跃起，然后在她的脚接触地面时，使用这种超能力，并以稳定的动能和速度向下运动。

第 24 章　被固体物理学痛击的钢铁侠

如果说有哪一位超级英雄证明了学习物理学的价值，尤其是固体物理学中半导体的价值，那一定非钢铁侠莫属，他身着高科技盔甲，为正义而战。钢铁侠所具有的惊人的进攻和防御能力，靠的是一种现代（1963 年）科技奇迹——晶体管。

晶体管确实是一种革命性装置，因为它对电压的放大和调节功能给现代人的生活产生了深远影响。最初，晶体管的作用跟真空管差不多，只是为了让收音机和电视机变得更轻、更高效。随着科学家和工程师成功地把晶体管的尺寸变得越来越小，它在数学计算方面的应用推动了电子计算机的发展。晶体管是我们今天所使用的几乎所有电子设备的核心元件，而且我们已经具备了足够的物理学知识来理解这个神奇的装置是如何工作的。在深入了解半导体的物理学原理之前，我们先回顾一下促使铁头王[①]漫画问世的事件。

---

① 钢铁侠最开始的制服包含一个圆柱形头盔，他因此被称为"铁头王"。尽管他的头盔后来呈流线型，而且相当时尚，但"铁头王"这个称呼在 40 年中却一直伴随着他。

在白银时代的漫画书中,"冷战"是每月一期的英雄冒险故事的一大亮点。在 DC 漫画中,偶然间获得超能力的战斗机飞行员在好几个漫画系列中都扮演了至关重要的角色。在《展示橱》第 22 期里,来自外星的绿灯侠紧急迫降在地球上,生命垂危。他指派他的能量指环找到一个勇敢、诚实、无所畏惧的人来继承他的指环和绿灯,指环帮助绿灯侠找到一名美国试飞员哈尔·乔丹作为继承人。(在《展示橱》第 6 期里,战斗机飞行员埃斯·摩根带领未知挑战者投入战斗;在《我最伟大的冒险》第 80 期里,试飞员拉里·崔纳因一次飞行事故而变成底片人。)漫威的漫画时代开始于 1961 年(苏联和美国的宇航员在这一年首次进入太空),4 位探险家——一位科学家、科学家的女朋友、科学家女朋友的十几岁的弟弟和一位曾经的战斗机飞行员——未经授权就驾驶着飞船越过宇宙辐射带,想要把敌人"发射到太空深处",但宇宙射线把他们变成了神奇四侠。

在神奇四侠登场一年后,物理学家罗伯特·布鲁斯·班纳博士因受到伽马射线的辐射而变身为绿巨人。

在漫威的早期漫画里,霹雳火、蚁人、蜘蛛侠、雷神和复仇者联盟都与"冷战"或多或少有关联。但在 20 世纪 60 年代,这些超级英雄与"冷战"的联系都不像钢铁侠那么密切。在《悬疑故事》第 39 期里,漫威的战队中新加入一位才华横溢的发明家和实业家,他就是托尼·史塔克。史塔克利用自己掌握的晶体管技术,为美国军方发明了许多新武器,以协助美国赢得战争。史塔克并不满足于只在实验室里测试他的新武器,他想通过实地实验更准确地评估武器的有效性。我们很快就会明白为什么大多数首席执行官都不会亲自上阵进行质量检验,因为这实在太危险了。陪同史塔克的军方顾问因落入敌人的陷阱而丧命，留下史塔克一人，他的胸口还插着一块金属弹片，与心脏的距离很近，生命垂危。更糟糕的是，他被俘虏了，并被带到了敌军的秘密营地。营地的一位医生检查了史塔克的伤情，发现弹片还在移动，用不了多久他就会因此丧命。

　　敌军首领提出了一个条件：只要史塔克愿意留在他的武器研发实验室工作（这显然是一个装备精良的营地），他就答应给史塔克做手术。史塔克假装同意了，他打算利用这个机会制造出一种武器，既可以救他自己，也可以消灭敌人。后来，他与一位同样被俘虏的聪明的殷森教授一起发明了一块金属板，充满电之后就能防止弹片刺入史塔克的心脏。史塔克意识到，如果他和殷森想逃出敌军营地，就需要配备进攻性和防御性两种武器。胸部金属板成为史塔克的钢铁盔甲的一部分，其中装配了一系列晶体管。就在史塔克即将被插在他胸部的弹片夺走生命的时候，盔甲做好了，而殷森教授为了让金属板充满电，牺牲自己引开了敌人。后来钢铁侠击败了敌军，为殷森教授报了仇，还释放了营地中的其他囚犯。（2008 年的电影《钢铁侠》忠实地还原了这个故事情节，只是敌人变成了中东的恐怖分子。）回到美国之后，托尼·史塔克继续用他的高科技装备和武器保卫美国，与敌人对抗。

　　在整个故事中，托尼·史塔克成功地让大家相信钢铁侠另有其人，是他雇来的保镖。考虑到敌人曾多次试图绑架史塔克或窃取他的研发计划，这样的故事情节不算牵强。

　　与形形色色的反派进行斗争好像还不够，史塔克也常被叫去接受参议院委员会的质询，委员会坚持认为把史塔克掌握的技术交给军方是他应尽的义务。但负责调查钢铁侠与史塔克工业公司之间关联的参议员伯德不知道的是，让钢铁侠取得成功的秘密武器——晶体管——早已进入了公共领域。1947 年，三位物理学家在新泽西默里山的贝尔实验室里研发出晶体管。为了推广这项新技术，贝尔实验室举办了研讨会，指导那些有兴趣使用晶体管的公司。造出了更好的捕鼠器还不够，你还必须让老鼠知道！

人靠衣装

从第一次亮相起，钢铁侠的行头就在不断地改进，既包括装饰性的，也包括有实用价值的。在《悬疑故事》第 39 期里，他的盔甲是灰色的，但到了第 40 期，史塔克决定把盔甲的颜色改成金色，以便给异性留下更深刻的印象。你可能会认为，一个长得像埃罗尔·弗林的亿万富翁兼实业家，根本不需要考虑他的秘密身份——钢铁侠对女性是否有吸引力这个问题，但可能正是这种关注细节的态度让托尼·史塔克获得了成功。每隔不到一年的时间，他的行头就会重新设计，图 39 中这身红色与金色相间、更合身的盔甲与钢铁侠最新的盔甲非常相似，只是细节上有些不同。

这套盔甲中暗藏的武器也经历了持续不断的升级。最初，史塔克手套的掌心部分有一个"抗磁性"发射器，但很快就变成了"冲击光束"。盔甲的胸口部分有一个凹进去的大圆盘，里面最初装有"可变功率射灯"，后来升级为"单束激光"（我真的不知道这是什么）。盔甲的左肩部位最初支着一根无线电天线，随着无线传输和接收技术的发展这根天线后来也被整合到了盔甲里面。

虽然钢铁侠的盔甲非常高级，也很合身，但还是相当重的。史塔克穿上它后能自如行走并举起重达数吨的物体，就是因为"他盔甲中的小小晶体管极大地提升了他的力量"！为了估算出盔甲的质量，我

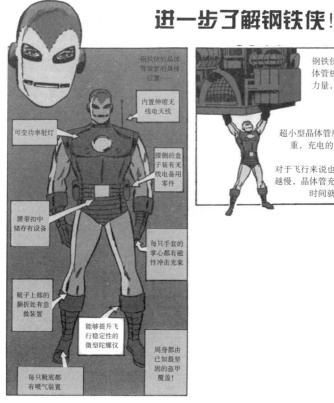

图 39 《悬疑故事》第 55 期"关于钢铁侠"这个故事提供了 20 世纪 60 年代的钢铁侠示意图,旁边的说明中说,他使用的过程中,给晶体管提供能量的电源将逐渐耗尽

们假设这身盔甲的厚度是 1/8 英寸,密度与铁相同,约为每立方厘米 8 克。为了估算出这套盔甲的表面积,我们可以把史塔克的躯干看成是一个圆柱体,把他的头看作一个较小的圆柱体,把他的手臂和腿看成是更小、更长的圆柱体。如果史塔克的身高约为 6 英尺,他的衣服是 50 码,他的总表面积就约为 26 200 平方厘米。盔甲所用铁的体积

等于表面积乘以 1/8 英寸或 0.32 厘米，约为 8 400 立方厘米。想要计算出盔甲的质量，我们用这个体积乘以密度（每立方厘米 8 克），得到 67 千克，即 148 磅，其中不包括所有晶体管的质量。托尼·史塔克经常会把盔甲放在他的公文包里，当然胸前的金属板除外，他必须时刻穿戴着它以免弹片刺入他的心脏。因此，仅仅提着这个沉重的公文包，史塔克就可以练出相当结实的臂部肌肉，这也是作为钢铁侠的好处之一。

知道了这套制服的重量之后，我们又会问：钢铁侠的喷气靴子是如何让他飞起来的呢？如果这套盔甲的质量接近 150 磅，史塔克的质量约为 180 磅，想让钢铁侠悬浮在空中，他靴子的推进器就必须承担 330 磅（相当于 150 千克）的质量。这种喷气装置很可能是利用化学反应从靴底猛烈排出反应物，由于每个作用力都会有一个大小相等、方向相反的反作用力，向下的重力就会对应一个向上的推力，后者让钢铁侠悬浮在空中。如果他想加速，他的靴子就必须提供更大的推力，因为 $F = ma$。

史塔克经常往返于位于长岛的史塔克工厂和位于曼哈顿中心的复仇者联盟大厦之间，这个距离约为 50 英里，用时约为 10 分钟。这意味着史塔克的平均速度是每小时 300 英里，几乎为声速的一半！（在《钢铁侠》电影中，在与战斗机的对决中，史塔克的速度至少是战斗机的两倍！）这就意味着，为了获得相应的动能 $(1/2) mv^2$，钢铁侠的盔甲至少需要 137 万千克·米^2/秒^2 的能量，这还不包括克服空气阻力所消耗的能量。如果钢铁侠要到很远的地方去，他就不会使用喷气靴子，而改用靴子里的电动旱冰鞋。旱冰鞋不仅更省油（不需要消耗能量去克服悬浮在空中的重力作用），而且每当他减速的时候，他还可以利用转动能和交流发电机来给盔甲的蓄电池充电。就这样，托尼·史塔克提前用上了汽车的混合动力技术。

20 世纪 70 年代的钢铁侠变得更环保，他的盔甲被一层薄薄的太阳能电池包裹着，靠阳光来充电。正常情况下，美国每平方米的国土面积上每秒钟所获得的太阳能是 200 千克·米^2/秒^2。我们刚刚计算出钢铁侠盔甲的表面积是 26 200 平方厘米，这意味着钢铁侠每秒钟获取的太阳能是 262 千克·米^2/秒^2（在任何给定的时刻，他只有一半的面积会受到太阳照射），而他的喷气靴子所消耗的能量超过 100 万千克·米^2/秒^2。如果太阳能电池能够把阳光能量的 50% 转化为史塔克的蓄电池储能（大多数商用太阳能电池的转换效率只有约 10%），那么钢铁侠需要近三个小时的时间才能获取足够的太阳能。此外，他还需要给盔甲内部的温度调控器提供能量（以每小时 300 英里的速度推开前方的空气会让任何穿着金属盔甲的人大汗淋漓），在飞行过程中使用冲击光束也需要消耗能量。在钢铁侠的一日生活里，他消耗能量的速度要比太阳能电池充电的速度快得多。

《钢铁侠》的编剧在这方面非常值得肯定，因为他们考虑到托尼·史塔克需要给盔甲的蓄电池充电，这意味着他们已经意识到要遵循能量守恒定律。从钢铁侠在《悬疑故事》第 39 期里第一次亮相开始，以下原则始终是不争的事实：钢铁侠盔甲实现各种功能需要消耗大量的能量，他使出的力量越大，耗费的能量就越多。驱动他的喷气靴子需要电能，让伺服电机正常运转也需要电能，只有这样他才能穿着盔甲行动自如。此外，他胸部的金属片也需要消耗电能，才能保护他的心脏免受弹片的威胁。20 世纪 60 年代，钢铁侠偶尔会在一场恶斗中耗尽能量，跟跄前行，四处寻找电源给盔甲的蓄电池充电。

即使他后来换上了太阳能盔甲，在某些紧急情况下也会耗尽能量。在《钢铁侠》第 132 期里，钢铁侠与绿巨人殊死搏斗，用尽了盔甲里的最后 1 尔格（1 尔格是 1 千克·米 ^{2}/ 秒 ^{2} 的 1 000 万分之一）能量。史塔克把他的盔甲中仅剩的能量都用在最后一击上，完成了前所未有的壮举：把绿巨人打败了。但史塔克为此付出的代价也是十分高昂的。由于耗尽了盔甲的电量，史塔克被困在结实的盔甲里，动弹不得。更糟糕的是，他眼睛上和嘴上的保护装置生效了，这本是为了让史塔克免受爆炸的伤害，但一旦盔甲里的空气耗尽，史塔克就会窒息。这给蚁人带来了一连串的任务，他必须从钢铁侠喷气靴子的排气孔钻进去，穿过整个盔甲，避开内部保护装置，将钢铁侠的盔甲面罩打开。

冲击光束所向披靡

在钢铁侠的所有武器里，最有用的就是他的"冲击光束"，这种光束由他的盔甲手套掌心部位的圆盘发射出来。当他在《悬疑故事》第 39 期首次登场时，他的盔甲手套发射的是"抗磁性"射线，他依靠这种射线成功逃出了敌人的监牢。当看守他的士兵发现小型武器在钢铁侠面前毫无用武之地时，他们决定向他发射火箭弹，投掷手榴弹。从图 40 中我们可以看到，就在他们准备使用重型武器的时候，史塔克先把磁性涡轮绝缘体中的电荷逆转方向，然后用礼帽晶体管把静电排斥力增大了 1 000 倍。随着他发射出射线，对手的武器纷纷飞了出去，他大叫道："看哪！抗磁性——真是有如神助。"能帮他的确实只有神仙了，因为根据固体物理学，这是不可能的。

上述场景中只有一点是正确的，那就是关于"礼帽晶体管"的部分。并不存在"磁性涡轮绝缘体"这种东西，它只是个人造短语，而使用"涡轮"这个修饰语也是为了让这种凭空想象的绝缘体听起来很酷。非金属磁体的确存在，它们虽是电的绝缘体，但也能产生一个很大的磁场。礼帽晶体管也确实存在，它之所以有此名称，是因为其外形像个小圆柱体，有橡皮擦的大小（当时是 20 世纪 60 年代早期，很久之后才会出现微型晶体管。在这种边长仅为几毫米的芯片上，可以容纳数百万个微型晶体管），底部是一个布有电极的圆盘，整体看上去有点儿像顶小礼帽。漫画中，托尼·史塔克使用这种装置来放大"磁性涡轮绝缘体"中的电流，这在物理学上是有可能的。但他用这个装置的"抗磁性"挡开了手榴弹和火箭弹，就纯属臆想了。

© 1962 Marvel

图 40　当钢铁侠在《悬疑故事》第 39 期里首次亮相时，他用礼帽晶体管和磁性涡轮绝缘体杀出一条路来，逃出了监狱

虽然每个原子中的电子、质子和中子都有一个内部磁场，但磁体会自然地以 N 极和 S 极相接的方式排列，由此抵消了多数原子的磁性。要想让钢铁侠手套中的电磁铁发挥作用，就得满足以下几个条件：第一，朝他飞过来的手榴弹出于某种原因已经被磁化了；第二，手榴弹的 N 极刚好都指向同一个方向；第三，钢铁侠盔甲手套的磁场 N 极刚好对着手榴弹磁场的 N 极，而不是相反，否则手榴弹就会加速朝他飞来。然而，托尼·史塔克不可能总指望对手配合自己调整好武器的磁极方向。

事实上，钢铁侠的抗磁性射线在无磁性物体身上反而能取得更好的效果。回想一下第 19 章中关于万磁王和抗磁性悬浮现象的讨论。对于像铁或钴这样的金属，其内部的原子磁场都朝着同一方向排列，但有很多物质，比如水，却都是抗磁性的。在这种情况下，如果把它们放在外部磁场中，原子磁场就会朝向与外部磁场相反的方向。因此，使某个物体磁化会产生排斥力。钢铁侠的抗磁性射线可以推开物体，但这些物体必须也是抗磁性的，如果是磁性物体，则不起作用。万磁王通过他的超能力制造出巨大的磁场，但钢铁侠只能使用传统的方法——电磁铁（类似于第 18 章中超级小子所用的那种）。由于钢铁侠不像超级小子那样随身携带发电机，他发射几次抗磁性射线之后，蓄电池的电量就会耗尽，而且比和绿巨人打斗时消耗得还快。此外，这种武器的后坐力相当大。当对目标施加一个很大的作用力时，就会对枪和枪手产生一个大小相等的反作用力。托尼·史塔克把他的冲击光束置于盔甲手套里是很明智的选择，当他发射射线时，通过锁定驱动盔甲移动的伺服电机，他的盔甲就可以作为相当大且坚固的惯性质量承受住这种后坐力。

虽然抗磁性射线在物理上不太可行，但手持脉冲能量武器已经从漫画里的想象变成了研究中的军事装备。当然，这种武器不可能与钢铁侠的抗磁性射线一模一样，理由我们刚才已经讲过了。如果只靠抗磁性排斥力使其他物体偏转运动方向，就需要非常大的能量产生足够大的磁场，这样看来，还是使用常规武器更有效。然而，美国军方正在积极研发脉冲能量武器。这种武器能够在千分之一秒内快速放电，产生巨大的电压，功率（单位时间内的能量变化）也相当高。如果让这种武器指向一个目标，就会在局部区域内迅速积累能量，远快于热量消散的速度。在物理实验室中用超短脉冲激光器几乎瞬间就能熔化固体表面的一小块区域，同样的做法原则上也适用于攻击性武器。这种武器最大的缺点就在于对能源的巨大需求。如果一个人只能靠随身携带微型发电厂来使用这种脉冲能量武器，那么在任何一场战斗中想要出奇制胜都不太可能。

固体物理学概述

　　什么是晶体管？这种具有神奇功能（至少对斯坦·李而言如此），帮助钢铁侠成功击退众多强敌的电子装置到底是什么呢？简单来说，晶体管就是一种通过电路调节电流的阀门。这样的答案虽然简单易记，但并没有告诉我们晶体管是如何发挥作用的。所以，我们要解决的问题包括：什么是半导体？这种既不是金属也不是绝缘体的东西到底是什么？众所周知，我们生活在一个"硅时代"，但硅到底有什么特别之处？接下来，我将在解答这些问题的过程中，努力把固体物理学 50 年的发展史概述一下。

　　硅是一种原子，像碳、氧或金一样，都是自然界的基本构成元素。硅原子核中有 14 个带正电荷的质子和 14 个电中性的中子（通常情况下如此）；为了保持电中性，原子核周围还有 14 个带负电荷的电子。正如我在第 21 章和第 22 章中介绍的，由于物质的波属性，这些电子会停留在"量子力学的轨道"上。对每一种元素而言，其可能的电子轨道都是特定的，这限定了电子的能量范围。

我们可以通过薛定谔方程计算出一个原子内可能的电子轨道，就像一个教室中椅子的数量和摆放方式（请注意，教室这个例子对于解释金属、绝缘体和半导体都非常有用）。椅子只能代表可能的或虚拟的班级，直到学生坐下之后，班级才是真实的。如果只有一个学生走进教室并坐下来，就像在一个可能的量子力学轨道上只有一个电子，我们就把这种"班级"称为氢；如果有两个学生坐在教室里，我们就得到了氦；如果有 14 个学生，就会组成硅，以此类推。在这个例子中，最先进入教室的学生坐在最前排靠近黑板的座位上，最后进来的学生坐在最后排远离黑板的位置（带正电的原子核就在这里）。最前排的座位代表最低的能量级，对于有 6 个电子的碳原子来说，最内侧的轨道都被占据了。如果碳原子通过吸收光而得到了能量，一些电子就会跃迁至靠外侧的能量轨道上。

一种固体到底是金属、半导体还是绝缘体，取决于充满电子的最高能级与离它最近的未被占据的能级之间的能量差。在教室这个类比中，固体可以被视为一个有许多排座位的礼堂，礼堂有楼下和楼上两个座位区域。如果对这个固体施加一个外部电压，在低能级座位[1]上的电子就会获得额外的能量。但是，只在有空余座位可供这些电子跃迁的时候，它们才会移动到更高的能级。任何固体的电学性质都取决于低能级上的电子数，以及楼下座位和楼上座位之间的能量差。

---

① 最低能级会最先充满电子。严格地说，每个电子对都有自己的固定座位（因为在它们的内部磁场中，电子会匹配成对，N 极与 S 极相对），未配对的电子则决定了该固体的化学性质和电学性质，这里我们讨论的就是容纳这些电子的礼堂。

在这个例子中，绝缘体和金属的区别非常明显。在绝缘体中，楼下无一座位空闲；而在金属中，有一半的低能级座位是被填满的。在金属中存在很多空座位可供电子挑选，不管施加的电压大小如何，都能让电子跃迁至更高的能级（相当于承载了电流）。金属是电的良导体，因为只有一半的楼下座位被电子占据。而绝缘体中的所有楼下座位都坐满了，即使施加电压，电子也不能移动，也就无法产生电流。如果提高绝缘体的温度，以热量的形式从外部施加能量，就会使一些电子跃迁至楼上座位。如果温度降低，楼上的电子又会回到楼下的低能级座位上。

如果绝缘体以光的形式吸收了能量，它的电子就能立即跃迁至楼上座位。当电子回到楼下的低能级座位上时，它又会释放出之前吸收的能量，要么发光，要么发热。因此，光照在一个物体上会使其升温——电子吸收了光的能量，然后这个物体又以散热的形式释放出其吸收的能量。如果光的能量不足以让电子从较低能级的楼下座位跃迁至较高能级的楼上座位，光线就不会被吸收。在这种情况下，低能量的光会被固体中的电子忽略，径直穿透固体。像玻璃窗这样的绝缘体之所以是透明的，就是因为在这种材料内部，楼下座位与楼上座位的能量差位于光谱的紫外部分，低能量的可见光只会穿透它。金属则不同，其中只有一半的楼下座位被占据，仍有空座位可以吸收光线。不管光的能量有多小，金属中的电子都会吸收这些能量，并在回到低能级座位的时候把这些能量释放出来。这就是金属发光和反光效果好的原因。它们总能释放出等于吸收量的能量，它们能吸收的能量也没有最低限制。

半导体是一种能量差较小（与可见光的能量相比）的绝缘体。对于这样的能量差，在室温下会有一定数量的电子具备足够的能量跃迁至楼上座位。如果电子跃迁至楼上座位，这种材料就具备了两种导电方式。每一个跃迁至高能级的电子都会留下一个空座位，被视为"正电子"或者"空穴"，也可以导电。如果空穴旁边的电子占据了这个位置，就相当于空穴移动了一个位置，所以我们也就认为空穴也可以导电。当然，电子最终会回到它们原来的能级，但不一定是原来的座位。有些半导体受到光照之后，高能级的座位上就会出现足够多的受到激发的电子，低能级的座位上也会出现足够多的空穴，从而让它们从绝缘体转变为电的良导体。一旦没有了光照，电子和空穴就会重新组合，它们又变成了绝缘体。这种半导体被称为"光电导体"，在受到光照时，其导电性能会发生巨大的变化，因此多被用作光传感器。某些烟雾探测器、电视遥控器和超市的自动门装置，都使用了光电导体。

半导体装置通常都由硅制成，因为它的能量差低于可见光的范围。此外，它是一种广泛存在（大部分沙子的主要化学成分都是二氧化硅）的比较容易提纯和处理的元素。有时，硅的能量差也会影响半导体的性能。在这种情况下，可以改用其他半导体材料，比如锗或砷化镓。钢铁侠以及军方的夜视装备，都是基于半导体的光电性质以及处于电磁波谱红外部分的微小能量差。

由于所有的物体都具有一定的温度，所以它们都会产生电磁辐射。物体中的原子会以特定的频率振动，这个频率反映了原子的平均动能。在月黑风高的夜晚，大多数非生命物质的温度都会降低（因为没有光照），发出的电磁辐射会变少，原子的振动频率也会变低。但人类却能够通过新陈代谢将体温维持在 37 摄氏度左右，因此，我们会发出大量位于光谱的红外部分的光（相当于一个 100 瓦灯泡释放的能量）。虽然我们的眼睛对这种光并不敏感，但我们可以用对红外光较敏感的半导体去探测它。夜间，温血动物发出的红外光比周围环境要多得多。

有一些夜视镜，比如《守望者》中的"夜枭二代"配备的那种，使用红外热成像技术来探测红外光，其中的半导体探测器能吸收温度在 100 华氏度（37.8 摄氏度）左右的物体辐射的红外线。然后，半导体探测器中的光电流会被输送到某种具有特殊化学结构的固体材料中，当电子和空穴在光的激发下重新组合的时候，这种材料就会发出可见光。这样一来，我们的眼睛无法探测到的红外线就会被夜视镜转换成可见光，让我们在黑暗中也能看清东西。夜视镜白天也能探测到可见光和红外光。所有物体在相同的温度下都会发出强度相同的光，当一个人周围的物体温度升高（由于吸收了阳光）时，这个人和周围环境发出的红外光之间的对比度就会减弱，夜视镜的效果也就不那么明显了。

隐形女侠的眼睛是什么颜色的？

对半导体的光电效应的理解，也有助于解决长期困扰漫画迷的一个问题：隐形女侠为什么能看见东西呢？神奇四侠乘着火箭踏上了一趟生死未卜的旅程，苏·斯通（现在叫苏珊·理查兹）由此获得了隐身能力。她是如何做到这一点的呢？如果可见光能从她的身体中穿过，她又怎么能看见东西呢？事实上，我们要问的一个更基本的问题是：我们到底是怎么看到东西的？

组成人体细胞的分子可以吸收电磁光谱中的可见光，还有某种分子，比如黑色素，会增加人体对可见光的吸收量，使皮肤变黑。隐形女侠由于接触了宇宙射线而获得了一种超能力，使她能够增加她体内所有分子的"能隙"。如果楼下座位与楼上座位之间的距离变大，并延伸到紫外光谱，可见光就会被她体内的分子忽略，直接穿过她的身体。这种解释不算牵强，毕竟我们每个人都有能让可见光穿透的细胞。事实上，此时此刻你正在利用这些细胞——眼睛里的晶状体——阅读本书。

阳光中含有大量紫外线，它比可见光具有的能量还多。只有在炎炎夏日被阳光灼伤时，我们才会注意到紫外线的存在。在苏·斯通隐形后，她仍然会吸收并反射紫外线。而我们之所以看不到她，是因为我们眼睛中的视杆细胞和视锥细胞不能发生共振从而吸收紫外线。特殊的紫外线眼镜（比如毁灭博士安装在他面具上的那种）可以把从苏身上反射出来的紫外线转换为可见光，它的作用机制与夜视镜很像，只不过夜视镜是把红外线转换成可见光。

这也解释了隐形女侠是怎么看到东西的。在她隐身后，她眼睛里的视杆细胞和视锥细胞会对从其他人身上反射回去的紫外线更敏感，但我们却看不到她。隐形女侠眼中世界的色彩与实际情况不一致，因为她探测到的光的波长变化与彩虹的颜色没有关系。对我们来说，窗户是透明的，因为它们会让可见光通过并吸收紫外线。我们看不到紫外线，也不会注意到紫外线被吸收了。然而，对于隐形女侠来说，窗户又大又黑，而其他物体都是透明的。但没关系，只要稍加练习，她应该就能适应了。

这一机制解释了为什么苏隐身后仍能看到东西，《神奇四侠》第62期的第三册（2002年12月）对此进行了交代。这一期是由马克·韦德编剧，由迈克·维林格绘制的。故事说，在苏隐身的时候，她通过探测周围环境散射的宇宙射线看到东西，但寻常人的视力却看不到这种射线。思路没错，但光错了。来自外太空的宇宙射线并不是可见光子，它们大多数是高速质子，当它们撞击大气中的原子时，会产生大量的电子、伽马射线光子、μ 子（一种与电子有关的基本粒子）和其他基本粒子。通常情况下，我们无须担心受到宇宙射线的辐射，也不要幻想宇宙射线会赋予我们超能力，至少在海平面上如此，因为这里的粒子通量还不到太阳光子通量的 10^{-18}。如果苏走在街上要依赖宇宙射线才能看见东西，她就会不断地撞上行人或者其他物体。可能性更大的情况是，她能看到东西的原理与她能隐身的原理是一样的，即她的分子发生了变化，从只能吸收可见光转变为只能吸收紫外光。

什么是晶体管？晶体管为什么很重要？

下面我们接着讨论托尼·史塔克和他的装配了晶体管的盔甲。当史塔克需要增加他的磁性涡轮绝缘体的排斥力时，就会用到礼帽晶体管。晶体管是如何放大微弱的信号，让便携式收音机和冲击光束发挥作用的呢？

虽然半导体作为一种光电器件是很有用的，但如果其功能仅限于此，恐怕就没有人会把这个时代称为硅时代了。半导体之所以在家庭生活中随处可见，是因为只需要添加很少的化学杂质，就能让它的导电性能提升 100 万倍。不仅如此，你既可以向半导体中添加电子，也可以通过移走电子产生同样可以导电的空穴。当一个拥有多余电子的物体被放置在一个有空穴的半导体旁边时，就形成了一个太阳能电池。如果在上面再添加一层电子，就形成了一个晶体管。

我们知道，添加某些化学物质会改变绝缘体的光学和电学性质，彩色玻璃就是这样制造出来的。普通玻璃的能隙比可见光的能量高，所以它是透明的。但如果在熔化的玻璃中加入少量锰，冷却后的玻璃在光线的照射下就会呈现出紫色。锰会在玻璃的能隙中对光进行共振吸收，这就好比我们在连接楼下与楼上座位的台阶上加放了多把椅子。通常情况下会直接穿过玻璃的可见光，此时会因为玻璃中添加的锰原子而被部分吸收。这样一来，白光穿过玻璃时某些波长的光就会被吸收，使玻璃呈现出某种颜色或者"色斑"。不同的化学物质，比如钴或硒，会让透明的绝缘体呈现出不同的颜色（分别为蓝色和红色）。

同样的原理也适用于半导体，只有添加化学杂质才能让电子很容易地被移除或跃迁至楼上座位，从而在楼下区域留出空穴。从化学杂质中得到电子的半导体被称为 N 型半导体，因为电子带负电荷；而将电子从较低能级的座位移除出去的半导体被称为 P 型半导体，因为空穴是带正电的。添加了化学杂质的半导体的特殊之处，不在于它们的导电率会发生显著变化（如果我们需要导电材料，直接用金属就可以了），而在于当我们把 N 型半导体放在 P 型半导体旁边时所发生的反应。两种半导体交界处多余的电子和空穴会迅速重新组合，但同样带有电荷的化学杂质却没有发生变化。N 型半导体中带正电的杂质和 P 型半导体中带负电的杂质会产生电场，就像空间中的正电荷和负电荷会产生电场一样。这个电场会指向某一个方向。如果让一个电流通过 N 型半导体和 P 型半导体的交界处，电流顺着电场方向的流动就会非常容易，而逆着电场方向的流动则非常困难。这种简单的装置如果用在机器内部就是"二极管"，如果用在机器表面吸收光线就成了"太阳能电池"。当 PN 结吸收光的时候，感光的电子和空穴将会产生电流，即使没有连接电源。内部电场会驱使电荷运动，就像给设备接通了外部电源一样。因此，感光的电子和空穴，再加上带电的杂质所产生的内部电场，两者的结合就能让太阳能电池产生电流。无须在磁场中移动线圈就能产生电流的发电方式很少见，这是其中之一，这种设备运行的时候也不需要消耗化石燃料。

晶体管与二极管的电流方向一致，可以使内部电场发生变化。因此，晶体管可被视为一种特殊类型的阀门，输入信号决定了阀门打开的幅度，以及流经设备的电流大小。回想一下第 17 章中水流的例子，消防水管的一端连接着城市供水系统，当打开连接着水管与水龙头的阀门时，水就会从水管中流过。如果阀门开得很小，水流也会非常小；随着阀门开得越来越大，水管中的水流也会不断增大。通常情况下，我们会通过控制阀门来调节水流的大小，现在我们假设有一个阀门连接着一根给花园浇水用的水管，水管中的水流比较小，阀门打开的幅度取决于从花园水管流向阀门的水量。如果把花园水管中的水流当成“输入信号”，从消防水管流出的水流就是这个信号的放大版本。

这样一来，无须改变编码中任何与时间有关的信号，一个较小的电压就可以被放大。如果钢铁侠想让磁性涡轮绝缘体的电流放大1 000 倍，或者增大伺服电机的电流以驱动盔甲展开攻击，他就可以用晶体管把小的电流放大。尽管托尼·史塔克会告诉你晶体管无法提供动力，但是它们确实能够将很小的信号放大很多倍。要做到这一点，必须有充足的电量储备，比如外部电池。就像水流的例子一样，只有当消防水管与城市供水系统连接时，阀门才能使花园水管中的细小水流变大。因此，晶体管不是在提供动力，而是在使用动力，但它们放大微弱信号所消耗的动力比真空管要小得多。因此，钢铁侠在每一场激烈的战斗后都需要赶紧充电。史塔克常常担心他的晶体管电量不足，但我认为他实际上指的是晶体管电池。这种口误是可以原谅的，我敢肯定，如果我跟钛人大战了几个回合，我也会说错话的。

在晶体管出现之前，要想放大微弱的输入电流，就要靠加热的导线和栅极来引导电流的走向。电流流经导线发出白光，金属发射出电子，于一定距离外施加于板极的正电压会让这些自由电子加速，并将它们吸引过去。在导线和集电极之间有一个栅极（也就是一个滤网），它的作用就像阀门。如果栅极收到了输入信号，它就会调节收集到的电流，像开关水空头一样开关阀门。与空气分子的碰撞会打散电子束，使其远离集电极。为了避免发生这种情况，导线和栅极都被封闭在一个接近真空的玻璃管里。这些所谓的"真空管"很大，加热导线和集电极需要消耗大量的能量，而且非常容易发生破损。靠真空管提供动力的钢铁侠很难立于不败之地，因为他的第一次也是唯一一次冒险之旅一直充斥着玻璃被打碎的声音。而半导体晶体管是一种小型低功耗设备，可以瞬间放大电流，且结构紧凑，坚固耐用。尽管如此，1947 年发明的晶体管还是花了好多年时间才替代了大多数电子设备中的真空管。

晶体管的发明不是偶然的，必须仔细搭建出高纯度材料和低缺陷密度的半导体结构，才能观察到电流放大的过程。在新泽西默里山的贝尔实验室，约翰·巴丁、沃尔特·布里顿和威廉·施洛克利通过艰苦的工作和创新性的实验技术，制造出世界上第一个晶体管，他们因这项成果获得了 1956 年的诺贝尔物理学奖。就在巴丁得知自己获得人生中的第二个诺贝尔奖（他在 1972 年提出了超导理论）那天，他的由晶体管控制的车库门开关装置发生了故障，这充分表明继续深入研究固体物理学的必要性。

随着制造技术和质量控制方法的改进，制造出更新更小的晶体管成为可能，这个特殊阀门的另一个重要应用也由此实现。向晶体管输入一个小的电流，就会产生一个小的输出电流，稍稍增大输入电流，输出电流也会放大。晶体管的输出电流可能是"低电流"，也可能是"高电流"，我们将低电流定义为"0"，将高电流定义为"1"。对晶体管的输入电流进行微调就能输出 0 或者 1 的电流。通过巧妙地配置数百万的晶体管，再加上数学上的布尔逻辑（在晶体管出现的 90 多年前和薛定谔方程建立的 70 多年前，数学家乔治·布尔就提出了这个理论），就可以得到微型计算机的基本组成部分。

电脑是如何用"0"和"1"来表示较大的数字并进行二进制数学运算的，需要用一本书的篇幅才能说明白。但我要强调的是，所有微型计算机和集成电路的核心元件都是晶体管。商业和娱乐电子产品在我们的社会中起着越来越重要的作用，从手机到笔记本电脑，再到 DVD 播放机，这些电子产品中的"芯片"都是由大量晶体管巧妙排列和连接而成的。如果没有晶体管，21 世纪的计算机和无线技术就不可能出现；如果没有量子力学和电磁学先驱们的成就，晶体管就不可能被发明出来。

薛定谔并不打算发明 CD 播放器，也没想过用晶体管取代真空管。但如果少了他和其他人对于微观物质特性的研究，我们今天所享受的现代生活方式就是痴人说梦。如果没有少数物理学家对自然世界行为的深入研究，我们今天的生活将彻底不同。除了少数特例，这些科学家做研究的目标不是制造出商业设备和实用工具，而是为了满足自己的好奇心。正如亨利·皮姆博士在《惊异故事》第 27 期中所说，好奇心指引着他们"去研究能激发他们想象力的东西"。

第 25 章　制服的诱惑

在关于物理学原理的讨论中，我们在自然法则之外加上了所谓的"不合常理的奇迹"，来解释超级英雄们五花八门的超能力，比如神速力或将身体缩小到一个原子大小的能力等。现在，我们必须最后一次暂且放下自己的质疑，因为如果不这样，就没有哪个超级英雄能放心地使用自己的超能力了。我接下来要说的是超级英雄们的神奇制服！

我们来看看漫威漫画公司的复仇者联盟和 DC 漫画公司的美国正义联盟，每个战队都集结了一群超级英雄。复仇者联盟的成员会随时间而变化，其核心成员包括美国队长、鹰眼（相当于 DC 漫画中的绿箭侠）、巨化人、黄蜂侠、钢铁侠和雷神。同样地，美国正义联盟的成员也是不固定的，核心成员包括超人、蝙蝠侠、闪电侠、绿灯侠、绿箭侠（相当于漫威漫画中的鹰眼）、海王、原子侠和神奇女侠。在复仇者联盟对抗征服者康、邪恶大师或者奥创以拯救世界之前，或在美国正义联盟对战征服者斯塔罗、绝望魔或亚魔卓等反派之前，所有的超级英雄先要穿上制服。穿着破破烂烂或松松垮垮的衣服，是不可能成为为正义而战的超级英雄的。毕竟，对于"衣衫不整"这种情况，漫画规则管理局肯定会出面干预的 。

幸运的是，关于这种能让超级英雄施展神奇能力的制服的构成，在漫威最早的超级英雄团队——神奇四侠开始行侠仗义时就做出了解释。在神奇四侠中，霹雳火的制服在熊熊烈焰中完好无损，隐形女侠的制服会随着她的隐身而变透明，神奇先生的连体衣可以像橡胶一样随意拉伸，像岩石一样强壮的橙色石头人穿着一条蓝色短裤。

1961 年 11 月，当神奇四侠在漫画中初次登场时，他们穿的都是普通人的衣服，因为他们需要保持低调。他们 4 个人溜进一个军事基地，偷偷开走里德（神奇先生）设计的飞船，在太空激战中击败了苏联。这次行动也使他们受到宇宙射线的辐射，获得了超能力。漫威漫画公司非常低调地推出了神奇四侠漫画的头几期。那时候，它主要依靠其竞争对手——国家期刊出版公司（超人、蝙蝠侠和美国正义联盟的出版商）在报刊亭铺货，而且漫威漫画公司当时出版的主要是以美国西部、青少年、巨型怪物为主题的漫画。为了不让国家期刊出版公司察觉到漫威正在悄悄扩大超级英雄的版图，在最初的两期漫画中，神奇四侠都是穿着日常的衣服与鼹鼠人、斯库鲁尔星人作战的。而到了第 3 期，他们穿上了蓝色连体衣，这成为他们的制服。《超人总动员》里的时装设计师衣夫人可能会对神奇四侠的"乞丐装"不屑一顾，但这样的制服能随着超级英雄的变身而变化，而且完好无损，这是怎么做到的呢？正如《神奇四侠》第 7 期中所说，这种制服是由里德的一个神奇发明——"不稳定分子"构成的。毫无疑问，里德向复仇者联盟的成员分享了这种神奇衣料的制作方法。

现在，任何一个上过高中化学实验课的人都知道，不稳定分子确实存在。它们可能会解体或爆炸，因为它们不够稳定！但是，真正的衣服能否根据穿着者的需要改变其热力学性质和结构呢？答案是肯定的。形状记忆材料的专业名称叫热敏材料，这种材料能"记住"最初的设置，在发生弯曲或变形之后仍能恢复原来的形状。随着温度、压力、电场（比如电影《蝙蝠侠：侠影之谜》里哥谭市骑士的披风）的改变，这些材料会发生相变，并被广泛应用于我们熟悉的（收缩胶膜）和不太熟悉的（能够自收紧的外科结）领域。与熔化或沸腾之类的相变不同的是，这些材料可以在不同的晶体结构之间转换。

在使用形状记忆材料制作服装之前，我们应该问一个更基本的问题：物体的形状是由什么决定的？任何固体的性质都受到两个因素的支配：化学结构和原子排布。

我们先看一下碳原子，它可谓元素周期表中收放自如的"神奇先生"或"伸缩人"。原子之间形成的化学键数量通常是固定的，但碳原子不同，其化学键的数目和类型都有很大的弹性。正如我们在第21章中讨论的，原子的电子物质波交叠时会产生"泛音"。与两个独立原子的能量之和相比，它们结合后的总能量会降低，因为固体或者分子中的原子之间形成了化学键。结合后的原子处于较低能量态，只有从外部施加能量，比如热或光，才能把它们分开，这种能量被称为"束缚能"。为了实现从液态到气态的相变，从外面施加的热被称为"气化热"；而从固态到液态的相变，则需要施加"熔化热"。

当碳原子间形成 4 个化学键时，其能量降低得最多，这可以通过不同的方式来实现。在多聚体（比如蛋白质或 DNA）中，一个碳原子可以与长碳链中的其他碳原子形成两个很强的化学键。它也可以在同一层面上与其他碳原子形成三个牢固的化学键，组成一个六边形，就像我们在第 23 章的图 38 中看到的那样。然后，这个碳原子还会试着与上一层或者下一层的碳原子形成第 4 个化学键。由于它只能与上层或者下层的碳原子形成牢固的化学键，而不是与上下层的原子同时形成化学键，因此每一层内的连接都很牢固，但层与层之间则并非如此。一层层的碳原子堆叠起来，就像千层酥饼一样。我们把这种形式的碳称为石墨，石墨很软，层与层之间很容易分离，因此非常适合用来制作铅笔芯。你用铅笔写字的时候，实际上正在一层层地分离碳晶体。

此外，位于金字塔中心的碳原子可以与 4 个角上的其他原子形成 4 个牢固的化学键。如果位于金字塔中心的碳原子与氢原子结合在一起，得到的气体就是甲烷；如果其他 4 个原子都是碳原子，得到的固体就称为钻石。石墨和钻石都是由碳原子组成的，但是石墨不透明、能导电和易变形的性质是碳原子层层堆叠的结果，若碳原子重新排列成四面体结构，就成了透明、不导电、坚硬的钻石。

在第 15 章中，我们介绍了物质的相，根据温度与压力的不同，物质有固相、液相和气相三种状态。温度决定了每个原子的平均能量，以及原子是否有足够的动能转变为气相（以此为例）。通过挤压材料，即增加压力，我们增大了原子气化的难度，若想产生相变就需要更高的温度。能量和熵之间的平衡，决定了特定的物质在什么样的温度和压力条件下会发生相变。

在强压和高温条件下，石墨可以转变为钻石，超人准备送订婚戒指给露易丝·莱恩时就是这么做的。而想让形状记忆材料从一种形态变为另一种形态，则不需要这么费劲。对形状记忆材料而言，相变就意味着材料中原子排布方式（即晶体结构）的变化。材料中原子的数量没有发生变化，但原子的排布方式发生了改变，要想变回之前的结构，就需要施加更多的能量。

我们熟悉的液晶材料就具备这样的性质，在从一种晶体结构到另一种晶体结构的相变过程中，其原子排布方式和光学性质也会发生变化。液晶实际上是一种长碳链分子化合物。分子间的静电力使它们能够沿着一个方向排列，或者自发形成分层。维系这种结构的力量非常微弱，以至于它能像液体一样流动。通过施加一个外部电场，可以把液晶从一种有序的结构转变成另一种有序的结构。液晶反射光的能力会随着分子的排布方式的不同而发生显著的变化。也就是说，在某个阶段，液晶会反射照在它上面的大部分光线（所以看起来很明亮），而在另一个阶段，它会吸收大部分光线（所以看起来很暗）。平板电视或者计算机显示器上的每一个液晶像素单元背后都是薄膜晶体管，它们会产生变化的电场来改变像素单元的光学性质，像素单元光学性质的变化又产生了动态的图像。

形状记忆材料并不总是长链分子结构，也不一定是由碳原子组成的。液晶会由于电场和温度的变化而发生相变，形状记忆材料则会在压力的作用下从一种晶体结构转变为另一种晶体结构。弗莱克桑（Flexon）和镍钛诺（Nitinol）这两种镍钛合金产品都具有高弹性和记忆能力，因此它们可以用来制作眼镜框等。镍钛诺是在 1961 年被偶然发现的（神奇四侠漫画也于同一年诞生），当时，海军军械实验室的一个研究小组组长在一次管理会议上将一根弯曲的合金丝交给科学家们检查。其中一个研究人员决定用烟斗打火机加热这根弯曲的合金丝（如果说我从漫画里学到了一件事，那就是所有科学家都抽烟斗，至少在白银时代是这样）。大家惊讶地看到，弯曲的合金丝经过加热恢复原状，镍钛诺［"Nitinol"里"nol"是海军军械实验室（Naval Ordinance Lab）的首字母缩写，"Ni"和"ti"则代表"镍"和"钛"］由此诞生。把合金丝掰弯改变了它的晶体结构，烟斗打火机的热能则让它回到低能态（更稳定）的晶体结构，恢复原状。改变合金中镍和钛的比例可以改变相变发生的临界温度。镍钛诺合金丝也可以被用于正畸：先根据病患下巴的形状弯折并固定好合金丝；当金属丝升到体温时，它会努力恢复原状，从而给牙齿施加一个稳定的压力，让牙齿变得更整齐。

形状记忆聚合物的出现时间比形状记忆金属更早。一个常见的例子是收缩胶膜，它在被加热后会发生结构上的变化。将长链分子交联固化的活性基团会因外部条件（如电场或温度）的变化而熔化，使分子结构降至较低能级。2002 年，安德烈亚斯·兰德林和罗伯特·兰格在《科学》杂志上宣布，他们发现了能用于外科手术的可生物降解的热塑性形状记忆聚合物。由这种材料制成的线在打了松散的结之后，会在被加热到 104 华氏度（40 摄氏度）时自动收紧，有利于减小内窥镜手术的切口。形状记忆合金可用于制作支架、导管和探头，在人体内各个狭窄的通道里穿行，其灵活程度就像伸缩人一样。

神奇四侠和复仇者联盟成员的功能性制服只存在于四色漫画中，而形状记忆材料已经被用于制作真实的衣物。某些织物会随着温度的降低而膨胀，若把它们用作冬季夹克的内衬，就可以自动增加空气间隙，改善保温效果。还有一些材料在较高的温度下气孔会增多，即时排出身体的热量和蒸汽。目前有的聚合物织物能够拉伸到正常长度的两倍，加热后即可恢复原状。这些材料解开了一个困扰我们已久的谜题：绿巨人的裤子为什么会那么结实？

绿巨人浩克是复仇者联盟的元老级成员，他在与团队并肩作战的短暂时光中总是穿着紫色的短裤，他在与美国陆军、憎恶、大头目对抗的时候也穿着一条紫色的裤子。核物理学家罗伯特·布鲁斯·班纳在被伽马射线击中之后获得了超能力，变身为 8 英尺高、2 000 磅重的绿巨人。身形的巨大变化导致他的衬衫变成了碎布条，他的脚撑破了鞋子和袜子，裤腿也残破不全，只有裤腰完好无损。所以，绿巨人的那条紫色的李维斯牛仔裤很有可能是用神奇先生发明的不稳定分子制成的，也可能是形状记忆材料。

在《神奇四侠》漫画大获成功之后，漫威在 1962 年首次推出了绿巨人漫画。不幸的是，虽然绿巨人可能很强大，但他的漫画销量却很惨淡，6 期之后就停止出版了。但绿巨人没有就此销声匿迹，一年半之后他在《惊异故事》第 60 期里再次登场。

在漫威的漫画世界里发挥作用的可能是不稳定分子，但在 DC 的漫画世界中，又是什么让美国正义联盟的制服保持原状的呢？关于 DC 的超级英雄制服的耐用性，存在着各种各样的解释，这些解释听上去都有点儿道理。在白银时代，超人的制服与包裹着婴儿卡尔—艾尔的襁褓是同一种材质；在氪星毁灭前，他的父母把他用这种布料包裹好，用飞船送到了地球上。这种材料之所以很结实，是因为它是一种外星物质。后来又出现这样一种说法：超人周身环绕着一层薄薄的光晕，能让他刀枪不入，也能让他的制服无论在面临毁灭性的力量还是处于太阳中心时都完好无损。同样地，这种保护性光晕也能让闪电侠在极速奔跑的时候，保持制服完好无损。

但当蝙蝠侠在哥谭市打击犯罪的时候，他的制服却有可能破损。孤独的蜘蛛侠显然也不在"不稳定分子用户清单"里（至少在 20 世纪 60 年代刚登场时是这样），他时常要面对衣服破损的问题（既没有蝙蝠侠的万贯家财，也没有全职管家，这对于跟年迈的梅婶一起住在纽约皇后区的彼得·帕克来说无疑是一个不小的负担）。

原子侠有一个独特的方法，能让他的制服很好地配合他的身量变化。原子侠正常情况下有 6 英尺高、180 磅重，他能够缩小到高度和重量几乎可以忽略不计的程度，就是因为他巧妙地利用了一种白矮星的残余物质制成他穿着的红蓝相间的制服。原子侠拥有的这种微缩超能力就内嵌在他的制服里，因此，他的超级英雄制服和超能力都只能用不合常理的奇迹来解释。事实上，原子侠根本不用担心换衣服的问题，因为他的制服只在他缩小的时候才会出现。在他恢复正常身高后，他的制服还是那么小，但他平时穿着的便服会随着他的身体一起变大。因此，当原子侠变回普通人后，他会故意恶搞自己，使劲儿拽自己的内裤，这在众多超级英雄中可谓独树一帜！

我已经介绍完了与超级英雄制服相关的材料科学，再补充两个核心规则：第一，别穿斗篷！第二，装饰！接下来，我们来探讨一下更知名的武器装备中的物理学问题。

星钻的厄运

蝙蝠侠于 1939 年在《侦探漫画》第 27 期中首次登场，两年之后，又一位富家公子穿上了超级英雄制服，他也没有超能力，仅凭自己的智慧和各种高科技装备打击犯罪。很显然，绿箭侠是在复制蝙蝠侠的成功模式。大富翁布鲁斯·韦恩会把自己装扮得像一只巨大的蝙蝠，和他的助手罗宾一起开着蝙蝠车从蝙蝠洞驶向哥谭市，用藏在腰带里的高科技装备打败小蟊贼或大恶棍。另一位大富翁奥利佛·奎恩穿着改良版的罗宾汉制服，和他的搭档快手一起开着箭车从箭洞驶向星城，用箭囊里功能各异的箭打败小蟊贼或大恶棍。绿箭侠的高科技装备包括回旋箭、炸弹箭、手铐箭、拳击手套箭、撒网箭、乙炔喷灯箭，还有水下冒险必备的水下呼吸箭。你在水下需要背上一个氧气筒，我是能够理解的，但背上一支箭到底有什么用，我实在想不明白。

绿箭侠与海王的首次登场都是在同一期《多趣漫画》中，其编剧是莫特·韦辛格，漫画师是乔治·帕普。在黄金时代和白银时代中间的过渡期里，绿箭侠和海王的故事一期接一期地出版。在 20 世纪 60 年代出版的《勇敢与无畏》第 28 期里，海王从一开始就是美国正义联盟的成员；而绿箭侠加入联盟是在一年后，在《美国正义联盟》第 4 期"星钻的厄运"中，他拯救了神奇女侠、海王、闪电侠、绿灯侠和火星猎人，随后成为联盟的一员。如图 41 所示，美国正义联盟的成员们被困在了一个巨大的钻石监狱里，绿箭侠向这座透明的牢笼射出一支钻石箭，击中了这座钻石监狱唯一的应力集中点，救出了美国正义联盟的多位成员。从绿箭侠与美国正义联盟的第一次冒险中，我们可以了解一些真正的材料科学知识，比如晶体缺陷、弓的弹性应变能，以及弓箭的历史。

我们先来分析一下困住美国正义联盟成员的钻石监狱。钻石很难被打碎，不是因为它的密度非常大，而是因为连接晶体中碳原子的共价键非常牢固。所以，材料的强度主要取决于将原子结合在一起的化学键的强度。最强有力的化学键被称为"共价键"，从量子力学的角度看，这种结构中的单个原子会与其相邻原子共享外层电子。要想打破这种化学键，就必须移除连接原子的化学键中的电子。碳原子与相邻原子的相对位置决定了化学键的强度，当碳原子全都位于一个平面上时，电子的物质波函数就会发生重叠，由此形成的化学键比钻石中的化学键还要牢固。也就是说，当你用铅笔写字时，在纸上被剥离下来的碳平面中的化学键会比钻石晶体中的化学键更牢固。在钻石中的某些地方，由于应力集中或者有杂质的缘故，化学键很容易断裂，这就成为钻石的瑕疵之处。钻石瑕疵处的共价键最易被打破，对打磨钻石的珠宝商和使用钻石箭的绿箭侠来说都是这样。

弓的制造过程也涉及大量的材料科学知识，因为一把好弓的关键就在于它的材料弹性好且不易折断。从本质上说，弓是一种弹簧，弓

图 41 在《美国正义联盟》第 4 期（1961 年 5 月）里，绿箭侠正准备对以共价键连接的固体进行断裂应力测试

储存的弹性势能会转化为箭的动能。回顾一下我们在第 12 章中讨论的内容以及能量守恒定律，在物理学中，功是指物体在力的作用下沿力的方向移动的距离。向后拉弓弦不会改变弦的长度，射手所施加的力只会让弓的形状发生变化。理想的弓能够储存较多的弹性势能，也就是说，它要轻便、有力、有弹性。在材料物理学中，如果一个物体被压缩或拉伸之后还能恢复原状，我们就说这个物体具有"弹性"。如果一个物体在力的作用下发生了永久性变形，我们就说这个物体具有"塑性"。

对于绿箭侠来说，这种弹性与塑性的转换所需的力越大，他就可以使出越大的力去拉弓，而且无须担心会把弓拉折。弓储存的弹性势能越大，能够转移到箭上的动能也越大。箭离开弦的速度越快，它在空中飞行的距离就越远。只要手握一把好弓，即使我们站在较远的地方，也能命中靶心。

有人说，中世纪的英国长弓手是世界上最出色的弓箭手。在 1415 年的阿让库尔战役中，尽管拥有几乎是以十对一的人数优势，5 万名法国士兵还是被区区 6 000 名英国士兵击败。在这 6 000 名英国士兵中约有 4 800 人是长弓手，而法国军队中几乎没有弓箭手，这充分显示出先进技术在战争中的优势。英国士兵无疑是胜利的一方，他们用紫杉木制成的长弓击败了敌人。在所有能用来制作弓的木材中，紫杉木的比强度是最佳的 。在紫杉树的横截面中，外圈是较软的边材，具有很好的弹性，中间是较硬的心材。用这两个区域交界处的木材制成的弓，内层的心材在弓弯曲时可以承受压力，而外层的边材能使弓快速恢复原状。当然，木材中的疤或者缺陷就像晶体中的瑕疵，往往是容易发生断裂的地方。因此，一棵紫杉树很难制作出多把优质长弓。这种木材因其上好的弹性应变能而价格不菲，造成的结果就是，17 世纪的整个英国以及欧洲都在大规模砍伐紫杉树。近年来，欧洲和美国都开始大量种植紫杉树，这一次是因为它的治疗功效。合成与制备业的最新研究成果表明，太平洋紫杉树的树皮是抗癌药物泰素（学名紫杉醇）的主要来源。于是，紫杉树再一次成为无价之宝。

现代材料科学使弓箭技术有了很大的改进。弓的设计一直在创新，20 世纪 60 年代，霍利斯·艾伦发明了复合弓。他在弓的两端加上滑轮，增强了弓箭手向后拉弓弦时的力，从而增加了弓储存的势能。弓的材质自 16 世纪以来也在不断改进，碳纤维增强基复合材料既有石墨中碳碳键的结合强度，又有塑料的低堆积密度，这使得紫杉木黯然失色。将石墨丝编织成纤维，与环氧树脂结合，就能够形成碳纤维增强基复合材料。这种复合材料不仅能用于制作弓箭，还被广泛用于制造其他运动器材、高性能赛车、直升机桨叶甚至桥梁支撑结构中。

唯一比碳纤维复合材料更坚固、更轻的是碳纤维原丝，被称为碳纳米管。这种材料是由一层卷起来的石墨形成的中空圆柱体，直径只有三个原子大小，厚度只有一个原子大小。由于单层石墨中碳原子之间的共价键是最牢固的，所以如果在合成过程中没有任何瑕疵，碳纳米管的比强度就是钢的 200 倍，是蜘蛛丝的 20 倍。如果制出肉眼可见的碳纤维丝，一根直径为一毫米的碳纳米管就可以承受近 14 000 磅的质量，一根比这句话末尾的句号还细的纤维能承受两辆运动型多用途车的质量。碳纳米管到底有多强韧，我们在托尼·史塔克对绿巨人进行的身体检查中可以找到线索。在对绿巨人进行的压力测试中，史塔克工业公司的研究人员惊讶地发现，绿巨人坚不可摧的原因在于他的皮肤里有碳纳米管！

我们可以把普通的金属箭头或燧石箭头替换成硕大的钻石箭头，

就像绿箭侠在《美国正义联盟》第 4 期里用的那个。我们也可以在箭头上加装一个小型警报器，以便制造出一种冲击声波。我们还可以在箭头上再加装一个监控器，以便了解箭头何时处于最高点，以及何时会弹射出一个网。绿箭侠还有一些很奇特的箭头，但这些箭头并不合理，比如木乃伊箭头（它会用布把目标牢牢裹住）和手铐箭头（从空气动力学上讲这是最不合理的一种箭头）。但"箭头装备"的概念要早于绿箭侠漫画，而且早了 1 000 多年！火焰箭和"希腊火药"在维护拜占庭帝国的统治方面发挥了重要作用。虽然关于其确切的化学成分仍存在争论，但我们知道在箭头上沾上石油和沥青（硫黄）的混合物就成了燃烧弹，点燃后很难熄灭，即使在水中也能继续燃烧。和这些致命的箭头装备比起来，拳击手套箭实在是平淡无奇。

子弹和手镯

在第 22 章我说过，你从本书中学到的量子力学知识加上你对超级英雄漫画的了解，将带给你很好的异性缘。事实上，美国正义联盟的一位元老级成员的创造者威廉·莫尔顿·马斯顿，就像托尼·史塔克和欧文·薛定谔一样，也是个花花公子，他的私生活绝对不可能得到漫画规则管理局的认证。

1921 年，马斯顿已经拥有了一个文学学士学位、一个法学学士学位，以及一个心理学博士学位，而当时只有约 3.3% 的美国人口拥有大学及以上学历。1917 年，马斯顿发表了一篇论文，指出了人的收缩压与说谎之间的关系，他也因此自称"测谎仪之父"。马斯顿先是在美利坚大学和塔夫茨大学执教，1929 年，来到好莱坞的环球工作室担任公共服务主管。虽然他曾在多所大学任教，却从未获得终身教职。1929 年以后，他就不再撰写学术论著了，而逐渐转型成为社会心理学家。一开始是在好莱坞发展，后来撰写了一系列书籍，有些是技术性的，大多数则是关于流行心理学的。再后来，他成为《家庭圈》杂志的心理学顾问。

1940 年的一期《家庭圈》杂志上刊登了奥利芙·理查德撰写的一篇采访报道《不要嘲笑漫画》。马斯顿在采访中为漫画进行了辩护，他认为漫画是一种教育手段，而不是一种损害青少年心智的廉价娱乐消遣。正如莱斯·丹尼尔斯的《神奇女侠：完整的历史》（*Wonder Woman: The Complete History*）一书所说，这篇文章引起了 M. C. 盖恩斯和谢尔登·迈耶的注意，他们因此邀请马斯顿加入 DC 漫画公司和全美漫画公司编辑顾问委员会。后来，马斯顿以查尔斯·莫尔顿为笔名，创造了一个新的漫画角色，这充分表明他坚信女性在道德上和心理上都具有明显的优势。在 1941 年 12 月 ~1942 年 1 月的《全明星漫画》第 8 期中，神奇女侠登场了，她凭借亚马逊族的神力、防御手镯和金色的真言套索（个人便携式测谎仪）成为捍卫正义的战士。

因为神奇女侠的超能力来自一种神奇的魔力（而不是通过黄色太阳的光线，或者被受到辐射的蜘蛛咬伤之类的方法获得），所以她的丰功伟绩中并没有多少物理学知识，但有一个特例。在她的第一次冒险之旅中，她参加了一场亚马逊族的竞赛，获胜者要负责把美国飞行员史蒂夫·特雷弗护送回国，他的飞机坠毁在与世隔绝的天堂岛上。竞赛中最难的一关就是子弹与手镯之战：两位女战士面对面，朝对方开枪，能用手镯成功挡开子弹的一方获胜。这种手镯由一种特殊的金属——亚马逊石（Amazonium）制成，旨在提醒亚马逊人不要忘记那段被人奴役的历史。在这场"眼力与速度的终极考验"（1942 年的《神奇女侠》第 1 期）中，神奇女侠用她的手镯"挡开了迎面而来的子弹"。好吧，我们假设神奇女侠确实拥有墨丘利的反应速度，快到能抬手挡开飞行的子弹，但如果手镯能承受住子弹的攻击，那它到底是由什么构成的呢？

我们必须先确定手镯能够承受的最大的力是多少。这就需要计算出当神奇女侠抬手挡开子弹的时候，子弹施加给手镯的力。我们会再次用到第 3 章中的公式，当时我们用它计算为了拉住坠落的格温·斯黛西，蜘蛛侠的蛛丝要承受多大的力。这个公式是：力乘以时间等于动能的变化量。要想挡开一颗质量为 20 克、发射速度为 1 000 英尺 / 秒、撞击时间为 1 毫秒（千分之一秒）的子弹，需要 2 700 磅力。由于子弹的面积很小，这就相当于每平方英寸 7 万磅力，是大气压力的 4 600 倍还多。什么金属能承受这么大的力而不发生塑性变形呢？答案是几乎所有金属都可以。典型的高强度合金钢可以轻松承受每平方英寸 7.5 万磅力 ~100 万磅力的压力。神奇女侠的手镯大约有 0.5 厘米厚，足以挡开一颗迎面飞来的子弹。由此可见，亚马逊石似乎并不比冷轧钢更特别。

接下来要提出的一个基本问题是：如果金属如此牢固，为什么我们可以很容易地把它们拉成长长的金属丝或者加工成珠宝首饰呢？为什么由松散地结合在一起的原子构成的固体很容易被加工处理，而不会在轻微的扰动下解体呢？答案就在静电学中。

在上一章中，我们将固体中的电子能量态比作礼堂里的座位，楼上的空座位代表的是高能量的激发态。对于金属而言，电子只占据了一半的楼下座位，而且楼下和楼上座位之间并没有能量屏障，所以能够产生感应电流。金属中的"座位"实际上就是物质波，可以延伸到整个实体之外。金属之所以是电和热的良导体，是因为只需要施加很少的能量，就能让这些电子发生跃迁。在以共价键连接的固体（比如钻石）中，每个座位都代表原子间牢固且定向的化学键。

如果金属原子之间不存在直接的化学键，那是什么让金属固体免于分崩离析呢？答案是电。每个金属原子最初都是电中性的，其原子核中有许多带正电荷的质子，围绕着它的是带相同数量负电荷的电子。如果从每个原子中移除一个自由电子，原子就会带正电。如果你尝试挤压金属，就会让原子彼此挨得更近，带正电荷的原子（即离子）就会互相排斥，抵御外部压力。金属中的原子之间缺少定向且牢固的化学键，因此容易变形，可被拉成又长又细的金属丝或者被压成薄片。与大多数以共价键结合的固体相比，把金属原子聚集在一处的力并不是特别强，所以我们可以轻松地拉直一枚回形针，完全不需要超能力！但鉴于大多数金属都具有塑性，它们又比我们预想的要坚固。

显然，某种金属的强度是由一系列化学和材料科学原理决定的，例如漫威漫画中最坚固的金属艾德曼合金，X 战警成员之一金刚狼的骨骼和爪子就是用这种金属打造的。这种神奇的金属之所以很坚固，不是因为它的密度很大，而是因为它是一种以共价键结合的零瑕疵固体。把一个以共价键结合的原子从相邻原子旁移走，这比把寻常金属中的自由电子与离子结合在一起需要的能量更多。艾德曼合金具有金属的电学性质，拥有与钻石差不多牢固的共价键，也没有任何缺陷或瑕疵，所以它"坚不可摧"。

缺陷会削弱以共价键结合的固体的坚固程度，但也可以让某些金属变得更坚固。[①] 有一种方法可以提高金属强度，叫作"加工硬化"，让金属发生塑性变形，导致金属在原子层面上出现缺陷。由于金属中

---

①　不仅仅是金属！如果你捏住一张标准的 8.5 英寸 ×11 英寸的纸的短边，因重力作用它会向下弯曲。把这张纸揉成一团后展平，再捏住同一边，这张纸就会因新增的褶皱而变得硬挺，也不易因重力作用而弯曲。

没有定向的化学键，因此在其受力弯曲或者被拉成丝的时候，移动一层层的原子就比较容易。缺陷会阻碍原子的运动，过多的缺陷会造成原子层面上的"交通堵塞"，这会抑制金属的进一步变形。这种强度的增加是以牺牲塑性和韧性为代价的。冷轧钢的抗拉强度与钛合金相当，但两者与以共价键结合的碳纳米管相比，韧性要差一些。

说到这里，我必须澄清一个普遍存在的误解，是关于美国队长所用盾牌的化学成分的。金刚狼的爪子是由艾德曼合金制成的，而美国队长盾牌的成分则是由钢和振金（也叫吸育钢）制成的独一无二的合金。钢保证了盾牌有足够的硬度，可以抵挡反派的攻击。振金是一种外星物质，它随着一颗陨石来到地球，这颗陨石坠落在由超级英雄黑豹统治的非洲国家瓦坎达。振金能够吸收所有的声音，将声波中的能量转换为其他形式，是一个完美的减振器，这对于盾牌而言是一个最重要的特质。声波表示压力或密度的变化，在固体中，声音是通过原子振动传播的。振金可能是将吸收的声波转换成光子跃迁（这就解释了在美国队长使用盾牌时，为什么我们偶尔会看到闪光），从而实现了能量守恒。

美国队长盾牌的原材料是在实验室中偶然得到的。当时，钢和振金意外地熔合成一种新合金，但其合成条件没有被记录下来，此后也没再发生过。事实上，在尝试制造这种材料的过程中，人们意外得到了艾德曼合金。有时候，美国队长的盾牌会被错误地描述为由振金和艾德曼合金制成，但这显然不可能。当复仇者联盟成员发现了被冰冻的美国队长时（1964 年 3 月第 4 期），还发现了他的盾牌。在第二次世界大战期间，美国队长就是靠着这块盾牌完成了许多英雄壮举。当他与复仇者联盟成员并肩作战时，用的也是这块盾牌。在《复仇者联盟》第 66 期里，当材料科学家迈伦·马克莱恩博士发明艾德曼合金时，美国队长用的还是这块盾牌！美国队长的盾牌有时似乎完全无视物理学规律，但它不能让美国队长穿越回过去。

这块盾牌中确实含有振金的成分，这已经被史蒂芬·科尔伯特的实验所证实。在他的电视脱口秀《科尔伯特报告》[①]中，他诵读了自由守卫者的遗嘱，根据这份遗嘱，科尔伯特成为美国队长盾牌的继承者。[②]他用指节敲击盾牌，盾牌发出"锵锵"的声音。科尔伯特告诉观众们，这就是"坚不可摧的瓦坎达振金的声音"。由此他解开了物理学中的一个未解之谜：当你敲击一种能吸收所有声波的金属时，会听到什么样的声音！

我们接着讨论《神奇女侠》，事实上，这部作品的创作者也过着一种双重生活。马斯顿和他的妻子还有奥利芙·理查德生活在一起，这在 20 世纪 30 年代是很少见的。1940 年，正是奥利芙·理查德在《家庭圈》上发表的一篇采访文章促使马斯顿开启了他的漫画创作生涯。这种三人共同生活的模式从 20 世纪 20 年代一直持续到 1947 年马斯顿离世。马斯顿颠沛流离的学术生涯或许在很大程度上归咎于这种不寻常的家庭生活。家庭的经济收入时常是由女性提供的，这一事实加强了马斯顿的女权主义信念。毫无疑问，在大萧条时期还能和两个女人生活在一起，这无疑证明了兼通科学和漫画知识能给一个人带来不可抗拒的异性吸引力！

奥利芙和伊丽莎白·霍洛韦·马斯顿，谁才是马斯顿塑造神奇女侠角色的灵感源泉，这一点尚无定论，但神奇女侠的配饰与奥利芙之间的渊源却有着明确的书面证据。从莱斯·丹尼尔斯 2001 年对这位漫画人物所做的研究中我们发现，这位亚马逊公主在漫画中初次亮相

---

① 见 2007 年 3 月 12 日的电视脱口秀《科尔伯特报告》。——译者注

② 幸运的是，关于美国队长已死的报道显得有些草率。

后不到一年,《家庭圈》就刊登了一篇关于马斯顿的采访文章,他说,神奇女侠手镯的灵感正是来自奥利芙·理查德的手镯!

尺寸重要吗?

在《复仇者联盟》第 1 期中,漫威的超级英雄们联合起来对付洛基——北欧神话中的诡计之神,蚁人的作用尤其重要。在《复仇者联盟》第 2 期中,皮姆不得不以另一个超级英雄——巨化人的形象示人。与此同时,在《惊异故事》第 48 期里,蚁人遇上了一个大反派——豪猪。豪猪本来的身份是亚历克斯·金特里,这位工程师用技术手段制造出一套表面布满尖刺的衣服,其中藏有许多进攻性和防御性武器,如催泪弹、眩晕弹、氨气(大概是为了脱身用的)、流体火(我猜可能是气体火焰喷射器)、传感地雷、液体胶合剂等,他靠着这些武器走上了犯罪的道路。而我要说的是,作为一名物理学家,我与很多工程师共事过,却从没见过谁会穿得像一头大豪猪。金特里抓住了蚁人,还把后者放进一个半满的浴缸里。由于蚁人无法爬上光滑的浴缸壁,他只能不断地踩水挣扎。

在《惊异故事》第 49 期里,也许编剧觉得让蚁人死在浴缸里的情节实在太雷人,就让皮姆发现了放大药水,变成了巨化人。后来,皮姆又变回微缩版的犯罪斗士黄衫侠。但是,在他英雄生涯的多数时间里,皮姆的主要身份还是巨化人或歌利亚(也是拥有超能力的英雄,只不过代号和制服不同)。

如果漫画作品的功能之一是实现小读者们的愿望,那么创作者们必须认识到,多数孩子并不觉得只有十几毫米高或者穿得像只豪猪一样是很酷的事。但如果漫画人物能够长到 12 英尺高,这倒是一件吸引眼球的事。然而,事实证明,变成巨化人会带来一系列身体上的严峻考验。比如，在《终极战队》第 3 期（现代版的复仇者联盟，里面有一个新的巨化人角色）里，更大（异常放大）的瞳孔会让更多的光线进入眼睛。因此，在变成巨化人之后，必须一直戴着特殊的护目镜，以免视神经超负荷工作。

对于一个人能长到多高，存在一个基本的生理限制。当然，我们可以假设一个人的身高远超平均水平，这跟微缩能力一样，都属于"不合常理的奇迹"。人类身高的生理限制来自材料的强度（特别是骨头）和重力。之所以跟重力有关，是因为如果你的密度保持不变，你的质量就会和你的体积一起等比例增加。密度等于质量除以体积，所以你长得越高（体积越大），在密度保持不变的前提下，质量就越大。如果你长成了巨人，质量却保持不变，你就成不了大人物。

当里德·理查兹在《神奇四侠》第 271 期里遇到可怕的外星侵略者戈姆时，他面临的刚好是这样的情况。这一期讲述了理查兹和他的三个同伴受到宇宙射线辐射之前的故事。戈姆是一个身高 120 英尺的怪异绿色生物，来自克拉罗星球。这个故事是编剧兼漫画师约翰·伯恩向来自外太空的侵略者致敬的作品，外星生物入侵在 20 世纪 50 年代后期一直是漫威漫画的主题，直到《神奇四侠》的出版拯救了濒临破产的漫威漫画公司，以及斯坦·李和杰克·科比的钱包。这些漫画作品（《惊异故事》《奇异故事》《神秘之旅》《悬疑故事》）中的外星生物都至少像房子一样大，英文名字里都有两个相邻的字母相同，比如不可战胜的精神宇宙人（Orrgo）、布鲁图（Bruttu）、戈姆（Goom）的儿子古格姆（Googam），还有非凡龙（Fin Fang Foom）。戈姆征服世界的撒手锏是，每当他受到任何形式的"广播能量"的攻击时，他的身量就会变大。理查兹发现了这个外星入侵者留下的长 10 英尺、深数英寸的脚印，他意识到阻止戈姆的唯一方法就是使用更大的广播能量。如果一个生物的脚印有 10 英尺长，假设它的质量与体积等比例增加，那么这个脚印也应该有几英尺深。理查兹发现戈姆的质量是恒定的，而不是密度不变，于是理查兹给戈姆输入了非常多的广播能量，让戈姆长得比地球还大，密度比太空还小。所以，我们必须牢记这个故事的警示意义。现在，我们假设皮姆在变成巨化人的过程中，成功地保持了密度不变，所以他的体重与体积实现了等比例增长。

为了用数学方法说明巨化人的情况，我们可以把皮姆视为一个巨大的盒子。当然，把他比作一个大的圆柱体更合适，但出于简化问题的目的，我暂时把他比作一个盒子。那么，他的体积就是长、宽和高的乘积。如果盒子长 10 英尺、宽 10 英尺、高 10 英尺，它的体积就是 10 英尺 × 10 英尺 × 10 英尺 = 1 000 立方英尺。我们再假设巨化人借助皮姆粒子长到原来的两倍那么大，即长度、宽度和高度都为 20 英尺，体积就是 20 英尺 × 20 英尺 × 20 英尺 = 8 000 立方英尺。所以，他的体积增加至原来的 8 倍。

如果巨化人在变大的过程中保持密度不变，他的质量和体积就必须一起等比例增长，而不只是他的高度！如果他的高度加倍（宽度和厚度也一样），他的质量就会变成原来的 8 倍，只有这样才能保持密度不变。随着皮姆变得越来越大、越来越重，会出现什么情况呢？问题就在于，他的体重的增长速度会超过他的骨骼的负荷能力，以至于他长到一定高度时，有可能刚一站起来腿就骨折了。一个物体的强度，或者说它对于拉力或推力的承受能力，取决于它的宽度，而不是长度。用专业术语来表达就是，物体的抗拉强度取决于它的横截面积的大小。

想象一根可承重 20 磅的钓鱼线，也就是说，用这条钓鱼线可以钓起质量为 20 磅的鱼。如果我们钓到了一条更重的鱼，钓鱼线就很有可能被拉断。若要钓起这条鱼，那么改变钓鱼线的长度不会有任何帮助。为了增加钓鱼线的强度，我们应该增加它的直径，而不是长度。[①] 钓鱼线越粗，它受到的拉力分布的区域就越大，而维持钓鱼线不会断开的化学键受到的力就越小。如果一根钓鱼线或类似的东西断开，化学键就会断裂。用于支撑给定力的横截面积越大，特定分子受到的压力就越小，发生灾难性事故的可能性也越小。正如我们刚才讨论的，物体断裂通常是因为分子的缺陷而放大了局部受力，相较排列方向一致和没有瑕疵的原子，这样的材料更容易损坏。

材料的强度取决于其横截面积，这也限制了神奇四侠中神奇先生身体的伸展长度。《神奇四侠年刊》第 1 期提到，神奇先生的身体最长只能伸展到 500 码左右。一块横截面积为 8 平方英寸（2 英寸 × 4 英寸）的木板，长度为 3 英尺，在两边各垫一个锯木架的话，木板会被支撑起来，与地面平行。如果把另一块具有相同横截面积但 6 英尺长的木板两端垫起来，木板的中间部分会略微凹陷。160 英尺长的木板的中间部分则会明显凹陷下去，挨着地面，即使不考虑地球的曲率也是这样。里德在《神奇四侠年刊》第 1 期中指出："我的身体伸展得越长，我的肌肉就变得越弱，我的力气也变得越小。"里德对于质量与体积之间关系的深刻理解，帮助地球摆脱了戈姆的魔爪，他本人也是对抗拉强度的立方平方法则的最佳诠释。

随着皮姆变成巨化人，他的体积的增长速度会大于横截面积的增长速度。随着巨化人越长越高，他的骨骼也会与他的身体等比例增长。他的股骨或椎骨的强度会以其膨胀系数的平方的倍数增长。但

---

①　苹果树正是利用这一原理传播种子。当果实成熟并达到足够大的质量时，它受到的重力作用超过了将它连接在树上的梗的抗拉强度。当梗断开时，苹果就会掉在地上，被动物吃掉，最后苹果的种子就被动物带到了其他地方。

是，巨化人长得越高，他的骨骼所要承受的重量也越大，在密度不变的情况下，他的体重会以其膨胀系数的立方的倍数增长。皮姆博士的正常身高是 6 英尺，体重是 185 磅，他的股骨可以支撑 1.8 万磅力的重量，一块椎骨则可以支撑 800 磅力的重量——大自然会让某些关键结构的承重能力有很大的富余空间。当他的身高为 60 英尺时，由于巨化人的膨胀系数是 10，所以他的体积是原来的 $10 \times 10 \times 10 = 1\ 000$ 倍，而他的骨骼的横截面积为原来的 $10 \times 10 = 100$ 倍。身高 60 英尺的皮姆的体重是 185 000 磅，他的椎骨能支撑 80 000 磅力的重量，他的股骨可以支撑 180 万磅力的重量。因此，如果他长到 60 英尺高，那么他的骨骼将无法承受住他的体重。

巨化人长得过高会导致坏蛋，特别是有超能力的坏蛋对他构成实质性威胁，于是在 20 世纪 60 年代，斯坦·李提出身量的增长会对皮姆造成不利影响。当他的身高大约是 12 英尺的时候，他是最强有力的；但他长到 40 英尺或 50 英尺，即像房子一样高时，他却会像小猫一样虚弱。几年后，新陈代谢方面的限制被物理学方面的限制（根据立方平方法则）取代。人们已经意识到，就像《终极战队》第 2 期所说，即使与生长血清相关的代谢问题都解决了，重力作用和物理学原理仍会对人类能够达到的身高做出严格的限制。

即使对于非立方体的物体来说，体积的增长速度也快于表面积的增长速度。球体体积的数学公式是用一个常数（$4\pi/3$）乘以球体半径的立方，即（$4\pi/3$）r^3；而其表面积为 4π 乘以半径的平方，即 $4\pi r^2$。（体积单位是长度单位的立方，如立方英尺；而面积单位是长度单位的平方，比如地毯的面积一般都用平方码来度量。）因此，当蝙蝠侠和罗宾缓缓浸入一大桶酸性液体时，液体中浮上来的气泡为蝙蝠侠提供了关于立方平方法则这个物理学原理的教科书般的解释。

如果你曾经认为，啤酒里的气泡在接近酒杯顶部时会上升得更快，那么很显然，酒精并没有影响你的判断力。会冒气泡的酒里含有过饱和二氧化碳（汽水里的气泡也是这么来的），这意味着液体中二氧化碳的压力要大于大气压力。当碳酸饮料的最上层冒泡时，会发出爆裂或者"嘶嘶"的声音，这是由于多余的气体在压力的作用下迅速从容器中逸出。此时液体中仍然有二氧化碳，它们存在于靠近玻璃杯瑕疵处的气泡里。由于二氧化碳比周围的液体轻，所以气泡会上升到液体表面。托起气泡的浮力与气泡的体积直接相关，气泡的体积又取决于气泡半径的立方。阻碍气泡上升的阻力则与它的表面积直接相关（表面积越大，气泡在上升过程中需要推开的液体就越多），气泡的表面积又取决于气泡半径的平方。当气泡在饮料中移动时，它会不断将分散在液体中的二氧化碳分子吸收进来，从而变得越来越大。因此，会有一个净浮力托着这个气泡向上运动，有力就有加速度（牛顿第二定律对碳酸饮料也适用），因此气泡会上升得越来越快。

如果我有一个无限高的玻璃杯，杯子里气泡的上升速度能达到光速吗？答案是不可能。在第 4 章中我们了解到，阻力不仅取决于物体的表面积，还取决于物体的速度（与缓慢运动的物体相比，快速移动的物体想要推开液体会更费力）。随着气泡上升得越来越快，阻力也会越来越大，最终与向上的浮力达到平衡。一旦失去了净浮力，气泡就会以稳定且均匀的速度移动（根据牛顿第一定律），这就是终极速度（或者最终速度）。

在超级英雄与邪恶敌人的陪伴下，我们的物理世界之旅已接近尾声，也许此时你想亲身实践一番，来一杯会冒气泡的酒，验证从本书中学到的知识，这当然是出于你对科学的兴趣！

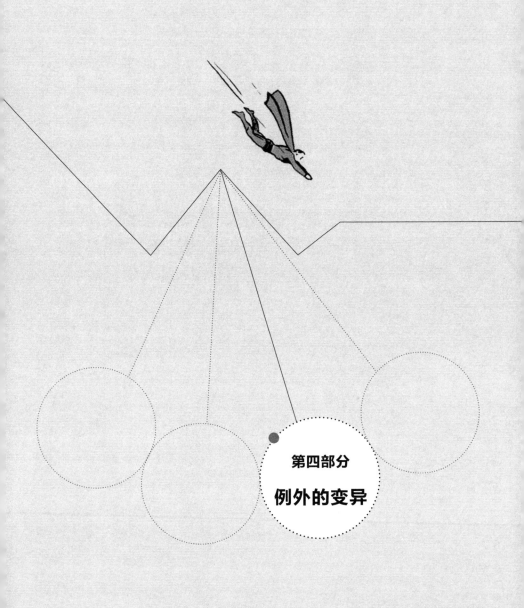

第四部分

例外的变异

第 26 章　超级英雄的失误

在本书的开头，我们利用牛顿运动定律讨论了超人如何纵身一跃跳上高楼；在接近结尾的部分，我们又探讨了钢铁侠的晶体管盔甲和超级英雄制服中的材料科学。用一本书的篇幅，我介绍了大学物理课的基本内容（美国），从物理学导论中的入门知识（比如牛顿运动定律，能量守恒定律）到复杂的材料科学（量子力学和固体物理学）。但如果我让你们觉得超级英雄漫画中的一切都与物理学原理相吻合，那就是我的错了。因此，我接下来想总结一下超级英雄漫画中几个典型的不符合物理学原理的例子，即我们所谓的"不合常理的奇迹"。

镭射眼的第二种超能力

在 X 战警团队成立之初，查尔斯·泽维尔教授招募到的第一个成员就是年轻的斯科特·萨默斯，他的代号是"镭射眼"。斯科特的超能力也是他的诅咒，即他眼睛中射出的拥有至纯力量的光束。这种光束能击穿水泥墙，挡开两吨重的巨石。它只对两种东西无效：斯科特的皮肤（这算一件好事，否则光束会把他的眼皮击穿），红宝石石英晶体（斯科特必须一直戴着由这种特殊材料制成的太阳镜或者护目镜）。护目镜旁边的按钮或者手套掌心部位的按钮都可以将眼镜抬起。当斯科特戴上护目镜的时候，他的眼中会射出一束红色的明亮光线，镭射眼由此得名。戴上红宝石护目镜之后，斯科特便可以清晰地看到周围的一切（只不过它们都是红色的）。护目镜还能吸收他射出光束的破坏性力量。

地理学家把二氧化硅晶体称为石英。如果二氧化硅分子的排列是无序的，像倒入一个容器的弹珠，我们就称这种物质为"玻璃"；如果分子以严谨的顺序排布，我们就称这种物质为"石英"。要想把很多弹珠有序地排列起来，有很多种方式，因此石英的晶体结构也有很多种。如果加入少量的铁和钛，晶体就会呈现出淡淡的粉红色（类似于我们在第 24 章中介绍过的染色玻璃），我们称之为"蔷薇石英"；如果石英中含有红宝石微粒，就会形成棕黄色的纹理，我们称这种晶体为"红宝石石英"。

如果你的眼睛也能射出冲击光束，那么你会觉得又怪异又难受。你只能时时刻刻都戴着一副红宝石石英眼镜，还没法儿表示异议，不论在现实世界中这有多么不可行。然而，不管基克洛普斯[①]的光束到底是什么原理，在 X 战警漫画中，当斯科特使用他的超能力时，始终忽略了很重要的一点。那就是，根据我们前面讨论过的物理学原理，斯科特的头会因冲击光束的后坐力而向后仰，但我们并未在漫画和电影中看见这一幕。

牛顿第三定律告诉我们，力总是成对出现的；也就是说，每一个作用力都伴随着一个大小相等、方向相反的反作用力。如果没有可

---

① 基克洛普斯是希腊神话中西西里岛上的独眼巨人。——译者注

施力的东西，你就算有浑身的力气也无处可使。火箭也是基于这个原理，它以极高的速度排出热气，后坐力则会将火箭推向与排气相反的方向。同样地，能让两吨重的巨石悬浮在空中（据此我们可以推断出冲击光束的力至少为 4 000 磅力）的冲击光束，也会对镭射眼的头部产生 4 000 磅力的后坐力。根据牛顿第二定律（力等于质量乘以加速度），他的身体（假设其质量为 80 千克）会迅速获得一个加速度，而且是重力加速度的 20 多倍。那么，在他使用这种超能力的时候，他的头会从起始位置以每小时几百英里的速度向后移动。因此，我们可以得出这样的结论：镭射眼有两种超能力——他的眼睛能射出冲击光束，他的颈部肌肉异常强健。

把那栋楼放下！

我们在本书的开头说过，在漫画的黄金时代早期，超人之所以具有超能力，是因为他的母星（氪星）上的重力加速度远大于地球的重力加速度。他在地球上轻轻一跃就能跳上高楼，基于这个标准，我们在第 1 章中推断出氪星上的重力加速度至少是地球上的 15 倍。因此，超人的钢铁之躯并非由钢铁制成，而是能承受更大重力作用的肌肉和骨骼组成。假设要拿起一个装有 1 加仑牛奶的容器，其质量接近 9 磅。如果你想体验一下地球重力的 1/15 是什么感觉，那么你可以让容器里只留下比 1/16 加仑多一点儿的牛奶。跟拿起装有 1 加仑牛奶的容器相比，只装着 1/16 加仑牛奶的容器，拿起来要容易得多。同理，在《动作漫画》第 1 期里，超人能把约 3 000 磅的汽车举过头顶。举起 3 000 磅的质量对于超人而言，就相当于我们举起 200 磅的物体。有些费劲儿，但不是不可能。

我们前面也说过，随着超人的人气爆棚，他从孩子们心目中的英雄变成价值数百万美元的明星。超人面临的威胁越来越严峻，他的敌人越来越强大，而他自己的实力也提高至更加荒谬的程度。不久之后，超人举起了坦克、卡车、火车头、轮船、大型喷气式飞机，还有高层办公楼。同样地，漫威漫画中的绿巨人浩克也拥有令人难以置信的力量。这通常被归因于他的肾上腺素水平（但也不总是这样），因此，情绪压力会导致他变身，使他从手无缚鸡之力的布鲁斯·班纳变成身高 8 英尺、孔武有力的绿巨人。正因为他的力量与肾上腺素水平有关，所以他越生气，就变得越强壮。当他生气到一定程度时，他便能举起一座城堡，然后扔出去很远；他甚至能举起一座山，在迷你剧《秘密战争》中他就举起了即将压在他和众多漫威超级英雄身上的巍峨高山。当里德·理查兹改装钢铁侠的盔甲，试图利用霹雳火的新星火焰和惊奇队长的电磁能量在山中炸出一条逃跑的通道时，里德故意惹恼了绿巨人浩克，因为里德知道他们能否死里逃生主要依靠绿巨人的力量。

最终，超人变得无比强壮。如图 42 所示，在《世界最佳拍档》第 86 期里，他举着两栋高耸的办公楼——一只手一个——就像托着两张比萨饼，还能在天上飞！我们仔细地观察这幅图，就可以找到他能把这些建筑从哥谭市搬到大都会露天展览会的一个原因：这两栋建筑与城市水利或者电力系统没有任何连接。超人展示出的力量是惊人的，但它并不是这个场景中最奇怪的一点。更奇怪的是超人的一句话："你想要的这两栋哥谭市的大楼，我已经借来了，而且我得到了许可。"如果你想搬走城市里的两栋办公楼，应该向谁提出申请呢？我觉得不管哪栋大楼的管理员，应该都无权同意把楼借给超人，特别是当超人告诉他们他会一只手举着一栋楼的时候！当超人在《动作漫画》第 1 期中首次现身时，他把一辆车举过了头顶，周围的人被吓得四散逃跑。而到了 20 世纪 50 年代末，当超人从人们头顶上飞过，手举着办公大楼去参加慈善活动时，人们却在大声欢呼。要知道，超人一旦失手，后果将不堪设想！

图 42 《世界最佳拍档》第 86 期里的一幕，超人展现出了比他在《动作漫画》第 1 期中首次亮相时更强大的力量，那时候他举起一辆汽车，把旁边的人吓得四散奔逃。到了后来，超人举着两栋高楼飞过时，剧场里却没有人感到特别惊慌

即使你相信真有人强壮到能徒手举起大楼，不管他是另一个星球的陌生来客还是意外受到伽马射线辐射的核物理学家，但其中仍然有一点违背了物理学原理。那就是，从设计学的角度来说，大楼、轮船和大型喷气式飞机是不可能被举起来的。它们要么保持静止不动，比如办公楼；要么靠几个点支撑，比如机身下面的三个轮子；要么靠水提供均匀的支撑力，比如轮船。以办公楼为例，在举起它的过程中，如果稍微偏离垂直方向，就会产生不平衡的扭矩，导致建筑物向水平方向倾倒。

像高楼或城堡这样的建筑物的体积都很大，所以从建筑物边缘到其质量中心的距离也很长（在第 8 章中我们称其为"力臂"）。这些建筑物相当重，所以让建筑物发生偏转的力也很大。建筑物的体积越大，从它的边缘到超人或绿巨人的施力点的力臂就越长，让它发生偏转的扭矩也越大。图 42 中超人举起的两栋大楼的扭矩都非常大，远远超出钢筋混凝土（为了增强其坚固程度，在混凝土中加入了钢筋）的承受范围。事实上，如果你举起一栋建筑想要飞去某个地方，那么你会在身后留下大量的建筑垃圾。超人到达哥谭市的慈善活动现场时，手里只会举着残垣断壁，而不是两栋完整的办公楼。所以，超人要取得的不是借走这两栋楼的许可，而是大楼所有者的谅解，因为他让这两栋楼变成了废墟。

后来的一些漫画编剧意识到，不管超级英雄的力量有多大，想徒手举起一栋建筑，同时让它不因重力作用而损坏，这是根本不可能的。在《神奇四侠》第 249 期里，有一个很像超人的反派人物，他的代号是角斗士，他托着巴克斯特大厦（神奇四侠的总部）的底部把它举了起来并来回摇晃，大厦却完好无损。里德·理查兹——漫威世界中最聪明的人——立刻意识到，角斗士一定拥有一种与触碰有关的未知的超能力，在漫画里，这种能力被定义为能让角斗士接触到的物体浮起来。当然，这种触碰超能力根本不存在，所以它可以被归为为数不多的"不合常理的奇迹"。为了推动故事情节的发展，这种虚构还是有必要的。

如果我们把巨化人与红杉树做个比较（这不仅仅是因为他的性格有时有点儿刻板），我们会注意到树越高，树干越粗。为了给上面的树冠提供支撑力，树干必须很粗。在美国《独立宣言》颁布的同一时期，两位数学家——欧拉和拉格朗日——证明了小于一定高度的圆柱体是稳定的，而超过一定高度（具体高度视圆柱体的材料而定）后圆柱体就会变得不稳定，只要稍微偏离垂直方向，就会产生一个很大的扭矩，导致圆柱体倾倒。原则上，巨化人可以长得像红杉树一样高，但他还得能灵活移动（假设他没有超过由立方平方法则所限定的高度）。当他追赶坏人或者与之博斗时，巨化人的上身一定会向前倾，超出腿的位置，恐怕你还没说完"斯坦·李"这三个字，他早已经倒在地上了。

超胆侠最初的敌人高跷人就难逃这样的下场。高跷人拥有一套机械盔甲，腿部装备了液压装置，如果完全伸展开，他就会达到几层楼那么高。毫不奇怪，超胆侠用他的多功能折叠棍绊倒了高跷人，这一期的漫画故事就此收场。

另一个与质量中心有关的不解之谜是，蜘蛛侠的死对头章鱼博士为什么能够走路。科学家奥托·奥克塔维厄斯在自己腰间的束带上连接了 4 个机械手臂，他用这些机械手臂来处理放射性同位素。一次不可避免的辐射性爆炸事故导致他腰间的束带、机械手臂和身体融为一体，于是，章鱼博士诞生了。这些手臂非常重，但我们经常看到他靠两条腿直立在地上，身后的 4 条手臂不断在舞动！事实上，这会产生一个很大的扭矩，导致章鱼博士仰面跌倒在地；或者如果这 4 条手臂向前面挥舞，他会脸朝下摔倒在地。只要章鱼博士的手臂没有牢牢抓住地面，蜘蛛侠就只需要朝着章鱼博士扔一个苹果，就能把他打倒在地。如果严格遵从物理学原理，就会是这种速战速决、平淡无奇的故事结局，这也是超级英雄漫画不太需要物理学家参与其中的原因之一。细心的观众会注意到，在电影《蜘蛛侠 2》里，章鱼博士的 4 条机械手臂一直处于比较平衡的状态，或者其中几只手臂会撑在地上，以此增加他身体的稳定性。毕竟，如果这样的设计不合理，他们就无法在电影中表现出来！

怎样能拉动月亮？

还有一种不可思议的强大力量出现在正义联盟（后来他们把团队名称中的"美国"两个字去掉了，但这一系列的漫画名称保持不变）2001 年的一次冒险之旅的尾声。在《美国正义联盟》第 58 期里，超人、神奇女侠和绿灯侠为了击败一群火星叛徒，把月球拉进了地球的大气层。也许我应该先解释一下，为什么他们觉得这是个好办法。

1955 年，《侦探漫画》第 225 期将火星人引入了 DC 漫画世界，起因是一个物理学教授想发明一台星际通信装置，却意外制造出传送光束。荣恩·荣兹（火星猎人）因此被带到地球上，他最终成为打击犯罪的超级英雄，也是 20 世纪 60 年代美国正义联盟的创始成员之一。荣恩·荣兹拥有一系列可与超人相媲美的超能力，比如飞行、力量超群、刀枪不入、火星呼吸、超级听力、火星视线，以及一些超人梦寐以求的超能力，比如心灵感应、隐身和变换外形。超人的克星是氪石，这导致他施展超能力时总不能一帆风顺；而更强大的火星猎人则有更寻常的阿喀琉斯之踵，所以他才不厌其烦地与其他超级英雄结成同盟。这期漫画故事交代说，荣恩和其他火星人一样，都害怕火。这样一来，你无须寻找火星石头，只要一盒火柴就可以让火星猎人束手无策。

在漫画里，荣恩·荣兹一开始误以为他是火星人中唯一的幸存者；后来，地球遭到了一群邪恶火星人的攻击，他们拥有和荣恩一样的超能力。正义联盟把邪恶的火星人引到月球上，那里没有大气层，这群火星人觉得再也不用害怕火会威胁到他们。然而，荣恩·荣兹用他的心灵感应能力分散了这些坏蛋的注意力，然后超人、神奇女侠和绿灯侠用一根长长的缆绳把月亮拖进了地球的对流层。与此同时，超级英雄们用他们的神奇力量避免了月球和地球之间的引力所造成的地质灾害。这样一来，月球也有了大气层，为了不被火烧成灰，邪恶的火星人只能乖乖投降，并被放逐到另一个维度的空间（幻影区）里。即便你把这一切都看作不合常理的奇迹，这个故事中仍然存在着严重的错误。

牛顿第二定律（$F = ma$）告诉我们，如果有一个力作用于一个物体，不管这个力多大，都会产生相应的加速度。20 世纪 90 年代末，DC 漫画中的超人已经能举起 80 亿磅力的重量了。我们假设，由于事关重大，神奇女侠和绿灯侠在拉动月球的时候使出了跟超人同样大的力量。所以，这三个超级英雄能拉动的总重量是 240 亿磅力。由于超级英雄们消除了引力的影响，所以当月球靠近地球时，不会受到来自地球引力的任何影响（计算起来也比较简便）。已知月球的质量约为 7×10^{22} 千克，根据牛顿第二定律，在超级英雄的拉力作用下，月球确实会加速移动。但这个加速度非常小，为 5×10^{-12} 英尺 / 秒 ^{2}（而地球表面的重力加速度为 32 英尺 / 秒 ^{2}），要想让月球移动到地球附近需要很长时间。从月球运行轨道到地球大气层的距离约为 240 000 英里，按照上述加速度，至少要花 735 年的时间！我们只能得出这样一个结论：荣恩·荣兹的拖延手法实在太巧妙了，等到邪恶的火星人发现真相的时候，已经过去了 7 个多世纪！

有了天使的翅膀，你就能飞吗？

1963 年，X 战警团队中增加了一位新成员——沃伦·沃辛顿三世（代号"天使"），他的飞行超能力源自他后背上那双巨大的羽翼。这是团队中的其他成员都不具备的能力，除了能造出冰滑梯的冰人外，天使是唯一一个不用走路或坐公交车去迎战邪恶兄弟会 ① 的团队成

---

① 在我看来，现在几乎没有哪个组织会自豪地将"邪恶"这个词用在自己的团队名称中。

员。其他长着翅膀的超级英雄或恶棍，像 DC 漫画里的鹰侠或者蜘蛛侠的死对头秃鹫，都是用"反重力"设备克服重力作用的，比如鹰侠的 N 金属。鹰侠或者鹰女把长在背上的翅膀当作飞行转向装置，秃鹫也是一样，只不过他的翅膀是从手臂上延伸出来的。与他们不同的是，天使靠他的翅膀悬浮在空中。如果后背上长出了翅膀，应该就可以飞翔，这听起来有点儿道理，但真是这样吗？

鸟类和飞机通过牛顿第三定律（每个作用力都有一个与其大小相等、方向相反的反作用力）来摆脱重力的束缚。人们常常错误地认为，飞机飞行靠的是快速移动所引起的压力变化（伯努利效应）。在第 4 章中，闪电侠拽着强壮的博拉兹极速奔跑时，就产生了压力差。闪电侠在快速移动的过程中必然会将前方的空气推开，他的身后就会形成一个低密度区。与我们在第 13 章讨论的熵的原理相同，当周围的空气流动过来填补这个区域时，它会推开那里的所有物体，比如高速行驶的汽车或火车后面飞舞的垃圾。但是，如果机翼上方和下方的风速差异是由机翼外形造成的，飞机就没办法向上飞，因为伯努利效应往往会把飞机推向地面。

无论在何种情况下，牛顿第三定律都是靠得住的。它告诉我们，力总是成对出现的。为了给飞机机翼施加一个大于或等于飞机重量的向上的力，机翼必须给空气施加一个大小相等的向下的力。机翼下方向下运动的气流会产生向上的力，托着飞机飞入无边无际的蔚蓝天空。当超人跳起来的时候，他会用力蹬地，产生一个大小相等、方向相反的反作用力，让他一跃而起。同样，鸟类扇动翅膀，会将一部分空气向下推。翅膀对空气施加的向下的力，与空气对翅膀施加的向上的力是一对作用力与反作用力。翼展越大，空气置换量就越大，向上的力也越大。因此，海王子纳摩不可能靠他脚踝上的那对小小的翅膀飞起来。这对翅膀实在太小，没办法产生足够的力，托着纳摩飞起来。

　　如果沃伦·沃辛顿三世的体重是 150 磅（相当于 68 千克），那么他的翅膀至少要对空气施加一个 150 磅力的向下的力，空气对翅膀施加的反作用力才能让他双脚离地。当然，如果他想加速，他的翅膀就必须对空气施加一个大于 150 磅力的向下的力，这样向上的净力（向上的力减去向下的力）才能产生一个向上的加速度。如果他的翅膀受到的向上的力是 200 磅力，而向下的重力是 150 磅力，沃伦就会受到 50 磅力的向上的净力作用。力等于质量乘以加速度，因此这 50 磅力的向上的净力会产生 11 英尺 / 秒^2 的向上的加速度。有了这个加速度，天使的上升速度从 0 增加至 60 英里 / 小时所需的时间约为 8 秒钟多一点儿，在这里我们忽略了他必须克服的相当大的空气阻力。一旦他停止拍打翅膀，他受到的唯一的力就是把他拉回地面的重力。当然，他飞起来之后就可以在空中滑翔，但他必须对空气持续施加向下的力，才能真正地飞行，而不只是滑翔。

　　对于他的翅膀来说，200 磅力是一个相当大的力，但一个人想举起自己体重的 133% 也不是不可能。加利福尼亚秃鹫和信天翁的体重分别约为 30 磅和 20 磅，但它们仍然能够飞行。然而，沃伦·沃辛顿三世的身体构造和鸟类是不同的。鸟类的翅膀不是从后背上长出来的，而是由它们的手臂演化成的。此外，鸟类还有两个特别之处：第一，它们长有龙骨突，即胸部中间扁平的骨头上的突起，它能为身体的其他部分提供一个支点，比如胸大肌和喙上肌。第二，鸟类拥有两片非常发达的胸部肌肉用于挥动翅膀，也就是刚刚提到的胸大肌和喙上肌。鸟类之所以有如此发达的胸部肌肉，是因为它们主要靠这些肌肉来为飞行提供力量。我们在第 8 章和第 25 章中讲过，骨骼或肌肉的力量会随着其横截面积的增加而增加。因此，天使要想凭借他的翅膀飞离地面的话，他就需要有极其发达的胸肌。沃伦的翼展为 16 英尺，体重为 150 磅，因此他的体重和翼展的比率为每英尺 9 磅，而加利福尼亚秃鹫的这一比率为每英尺 3 磅。沃伦的手臂无法为他的翅膀提供力量，所以他只能依靠胸部和背部的肌肉，这让他成为一个肌肉发达却没什么实际威力的超级英雄。

沃伦也可以拥有其他适合飞行的身体结构，但这需要更多的不合常理的奇迹。为了减轻体重，鸟类的骨骼非常轻巧，多孔而坚固。鸟类的呼吸系统也很有效率，只需要深呼吸两次，它们肺里的每一个空气分子就都能被置换出去。相比之下，我们每呼吸一次只能置换肺里 10% 的空气分子。鸟类为了在空中飞行，它们的胸肌一直在高强度地工作，这迫使它们必须快速完成换气。所以，沃伦的呼吸也得达到这样的效率才行。总之，除非他拥有大块发达的胸肌（这更适用于 20 世纪 90 年代的女性超级英雄），否则他的翅膀的观赏价值将远大于实用价值。

幻视来了！

20 世纪 60 年代中期，罗伊·托马斯成为漫威漫画公司的《复仇者联盟》系列漫画的编剧，他常常以白银时代的手法重新塑造黄金时代的人物，这与 DC 漫画公司在白银时代的做法如出一辙。托马斯和漫画师约翰·布谢马联手塑造了一个广受欢迎的角色——幻视。20 世纪 40 年代的幻视是一位拥有超能力、身穿制服的超级英雄，而在《复仇者联盟》第 57 期全新登场的幻视则是一个机器人，由另一个机器人奥创制造。奥创是复仇者联盟的最危险的对手之一，他创造幻视的目的是让他潜入联盟内部，使联盟土崩瓦解。但后来，幻视改写了自己的既定程序，挽救了复仇者联盟成员的生命，并成为团队中的一位重要成员。

除了拥有激光视线、飞行能力和计算机思维之外，幻视还可以自主控制身体密度。他能让自己的身体或者身体的任意部分坚硬得像钻石一样，或者隐身穿过固体。X 战警成员幻影猫穿墙而过靠的是她的量子隧穿的超能力，但幻视想进入一个房间时，还是会选择从门进去。

物体的密度指的是单位体积的质量，所以密度的变化是由质量的变化或者体积的变化引起的，体积是由原子之间的平均距离决定的。固体中的原子通常排列得很紧密，我们可以认为原子是互相接触的（它们必须挨得很近才能形成化学键，而固体中的原子能够聚拢在一起靠的就是化学键）。

即使幻视能自主控制他的身体密度，同时保持身体结构的完整，他也不可能穿墙而过。气体（比如你房间里的空气）是相当稀薄的，原子的平均间距大约是原子大小的 10 倍。然而，空气的密度比墙壁小并不意味着空气可以穿墙而过。这是件好事，否则机舱中的空气就会从机身漏出去，这会让空中之旅异常憋闷。因此，我们可以断定，制造出可以自主改变密度的幻视，是奥创犯下的第二个错误（他犯的第一个错误是，盲目地相信这样一个具有崇高精神的机器人会背叛伟大的复仇者联盟）。

原子侠能沿着电话线跑吗？

本书中有很多章都讲到了 DC 漫画的超级英雄原子侠，他能够自主改变体积和质量的能力为各种各样的物理现象提供了很好的例证。当然有时候，缩小的体量会导致他陷入极其荒谬的境地，比如无论他造访哪一个拥有文明、城市和先进技术的世界，这些不同的世界全都存在于一个小小的原子内部。1 立方厘米的固体中约有 10^{24} 个原子，而原子侠总能找到他想找的那个微观世界，这实在令人不可思议，除非元素周期表中每一个元素都具备相同的常规特征。1989 年，在第二个原子侠漫画系列《原子侠的威力》第 12 期中，有一段对话默认了原子侠的超能力根本不现实。在这个故事中，为了逃出一个大反派设置的死亡陷阱，原子侠把自己和一名同伴的体量都缩小到亚原子大小，以便从地板原子间的空隙钻出去。在这个过程中他们停下来，坐在电子上，讨论之前遇到的难题。原子侠的同伴突然注意到他们比氧气分子还小，就惊奇地问原子侠："我们是怎么呼吸的呢？"原子侠诚实地回答道："我也不知道。"

　　超人会飞，闪电侠跑得飞快，鹰侠有翅膀和反重力腰带，暴风女可以乘风飞行，但对于体量非常小的超级英雄来说，他们是如何四处游走的呢？蚁人把会飞的木蚁当作自己的私人出租车，黄蜂侠变小后背上会长出翅膀，原子侠则靠贝尔电话公司。在《展示橱》第 34 期里，白银时代的原子侠首次登场，他使用了一种独特的交通方式。在这个故事中，他需要对付一个不入流的骗子——卡尔·巴拉德，巴拉德住在离原子侠的城市很远的地方。这个故事的大概情节是：原子侠在电话簿里找到巴拉德的电话号码，一边拨打电话，一边在听筒旁边放了一个发出"嘀嗒"声的节拍器。原子侠把身体变小后跳进了话筒上的洞眼里，在下一幅图中，我们看到他从卡尔·巴拉德电话的听筒里飞了出来。

　　这期漫画的最后几页"解释"了这个过程。[①] 通过拨打巴拉德的电话，原子侠制造出从他的电话传递到电话公司的脉冲信号，然后信

———————————

① 20 世纪 50 年代末 60 年代初，为了把漫画划归期刊类，从而按第二等邮件收取邮费，漫画通常包括至少两页的零散内容，从而使漫画书更符合期刊的基本定义。

号又被传递到巴拉德的电话。当巴拉德接起电话时，一个电路回路就形成了，信号——在这个故事里是节拍器的嘀嗒声——成功地从原子侠的电话传输至巴拉德的电话。就这样，原子侠跳进话筒，并缩小到一个电子大小，乘着脉冲信号到达巴拉德那里。

这段文字的作者是 DC 漫画公司的编辑尤利乌斯·史瓦茨，尤利乌斯正确地描述了电话是如何把声音转换成脉冲信号的。当声波撞击膜片时，膜片会发生振动，使碳粒的接触程度发生变化。流经碳粒的电流对于碳粒的接触程度的变化非常敏感。当你对着话筒说话时，碳粒的接触程度会发生变化，电话线中的脉冲信号也会发生相应的变化。在电话的另一端，脉冲信号使碳粒发生相同的变化，这种振动会传递到电话听筒的膜片上。膜片的振动会在空气中产生压力波，被接听者的耳朵捕捉到。所有这些，尤利乌斯·史瓦茨都说对了。他唯一的错误就是认为原子侠可以搭脉冲信号的便车在电话线中前行。

当你说话的时候，复杂的声波可以传递相关信息。声波会被一个膜片（比如耳膜）探测到，并使它振动，膜片振动的振幅、波长、相位与声波一一对应。携带信息的是声波，而不是你口中呼出的空气。当你说话时，由你的嘴巴向外的区域呈现低密度和高密度空气交替出现的特点（你可以把密度的变化看作压力的变化，在恒温条件下这两者近似相等）。并不是你呼出的空气传播到了听者那里，否则你就不用因为隔壁邻居的吵闹声而烦恼了。

同样地，电话线中的脉冲信号是通过电荷密度波传输的，而不是通过电荷在电话线中的移动。实际情况是，电子密度高于正常水平的区域是不稳定的（因为带负电荷的电子会互相排斥），并且会扩展到相邻区域，这会使得下一个区域中的电子密度增加，以此类推。脉冲信号的传输速度是由将电子推开的静电排斥力决定的。如果我使一个电子发生振动，那么一定距离外的第二个电子要过多久才会对第一个电子的振动做出反应？事实证明，这个时间极短，因为电荷间发生相互作用的速度是光速的 1/3 左右。根据距离的不同，第一个电荷的运动与第二个电荷对前者的运动做出反应之间会有一个非常微小的时间差。光速非常快，因此在 12 英尺的距离内，这个时间差将小于十亿分之一秒。如果原子侠乘着携带脉冲信号的电子通过电话线，他就必须以光速不断地从一个电子跳到下一个电子上，才能到达电话的另一端。

事实上，电话线中的信号是以光速传输的，这对我们而言是个好消息，因为电子受外部电场的作用沿电话线移动的平均速度还不到 1 毫米 / 秒，约为光速的一万亿分之一。与其等着电子传输信息，还不如直接走到你想找的那个人家里，面对面把话告诉他。

每个物理学家都有的超能力

在成为原子侠之前，身为普通人的雷·帕尔默也是一位英雄，因为他是常春藤大学的物理学教授。正如我在第 13 章介绍的，帕尔默在深夜发现了一块奇怪的陨石，这块陨石使他的研究取得了突破，他从此成为身着制服的超级英雄。如图 43 所示，帕尔默发现这块陨石其实是由白矮星物质组成的，这种物质能让他变小，还能自主控制他的质量。雷竭尽全力把这块直径约为 12 英寸的陨石搬到自己车上，此时他内心的想法是："太重了，我搬不动！我不知道白矮星撞上另一个星球的概率，但这确实是有可能的，撞击产生的碎片就落到了这里！"（顺便说一下，如图 43 所示，20 世纪 60 年代中期，物理学教授通常会开着凯迪拉克牌敞篷车。）

图 43 物理学教授雷·帕尔默发现了白矮星的残骸，这正是他的微缩装置上缺少的东西，最终他成了超级英雄原子侠（《展示橱》第 34 期）

帕尔默的推理是正确的。如果一定大小的低质量恒星消耗了它的大部分燃料，聚变反应释放出来的能量将不足以抵消恒星中心的引力，这种巨大的引力就会导致恒星发生严重坍缩，直到它的密度变成每立方厘米 3 000 千克，我们将这种残余物称为"白矮星"。白矮星中心的引力如此之大，以至于只有大爆炸才能产生足够的能量，使一小部分白矮星物质摆脱引力的束缚。

正如帕尔默竭力搬动陨石时想的那样，这块陨石是由简并物质构成的。我们认为电子是简并态，因为它们都处于能量最低的量子态，而不像普通恒星的电子有许多不同的量子态，一些电子处于更高的能量级。白矮星的核心由碳原子核和氧原子核组成，外面被海量的电子紧紧地包围。白矮星的核心很难被进一步压缩，因为所有电子都处于可能范围内的最低能量级。帕尔默所表达的正是这个意思，当靠近自己的车时他暗自想道，白矮星是由"简并物质组成的，这些物质的电子被剥离后，空间被极大地压缩了"。电子仍然存在，但不与任何特定的原子、离子相连。

简并态就是白矮星的密度如此大的原因，关于这一点，帕尔默无疑是正确的。帕尔默搬动的这块陨石的半径为 6 英寸，假设它是球形的，它的体积就是（$4\pi/3$）× 半径^3 =（$4\pi/3$）×（6 英寸）^{3} = 905 英寸^3，约等于 15 000 厘米^3。为了计算出这块陨石的质量，我们用白矮星的密度（300 万克 / 厘米^3）乘以它的体积（15 000 厘米^3），得到 4 500 万千克。我们用这个质量乘以重力加速度，就会得到图 43 中的陨石重量为 1 亿磅力。难怪帕尔默这位常春藤大学的物理学教授会如此气喘吁吁地搬这块陨石，因为这块小小的石头几乎重 50 000 吨！

但从理论上讲，这不算个大错误。图 43 的场景没有什么问题，因为我们的物理学教授就——是——那——么——强——壮！下次当你在沙滩上想朝着别人脸上踢沙子时，千万别忘了这一点。你永远不会知道，那个看似只有 98 磅重的弱不禁风的小子竟然是一个物理学系的高才生。

　　漫画作品和物理学很合拍，这并不奇怪，毕竟我们从科学中得到的乐趣和从超级英雄漫画中得到的乐趣并没有什么不同。原因在于，科学家或漫画迷都要把一系列的规则应用于新鲜、有趣的问题。这些规则可能是麦克斯韦方程组，也可能是薛定谔方程，而新鲜、有趣的问题则可能是研发出用来代替真空管的半导体。或者，这些规则可能是超级英雄高速奔跑，他的身体周围的光晕可以保护他免受空气阻力和电磁感应的负面影响，而新鲜、有趣的问题则是，他要抓住那个拿着冰冻射线枪的恶棍，找回银行失窃的现金，且不能伤及无辜。在这两种情况下，关键之处就在于找到一种以新的方式应用已知规则的方法（如果既有的解决方案还能用，就直接拿来用），还要确保这种方法在现有规则下是切实可行的。如果我们想设计一种晶体管设备，其正常运行的前提条件是电子一分为二，或者在没有正电荷的情况下电子相互吸引，那么这种构想就是不切实际的，因为根据我们的观察，负电荷不具备这种特性。同样地，如果闪电侠在漫画里用从眼睛里射出的热视线击败冰冻队长，也会让人觉得很奇怪，因为闪电侠没有这种超能力。

基础科学的研究目标是阐明自然界的基本规律，最高成就则是发现一种新的规律或原理，或者证明某个既有规则存在反例，因为我们常常会在发现旧规则不再适用时，发现新的知识或规则。同样，有时候，某些存在时间较长的漫画人物会突然获得前所未有的超能力，比如在《神奇四侠》第 22 期里，神奇四侠中的苏·斯通发现宇宙射线赋予了她隐身能力，她还可以制造出"隐形力场"①。有了这个新的超能力之后，苏·斯通和她的队友之间的关系发生了根本性改变，后来她又获得了制造防御力场和攻击力场的能力。

这种情况无论在漫画里还是在现实世界中都相当罕见。然而，在物理学领域，新鲜、有趣的问题是无穷无尽的，正如漫画里引人入胜的故事总是源源不断、层出不穷。科学和漫画具有两个相同的核心特点：理解游戏的基本规则，具备丰富的想象力。

科学家在选择研究课题的时候通常不会参考漫画书（如果研究计划里充斥着超级英雄，资助机构恐怕会频频摇头），但是在最优秀的科学研究和最精彩的漫画故事中，像"如果……会怎样"或"将会发生什么……"这样的怀疑精神都是必不可少的。当然，漫画和科幻小说有些时候也能预测到未来的科学发现。

而有时，科学则需要费些时间才能赶上漫画的脚步。举个例子，《闪电侠》漫画中的反派魔术师阿伯拉·卡达波拉自始至终都让闪电

---

① 事实上，这个能力有点儿多余。因为漫画中的所有力场几乎都是看不见、摸不着的，只有一个例外。绿灯侠的戒指只要遇到黄色的东西就会失效，而在《绿灯侠》第 24 期中，大反派鲨鱼王能制造出"黄色隐形力场"。所以，我要把之前说过的话再说一遍：我爱白银时代的漫画书！

侠头痛不已。他穿着舞台表演的晚礼服，戴着礼帽，对闪电侠施展
"魔法"，比如把闪电侠变成人形木偶。然而，故事告诉我们，阿伯
拉·卡达波拉是一位来自遥远未来的科学家，他在20世纪使用的"魔
法"实际上是64世纪的科学技术。①《闪电侠》漫画的创作者显然认
为，我们今天的科学技术放在很久以前就是"魔法"。你可以想象一
下，如果你穿越到1 000年前，拿出几种现在常见的家用电器（假设
你还随身带着电源），你将看到那时的人们做出什么样的反应。

　　在白银时代的漫画故事中，对于64世纪的科学技术是如何把人
变成人形木偶的，创作者故意闪烁其词。直到20世纪90年代末才给
出了解释，卡达波拉告诉我们，他运用纳米技术从分子层面重构了闪
电侠，这再次表明一个邪恶的科学家会造成什么样的麻烦。当然，纳
米级大小的机器人不能把人变成木偶，但只要不违背既有的物理学原
理，几千年后会发生什么，又有谁能说得清呢？

　　公平地讲，推理小说对于未来的预测有时候在一些技术细节方
面确实是正确的，但也漏掉了其他许多推动社会变革的革命。我们
以1965年的电视剧《迷失太空》（*Lost in Space*）为例。这部广受欢
迎的电视剧讲述的是鲁滨逊一家的星际之旅，和他们一起的还有一个
智能机器人和一个邪恶而软弱的偷渡客——扎卡里·史密斯博士。该
剧于1965年9月15日首次播出，故事发生在遥远的未来，也就是
1997年10月。正如1997年《纽约时报》上的一篇文章（主要报道
了这部剧的重播消息）所说，《迷失太空》的制作人和编剧以为30年

---

　　① 社会终于发展到田园牧歌式阶段，但卡达波拉对这样的生活却感到厌倦，于
是他回到我们所在的年代，到处搞破坏。这种想要摆脱乌托邦生活的渴望也让漫威漫
画中的征服者康来到了我们的时代，他的目的则是征服世界。看来人类的本性——至
少对某些人来说——就是与有序、完善的社会作对。

后我们就会拥有宇宙飞船和机器人，这显然是不对的，但他们对于 20 世纪 90 年代末的生活方式的预测却错得更加离谱。

在宇宙飞船准备起飞的阶段，往往会出现这样一个场景：在地面指挥中心，一群穿着白色短袖衬衫的工程师坐在计算机显示器前，每个工程师的手肘旁都有一个小小的金属盘，这在今天的美国国家航空航天局根本不可能看到。1965 年的那些科幻作家万万没想到，30 年后，地面指挥中心是完全无烟的环境，不可能有烟灰缸。所以，与预测未来的社会习惯相比，预测未来的科技创新实在是小菜一碟。[①]

要说对自然界的研究证明了什么的话，那就是我们越聪明，就会越强大（跟绿巨人可不一样）。既然你已经读完了本书，你也许会觉得自己变强大了，就算身体方面没什么变化，至少头脑应该不同了，这种强大才是真正的强大。智慧给人类带来了竞争优势，使我们成为地球上的优势物种。我们无法像美洲豹一样风驰电掣，也无法像鹰一样在天空翱翔；我们不如熊强壮，也不如蟑螂的生命力顽强。我们的智慧就是我们的超能力，如果你愿意好好利用它的话。正如量子力学先驱玻尔所说："知识本身就是文明的基础。"

漫画中的冒险之旅与科学研究秉持同样的乐观精神，二者都认为，我们能够战胜自然界中的种种挑战，让这个世界变得更美好。我们应该如何利用这些科学知识，是用来缓解饥荒、治疗疾病，还是用来制造智能机器人，都取决于我们自己。要想知道如何正确恰当地运用知识，我们可以在漫画故事中找到答案。在《惊奇幻想》第 15 期中，蜘蛛侠初次登场，这个故事的结尾说："能力越大，责任越大。"时至今日，这个道理仍然正确。但责任到底是什么呢？在《超人》第

---

① 有时候这些变化发生在很久以后。

156 期"超人的告别"里，我们或许可以找到答案。超人认为自己即将死于 X 型病毒感染（还好这不是真的），他用热视线在月球上刻下了一段留给地球人的遗言，希望在他死后有人会发现这段话："善待他人，每个人都可以成为超人！"

　　加油吧，读者们！

由于明尼苏达大学天文系教授特里·琼斯（Terry Jones）在一次学生的口头测试中的无心之举，让我萌生了开设超级英雄物理学课程的念头。在物理专业研究生的课程中，学生需要面对的一个常规的学术性难题就是物理学常识检测，教师会直接向学生发问，学生只能通过粉笔和黑板演算，然后作答。特里问了一个问题："《星球大战》第四集'新希望'中死星的能量要达到多大，才能炸毁奥德兰星？"这让我想到其他爆炸的行星，并有了开设一门超级英雄物理学课程的想法。

说到启发思维，我要感谢我在大学和研究生时期的多位物理老师和导师。我要特别感谢史蒂夫·科特斯拉斯、约翰·雅各布森、罗伯特·阿尔法诺、纳基斯·扎尔、彼得·迪、蒂莫西·博耶、弗雷德里克·W. 史密斯、肯尼思·鲁宾、悉尼·R. 内格尔、罗伯特·A. 斯特里特和赫尔穆特·弗里切。他们既教授我物理学知识，也教会我如何成为一名物理学家。

对于这些年来给我带来无尽乐趣的漫画书的创作

者们，我也要表达我的谢意。要感谢的人太多，我要特别感谢我年少时看的那些漫画书的创作者们：加德纳·福克斯、约翰·布鲁姆、卡迈恩·因凡蒂诺、吉尔·凯恩、吉恩·科兰、约翰·罗米塔、罗伯特·卡尼格尔、斯蒂夫·迪特科，以及三大巨头尤利乌斯·史瓦茨、斯坦·李和杰克·科比。在他们的故事里，超级英雄用自己的智慧和超能力力挽狂澜，这让我很早就意识到智慧的重要性。当然，能量指环也很有用。

感谢劳伦斯·克劳斯教授愿意为本书写推荐序。借此机会，我还要感谢克雷格·舒特（白银时代先生），我堂而皇之地从他的《婴儿潮时代漫画》中取材，并用在后记中。

我非常感谢我的母亲，她让我爱上了阅读，为我树立了终身学习和批判性思考的榜样。我的孩子——托马斯、劳拉和戴维，他们自愿成为我的测试对象，对本书中的很多内容提出了建议，他们的反馈让我受益匪浅。我要感谢劳拉·亚当斯和艾伦·戈德曼为图 38 提供的扫描隧道显微镜图像。我要感谢朋友、家人和梦港图书漫画公司（Dreamhaven Books and Comics）的员工对我的支持和建议。

如果没有 2001~2003 年我的新生研讨课上的学生们以及 2003 年专家夜校中的学生们的贡献，我不可能完成本书。他们以精辟的评论、机智的想法和对超级英雄物理学的独特见解，大大地充实了我的课堂教学。特别是埃里克·卡伦、克里斯延·巴比里、马特·比亚利克、德鲁·戈贝尔和克里斯托弗·布鲁蒙德所提出的问题，直接变成了本书中的部分话题。

写一本超级英雄物理学的书还有一个额外的好处，那就是它为研究老问题提供了一个新的视角。然而，在对这些有趣的问题（比如以神速力奔跑或者任意改变隧穿概率）进行严肃讨论的过程中，也存在一个问题，那就是无法把实验作为分析验证的手段。明尼苏达大学物理与天文学院的同事仔细考虑了这一问题，尽可能减轻了这一不利因素的影响。我非常感激 E. 丹·德雷伯格教授，他慷慨地付出很多时间，阅读了我的全部书稿，发现了一些错误，以及一些过于简略的论述。此外，本杰明·巴伊马尔、查尔斯·E. 坎贝尔、米歇尔·詹森、拉塞尔·霍比、马尔科·佩洛索和约翰·布罗德赫斯特等教授也审查了本书中的某些章节，本书在他们的帮助下有了大幅提升。此外，我从马克·韦德、杰勒德·琼斯和库尔特·布谢克那里也得到了很多有益的意见和建议。马库斯·珀斯尔仔细阅读了本书的英文版平装本，并提出了相关建议。如果书中还有任何错误或者语焉不详之处，就都是我的责任，姑且让我把这些错误当成故意藏在书里的"复活节彩蛋"，留待细心的读者去发现。

最后，我还要感谢以下人士，没有他们的帮助，我的书一定会逊色不少。首先是我的经纪人杰伊·曼德尔，他提出可以从超级英雄的角度来写一本教授物理学知识的书，他在最开始对创造思路提供了关键性的指导，并帮助设定了整本书的基调。我很荣幸，哥谭出版社的布伦丹·卡希尔成为本书英文版的编辑。他对全书架构的技术性建议极大地改进了书稿，让我这个新手避免了不少"新手会犯的错误"。布伦丹对本书的设想有效地补充了我自己的观点，同样重要的是，他对超级英雄漫画书非常了解，提出了很多我没有想到的例子。此外，英文文字编辑拉谢尔·纳什纳对于提高本书的可读性起到了重要作用。珍妮·艾伦检查了书里用到的所有数字，作为朋友能做到这样，我非常感谢。威廉·莫里斯公司的塔利·罗森布拉特（前期）和莉莎·捷那坦波（后期）以及哥谭出版社的帕特里克·马利肯，对时不时冒出来的技术性问题总能妥善解决。

我的妻子泰蕾兹一直在鼓励我。从一开始，她对我的支持就远远超乎了我的预期。她读过我的所有书稿，如果缺少了她的建议和意见，本书将无法完成。总之，我是一个幸运的人。

牛顿的三大运动定律

正如艾萨克·牛顿阐明的那样，动力学的基本原理是：第一，如果没有外力的作用，静止的物体将保持静止，做匀速直线运动的物体将保持这种运动；第二，如果有外力作用于一个物体，那么物体的运动状态（速度或方向）变化将与外力成正比，即 $F = ma$；第三，力总是成对出现的，也就是每个作用力都有一个与其大小相等、方向相反的反作用力。

加速度的定义

加速度指的是速度的变化率，既包括它的大小，也包括它的方向。加速度的单位是（距离 / 时间）/ 时间或距离 / 时间^2。

重量 $= mg$

当外力是行星引力时，根据牛顿第二定律（$F = ma$）即可得到这个公式。其中力就是重量，重力加速度由字母"g"表示。

$$v^2 = 2gh$$

这个公式描述的是在重力作用下，运动的物体经过的距离为 h 时的速度为 v。速度 v 可能会随着物体的上升而不断变慢，也可能随着物体的下落而不断加快。

引力 = G × (质量 1 × 质量 2) / 距离 ^{2}

这个公式也是由艾萨克·牛顿提出的，表示任意两个物体之间的引力。这个力与物体质量的乘积成正比，与物体之间距离的平方成反比。

$$g = GM / R^2$$

根据牛顿万有引力定律，任何宏观物体（比如行星或月球）的重力加速度都可以表示为常数 G（$G = 6.67 \times 10^{-11} \mathrm{m}^3 / \mathrm{kg} \cdot \sec^2$）乘以物体的质量 M，再除以物体半径的平方。这个公式只适用于球对称的物体。

$$g_K / g_E = \rho_K R_K / \rho_E R_E$$

行星的质量可以表示为它的密度 ρ 与体积（$4\pi R^3/3$）的乘积，因此重力加速度 $g = GM/R^2$ 也可以表示为（$4\pi/3$）$G\rho R$。当我们计算两个行星的重力加速度之比时，就可以消去其中的常数 G 和 $4\pi/3$。

力 × 时间 = 质量 × 速度的变化量

这个公式是以另一种方式表达牛顿第二定律，即加速度等于速度的变化量除以外力作用的时间。质量与物体速度的乘积就是动能。

压力 = 大气压力 + (密度 × 重力加速度 × 深度)

水下的压力会随深度的增加而增加。水面处的压力就等于大气压力，物体下潜得越深，压力就越大。

向心加速度 $a = v^2/R$

以速度 v 沿着圆弧（半径为 R）轨迹运动的物体，其加速度的方向在不断变化。加速度的大小是 v^2/R，只在指向圆弧中心的外力 $F = mv^2/R$ 作用于物体时，物体的运动状态才会发生变化。

功 = 力 × 位移

物理学中的功是能量的另一种表达方式。当物体在外力的作用下发生位移时，物体的动能就会发生变化。这个公式说明，当你仅把重物托在头顶上时，你没有做功。因为尽管你提供了外力，但是物体并没有发生位移。这与"功"这个词平常的含义不太一样，但从物理学角度讲是正确的。你把物体举过头顶时，它的势能增加了，如果你继续保持这个姿势不动，物体的能量就不会再发生变化了。

动能 = (1/2) mv^2；势能 = mgh

这两个公式分别表示动能和势能。注意，势能的公式与将物体举到高度 h 时所做功的公式相同。

热力学第一定律

该定律本质上是对能量守恒定律的重述，表明了系统内部能量的变化来自作用于系统的功或者系统所做的功，抑或流入或流出系统的能量。

热力学第二定律

热量会从较热的物体传向较冷的物体，在把热量转化为功（力与位移的乘积）的过程中，必然有一些损失。也就是说，我们不可能把热量百分之百地转化为功。这与所涉及系统的熵有关，熵衡量的是系统构成方式的可能性。

热力学第三定律

当处于平衡状态的系统温度（温度衡量的是系统组成部分的平均能量）降低时，熵也会减小。如果系统只有一种可能的构成方式，它的熵就是零，这种状态只在每一个组成部分的能量均为零的时候才会实现。也就是说在绝对零度的条件下，熵才会为零，但在现实世界中这是不可能的。

库仑定律

这是两个带电物体之间的静电力的数学公式，说明力与两个物体的电荷的乘积成正比，与它们距离的平方成反比。从数学角度看，这个公式与牛顿万有引力公式一样。然而，万有引力始终是一种吸引力，而两个带电物体之间则存在不同的情况。当它们的电荷相反时（一正一负），物体之间的力是吸引力；当它们的电荷相同时（均为正或负），则为排斥力。

欧姆定律 $V = IR$

这个公式计算的是在电阻为 R 的导体中，电流 I（单位时间内经过某一点的电荷数）与电压 V 的关系。虽然这个公式适用于大多数金属，但并不是所有的电子设备都满足这种简单的线性关系。

能量公式 $E = hf$

这个公式说明，对于任何频率为 f 的原子系统，其能量只能以 $E = hf$ 为量级。其中 h 为普朗克常数，它是自然界的基本常数。当一个系统通过发射或吸收光来减少或增加能量时，必须借助量子化的能量包，这种能量包被称为"光子"。

德布罗意关系式 $P\lambda = h$

任何动量为 P 的物质的运动都与物质波的波长有关，动量和物质波波长的乘积是普朗克常数 h。

薛定谔方程

这是量子运动的基本波动方程。已知作用于物体的势场，我们就可以求解方程，得出描述其行为特征的波函数 Ψ。对波函数求二次方，就可以得到在特定的时空中发现量子的概率密度；有了概率密度，就可以计算出任何可测量的值（位置、动量等）的平均值或期望值。

导论 科学是如何拯救超级英雄的

关于漫画的早期历史有许多优秀的论著。除了我在正文中提到的著作，我还要推荐以下几部：杰勒德·琼斯（Gerard Jones）所著的《明日之躯：极客、黑帮与漫画书的诞生》（*Men of Tomorrow: Geeks, Gangsters, and the Birth of the Comic Book*，Basic Books，2004），罗宁·罗（Ronin Ro）所著的《惊异故事：杰克·科比、斯坦·李与全美漫画革命》（*Tales to Astonish: Jack Kirby, Stan Lee, and the American Comic Book Revolution*，Bloomsbury，2004），马克·伊万尼尔（Mark Evanier）所著的《科比：漫画之王》（*Kirby, King of Comics*，Abrams，2008），戴维·哈伊杜（David Hajdu）所著的《10美分的瘟疫：漫画大恐慌及其对美国的改变》（*The Ten Cent Plague: The Great Comic-Book Scare and How It Changed America*，Farrar, Straus and Giroux，2008），罗恩·戈拉特（Ron Goulart）所著的《伟大的美国漫画》（*Great American Comic Books*，Publications International，2001）。吉

姆·斯特兰科（Jim Steranko）在他所著的两卷本《斯特兰科漫画史　》（*The Steranko History of Comics*，Supergraphics，1970，1972）中，对低俗小说中的英雄发展到漫画中的超级英雄这段历史进行了详尽而有趣的阐释。莱斯·丹尼尔斯（Les Daniels）撰写了关于漫画人物的大量著作，他的以下作品都非常值得一看：《DC 漫画：60 年来世界最受欢迎的漫画英雄》（*DC Comics: Sixty Years of the World's Favorite Comic Book Heroes*，Bulfinch Press，1995），《超人大历史》（*Superman: The Complete History*，Chronicle Books，1998），《蝙蝠侠大历史》（*Batman: The Complete History*，Chronicle Books，2004），《神奇女侠大历史》（*Wonder Woman: The Complete History*，Chronicle Books，2001），《漫威：50 年来世界上最伟大的漫画奇迹》（*Marvel: Five Fabulous Decades of the World's Greatest Comics*）。此外，还有丹尼尔·赫尔曼（Daniel Herman）所著的《白银时代：第二代漫画师》（*Silver Age: The Second Generation of Comic Book Artists*，Hermes Press，2004）。布拉德福德·赖特（Bradford W. Wright）在《漫画国度》（约翰霍普金斯大学出版社，2001）中对美国流行文化中的漫画人物进行了历史性分析。

克雷格·舒特（Craig Shutt）所著的《婴儿潮时代的漫画：20 世纪 60 年代狂野、古怪而精彩的漫画书》（*Baby Boomer Comics: The Wild, Wacky, Wonderful Comic Books of the 1960s*，Krause Publications，2003）虽然不能算作漫画历史书，但其对白银时代漫画的起起伏伏做了很有趣的总结。

还有一些作者探讨了超级英雄漫画背后的科学知识，如果有的读者觉得自己喜欢的漫画人物在本书中被探讨得不够充分，那么可以看看下面这些书：林科·雅克（Linc Yaco）与卡伦·哈伯（Karen

Haber）合著的《X战警中的科学》(*The Science of the X-Men*, iBooks，2000），马克·沃尔弗顿（Mark Wolverton）所著的《超人中的科学》(*The Science of Superman*, iBooks，2002），洛伊丝·格莱什（Lois Gresh）和罗伯特·温伯格（Robert Weinberg）合著的《超级英雄的科学》(*The Science of Superheroes*, Wiley，2002）和《大反派的科学》(*The Science of Supervillains*, 2004）。还有一些著作也探讨了流行文化背后的科学知识，包括劳伦斯·克劳斯（Lawrence Krauss）所著的《星际迷航中的物理学》(*The Physics of Star Trek*, Basic Books，1995），珍妮·卡维洛斯（Jeanne Cavelos）所著的《星球大战中的科学》(*The Science of Star Wars*, St. Martin's Press，1998）和《X档案中的科学》(*The Science of the X-Files*, Berkley，1998），罗杰·海菲尔德所著的《圣诞节中的物理学》(*The Physics of Christmas* by Roger Highfield，Little，Brown & Company，1998）和《哈利·波特故事中的科学》(*The Science of Harry Potter*, Viking，2002），以及珍妮弗·奥莱特（Jennifer Ouellette）所著的《吸血鬼猎人巴菲中的物理学》(*The Physics of the Buffyverse* by Jennifer Ouellette，Penguin，2006）。

如果读者有兴趣探索物理学中的哲学体系和本质，那么可以参考理查德·费曼（Richard Feynman）的《物理定律的特征》(*The Character of Physical Law*, Random House，1994）和《发现的乐趣：理查德·P.费曼短篇精选》(*The Pleasure of Finding Things Out: The Best Short Works of Richard P. Feynman*, Perseus Publishing，2000），以及米尔顿·A.罗斯曼（Milton A. Rothman）的《发现自然法则：物理学实验基础》(*Discovering the Natural Laws: The Experimental Basis of Physics*, Dover，1989）和《费米方法：汉斯·克里斯蒂安·冯

贝耶尔科学论文集》(*The Fermi Solution: Essays on Science* by Hans Christian von Baeyer，Dover，2001)。

第一部分　力学

本书中的很多话题都是物理学的入门知识，如果读者们愿意吃点儿苦头，想看一下传统的物理学教材（或者想证明我没玩什么把戏），就可以看看保罗·G. 休伊特（Paul G. Hewitt）的《观念物理》(*Conceptual Physics*，Prentice Hall，2002)。它是一本高中物理学教科书，所以其中的数学知识不会超出代数的范畴。我还要向你们强烈推荐理查德·费曼的物理学讲座摘录《六件小事》(*Six Easy Pieces*，Perseus Books，1994)，其中涵盖了所有的基础物理学问题。

关于牛顿，有好几部不错的传记。如果读者想进一步了解这位天才，可以看看理查德·韦斯特福尔（Richard Westfall）撰写的《艾萨克·牛顿的一生》(*The Life of Isaac Newton*，Cambridge University Press，1994)，或者戴维·伯林斯基（David Berlinski）撰写的《牛顿的礼物》(*Newton's Gift*，Touchstone，2000)，或者詹姆斯·格雷克（James Gleick）撰写的《艾萨克·牛顿》(*Isaac Newton*，Pantheon Books，2003)。

在第 11 章中我们对狭义相对论的讨论非常简略，这大概要归因于洛伦兹收缩。对这个话题感兴趣的人可以先去看看 L. D. 兰道（L. D. Landau）和 G. B. 罗默（G. B. Romer）合著的《相对论是什么》(*What Is Relativity*，translated by N. Kemmer，Dover，2003)，全书只有 65 页（包括图！ ），而且没有公式，却清晰地解释了爱因斯坦的相对论。其他进一步探讨这个问题的著作包括赫尔曼·邦迪（Hermann Bondi）的《相对论与常识》(*Relativity and Common Sense*，Dover，

1962），罗伯特·卡茨（Robert Katz）的《狭义相对论导论》（*An Introduction to the Special Theory of Relativity*，D.Van Nostrand Co.，1964），詹姆斯·H. 史密斯（James H. Smith）的《狭义相对论导论》（*Introduction to Special Relativity*，W. A. Benjamin，1965），以及米尔顿·A. 罗斯曼（Milton A. Rothman）的《发现自然法则：物理学实验基础》（Dover，1989）。需要注意的是，在讨论相对论及相关物理学概念的过程中都会用到数学知识。

第二部分 能量

在埃里克·P. 维德迈尔（Eric P. Widmaier）的著作《生命的材料》（*The Stuff of Life*，W. H. Freeman & Company，2002）中，对于能量的产生与转换（特别是分子层面上的）进行了非常精妙的介绍，适合非专业人士阅读。同类书还有戴维·S. 古德塞尔（David S. Goodsell）的《生命机械》（*The Machinery of Life*，Springer Verlag，1992），菲利普·鲍尔（Philip Ball）的《隐形世界的故事》（*Stories of the Invisible*，Oxford University Press，2001）。关于这个神秘的问题，以下两本书提供了有用的背景信息：瓦克拉夫·斯米尔（Vaclav Smil）所著的《能量：图解生物圈与文明》（*Energies: An Illustrated Guide to the Biosphere and Civilization*，MIT Press，1998），以及罗杰·A. 新利西斯（Roger A. Hinrichs）与默林·克莱因贝奇（Merlin Kleinbach）合著的《能量的用途与环境》（*Energy: Its Use and the Environment*，Brooks Cole，2001）第三版。最后一本是教科书，其中几乎没有用到数学知识，它详细介绍了能量转化过程中涉及的环境问题。

关于热力学的有趣历史可以阅读以下几本优秀的著作：吉诺·塞格雷（Gino Segre）的《解读温度》（*A Matter of Degrees*，

Viking，2002），H. C. 范内斯（H. C. Van Ness）的《了解热力学》（*Understanding Thermodynamics*，Dover Publications，1969），汉斯·克里斯蒂安·冯·拜尔（Hans Christian von Baeyer）的《温度的扩散与时间的流逝：热的历史》（*Warmth Disperses and Time Passes: The History of Heat*，Modern Library，1998）。马克·W. 齐曼斯基（Mark W. Zemansky）所著的《很低和很高的温度》（*Temperatures Very Low and Very High*，Dover Books，1964），介绍了测量温度的简便易行的方法。P. W. 阿特金斯（P. W. Atkins）所著的《周期王国》（*The Periodic Kingdom*，Basic Books，1995）和 D. 泰伯（D. Tabor）所著的《气体、液体和固体》（*Gases*，*Liquids and Solids*，Cambridge University Press，1979）则讨论了相变问题。

关于电和磁的历史，以下几本书值得推荐：戴维·达尼斯（David Bodanis）的《电力宇宙：关于电力惊人的真实故事》（*Electric Universe: The Shocking True Story of Electricity*，Crown，2005），巴兹尔·马洪（Basil Mahon）的《改变一切的人：杰姆斯·克拉克·麦斯威尔的一生》（*The Man Who Changed Everything: The Life of James Clerk Maxwell*，John Wiley & Sons，2003），詹姆斯·汉密尔顿（James Hamilton）的《发现之旅：迈克尔·法拉第，科学革命的巨人》（*A Life of Discovery: Michael Faraday*，*Giant of the Scientific Revolution*，Random House，2002）。

第三部分　现代物理学

关于量子物理学，有一系列面向非专业人士的优秀论著。我强烈推荐以下两本：乔治·伽莫夫（George Gamow）所著的《震撼物理界的三十年：量子理论的故事》（*Thirty Years That Shook Physics: The*

Story of Quantum Theory，Dover Press，1985），伽莫夫和 R. 斯坦纳德（R. Stannard）合著的《汤普金斯先生的新世界》（*The New World of Mr. Tompkins*，Cambridge University Press，1999）。

关于弦论的前沿研究，以下几本书做了非常精湛、清晰的讨论：布赖恩·格林（Brian Greene）的《优雅的宇宙》（*The Elegant Universe*，W. W. Norton，1999）和《宇宙的结构》（*The Fabric of the Cosmos*，Alfred A. Knopf，2003），斯蒂芬·W. 霍金（Stephen W. Hawking）、基普·S. 索恩（Kip S. Thorne）、伊戈尔·诺维科夫（Igor Novikov）、蒂莫西·费里斯（Timothy Ferris）、阿兰·莱特曼（Alan Lightman）合著的《时空的未来》（*The Future of Spacetime*，W. W. Norton and Company，2002），劳伦斯·克劳斯（Lawrence Krauss）所著的《第五元素：宇宙中缺失的质量奥秘何在》（*Quintessence: The Mystery of Missing Mass in the Universe*，Basic Books，2000），丽莎·蓝道尔（Lisa Randall）所著的《扭曲的通道》（*Warped Passages*，ECCO，2005）。

固体物理学革命已经改变了所有人的生活，有两本可读性很强的著作对此进行了记载，分别是迈克尔·赖尔登（Michael Riordan）的《晶体之火：信息时代的诞生》（*Crystal Fire: Birth of the Information Age*，Norton，1997）和 T. R. 里德（T. R. Reid）所著的《芯片：两个美国人如何发明并引发了一场革命》（*The Chip: How Two Americans Invented the Microchip and Launched a Revolution*，Simon & Schuster，1985）。

关于与立方平方法则相关的材料的强度，约翰·泰勒·邦纳（John Tyler Bonner）所著的简短易读的《为什么说尺寸很重要：从细菌到蓝鲸》（*Why Size Matters: From Bacteria to Blue Whales*，

Princeton University Press，2006）值得一读。

总结

为了对我们讨论的问题进行深入的检视，读者可以看以下几本面向非专业人士的有趣的书，这些书都是通过问答形式讨论物理学问题，它们是吉尔·沃克（Jearl Walker）的《物理学的飞行马戏团》（*The Flying Circus of Physics*，Wiley，1977），以及克里斯托弗·P.查考斯基（Christopher P. Jargodzski）和富兰克林·波特（Franklin Potter）合著的《为物理而狂：脑筋急转弯、悖论和好奇心》（*Mad About Physics: Braintwisters*，*Paradoxes*，*and Curiosities*，John Wiley & Sons，2000）。那些不再害怕数学的人，可以看看克利福德·斯沃茨（Clifford Swartz）所著的《信封背面的物理学》（*Back-of-the-Envelope Physics*，Johns Hopkins University Press，2003）。如果你急于把学到的物理学知识应用于实践，那么你可以看看理查德·M.考夫（Richard M. Koff）的《这是怎么工作的？》（*How Does It Work?*，Signet，1961），也可以看看赛·泰莫尼（Cy Tymony）的《日常用品的非日常用法》（*Sneaky Uses for Everyday Things*，Andrews McMeel Publishing，2003）。

最后，我还要给大家推荐一些漫画书。DC 和漫威都有完整的重印产品线，其中包括从黄金时代到现在的所有漫画，通常比初版的纸质要好，价格也算公道。DC 的《档案》系列（*The Archives*）和《漫威的杰作》（*Marvel Masterworks*）都是聚焦于一个人物或团队的精装书，集结了黄金时代和白银时代的所有漫画。此外，漫威还有一个平装本的重印产品线，即《必需品》（*Essentials*）；DC 漫画则有《展示橱作品集》（*Showcase Presents*）系列，涵盖了白银时代或更晚时候的约 20 期刊物，集中于一个人物或主题，用较便宜的纸印刷，只有黑白两色，每本的价格不到一美元。无论你是想找到以前最喜欢的漫画书，还是对其他漫画书有兴趣，你都可以在你最喜欢的书店或者附近的漫画书店里找到重印的杂志。

如果你想全面地了解超级英雄，那么有一些漫画书是你必读的。首当其冲的是阿兰·摩尔和戴夫·吉本斯合著的《守望者》（*Watchmen*，DC Comics，1986，1987），这部作品被电影导演特瑞·吉列姆（Terry Gilliam）誉为"漫画中的《战争与和平》"。基于一些法律原因，这个故事里的人物原型都源自查尔顿漫画旗下的白银时代的超级英雄（比如问者、蓝甲虫、原子队长等），你不需要深入了解这些人物也可以享受故事的乐趣。第二部必读的漫画是弗兰克·米勒的《黑暗骑士归来》（*The Dark Knight Returns*，DC Comics，1997），设想了蝙蝠侠未来可能的命运。这部作品让蝙蝠侠故事摆脱了停更和被遗忘的命运，找回了蝙蝠侠角色本身阴暗、冷酷、坚毅的本性，为不同版本的蝙蝠侠电影奠定了基调。还有一些漫画作品的主题也是关于超级英雄未来命运的，比如马克·韦德（Mark Waid）和亚历克斯·罗斯（Alex Ross）合著的迷你系列《天国降临》（*Kingdom Come*，DC Comics，1998），剖析了 DC 漫画的超级英雄、恶棍和普通平民之间的相互影响。由库尔特·比斯克（Kurt Busiek）和亚历克斯·罗斯（Alex Ross）创作的《非凡之人》（*Marvels*，Marvel Comics，2004）则以《号角日报》的一个平凡摄影师的视角，讨论了漫威漫画公司的超级英雄对社会的影响。关于时间旅行这个题材，《逆转未来》系列（*Days of Future Past*，Marvel Comics，2004）无疑是一部佳作，其中包含了大热的《X 战警》电影中的很多人物。在这个故事里，幻影猫穿越回过去，阻止了一场有可能导致人类走向黑暗和反乌托邦未来的政治暗杀活动。最后，如果你想换换口味，那么你可以读读达尔温·库克（Darwyn Cooke）的《DC：新的疆域》第一册和第二册（*DC: The New Frontier*，DC Comics，2004，2005），它完美地重构了白银时代刚刚到来时超级英雄们首次登场的情景。

导论　科学是如何拯救超级英雄的 [1]

Page 2 *Action # 333* (National Comics. 1966), written by Leo Dorfman, drawn by Al Plastino.

Page 4 *World's Finest # 93* (National Comics, 1958), reprinted in *World's Finest Comics Archives Volume 2* (DC Comics, 2001). Written by Edmond Hamilton, drawn by Dick Sprang.

Page 7 "middle-class sensibilities" *Comics, Comix & Graphic Novels: A History of Comics*, Roger Sabin (Phaidon Press, 1996).

Page 7 "yellow journalism" *The Classic Era of American Comics*, Nicky Wright (Contemporary Books, 2000).

Page 7 "firmly established until 1933" *Comic Book Culture: An Illustrated History*, Ron Goulart (Collectors Press Inc., 2000).

Page 8 "big money in the Depression" *The Pulps: Fifty Years of American Pop Culture*, compiled and edited by Tony Goodstone (Chelsea House, 1970).

Page 8 "Superman was the brain child" *The Illustrated History of Superhero Comics of the Golden Age*, Mike Benton (Taylor Publishing Co., 1992); Superman. The Complete History, Les Daniels (Chronicle Books, 1998).

Page 11 "before someone noticed and complained" *Men of Tomorrow: Geeks, Gangsters and the Birth of the Comic Book*, Gerard Jones (Basic Books, 2004).

Page 11 "Dr. Fredric Wertham's 1953..." *Seduction of the Innocent*, Fredric Wertham (Rinehart Press, 1953).

Page 12 "The U.S. Senate Subcommittee" *Seal of Approval, The History of the Comics Code*, Amy Kiste Nyberg (University of Mississippi Press, 1998).

Page 12 "Declining sales from the loss" *Comic Book Nation*, Bradford W. Wright (Johns Hopkins University Press, 2001).

Page 13 *The Atom # 21* (National Comics, Oct./Nov. 1965). Written by Gardner Fox, drawn by Gil Kane.

---

[1]　本部分所标页码都为原版书页码。——编者注

Page 13 "Give us back our eleven days!" *Encyclopedia Britannica* (William Benton, Chicago) vol. 4, pg. 619 (1968).

Page 14 *Brave and the Bold # 28* (National Comics, 1960), reprinted in *Justice League of America Archives Volume 1* (DC Comics, 1992). Written by Gardner Fox, drawn by Mike Sekowsky.

Page 14 "Why take the time...?" *Man of Two Worlds, My Life in Science Fiction and Comics,* Julius Schwartz with Brian M. Thomsen (Harper-Entertainment, 2000).

Page 14 "The Hugo Award winner Alfred Bester..." *Star Light, Star Bright,* Alfred Bester (Berkley Publishing Company, 1976).

Page 14 "as reflected in this joke:" Lance Smith, private communication (2001).

Page 16 "physics is not about having memorized..." Hellmut Fritszche, private communication (1979).

第 1 章　超人诞生

Page 21 *Superman # 1* (National Comics, June 1939), reprinted in *Superman Archives Volume 1* (DC Comics, 1989). Written by Jerry Siegel and drawn by Joe Shuster.

Page 21 *Superman # 330* (DC Comics, Dec. 1978). Written by Martin Pasko and Al Shroeder and drawn by Curt Swan and Frank Chiaramonte.

Page 21 *Action Comics # 262* (National Comics, 1960). Written by Robert Bernstein and drawn by Wayne Boring.

Page 23 "In his very first story..." *Action # 1* (National Comics, June 1938), reprinted in *Superman # 1* (National Comics, June 1939), reprinted in *Superman Archives Volume 1* (DC Comics, 1989). Written by Jerry Siegel and drawn by Joe Shuster.

Page 23 "In the 1940s and 1950s" FN "How a radio-active element" *Superman: The Complete History,* Les Daniels (Chronicle Books, 1998).

Page 25 "Whether we wish to describe the trajectory..." *The Principia: Mathematical Principles of Natural Philosophy,* Sir Isaac Newton, translated by I. Bernard Cohen and Anne Whitman (University of California Press, 1999); Newton's Principia for the Common Reader, S. Chandrasekhar (Oxford University Press, 1995).

Page 32 *Action # 23* (National Comics, 1940), reprinted in *Superman: The Action Comics Archives Volume 2* (DC Comics, 1998). Written by Jerry Siegel and drawn by Joe Shuster and the Superman Studio.

第 2 章　氪星引力的秘密

Page 34 "As if describing the laws of motion..." *The Principia: Mathematical Principles of Natural Philosophy,* Sir Isaac Newton, translated by

I. Bernard Cohen and Anne Whitman (University of California Press, 1999); *Newton's Principia for the Common Reader*, S. Chandrasekhar (Oxford University Press, 1995).

Page 35 "This is the true meaning..." *The Life of Isaac Newton*, Richard Westfall (Cambridge University Press, 1994); Newton's Gift, David Berlinski (Touchstone, 2000); Isaac Newton, James Gleick (Pantheon Books, 2003).

Page 37 "cubical planets such as the home world of Bizarro" *Superman: Tales of the Bizarro World* trade paperback (DC Comics, 2000).

Page 39 "While planets in our own solar system" Astronomy. *The Solar System and Beyond* (2nd edition), Michael A. Seeds (Brooks/Cole, 2001).

Page 40 "To be precise, 73 percent of the" Just Six Numbers. *The Deep Forces that Shape the Universe*, Martin Rees (Basic Books, 2000).

Page 41 "The fusion process speeds up as the star generates..." The time necessary for iron and nickel synthesis can vary from several weeks to less than a day, depending on the star's mass. See "The Evolution and Explosion of Massive Stars," S. E. Woolsey and A. Heger, Rev. *Modern Physics* vol. 74, p. 1015 (Oct. 2002).

Page 42 "Only five years earlier..." W. Baade and F. Zwicky, *Physical Review* vol. 45, p. 138 (1934).

第 3 章　格温·斯黛西之死

Page 46 "This all changed with a golf game" *Man of Two Worlds, My Life in Science Fiction and Comics*, Julius Schwartz with Brian M. Thomsen (HarperEntertainment, 2000).

Page 46 "Instead he and Jack Kirby created a new superhero team from whole cloth." *Stan Lee and the Rise and Fall of the American Comic Book*, Jordan Raphael and Tom Spurgeon (Chicago Review Press, 2003); *Tales to Astonish: Jack Kirby, Stan Lee and the American Comic Book Revolution* by Ronin Ro (Bloomsbury, 2004).

Page 46 Footnote. "Those who were involved in publishing DC and Marvel comics..." *Alter Ego* # 26, pg. 21 (TwoMorrows Publishing, July 2003).

Page 46 *Fantastic Four # 1* (Marvel Comics, 1961), reprinted in *Marvel Masterworks: Fantastic Four Volume 1* (Marvel Comics, 2003). Written by Stan Lee and Jack Kirby.

Page 48 *Amazing Fantasy # 15* (Marvel Comics, 1962), reprinted in *Marvel Masterworks: Amazing Spider-Man Volume 1* (Marvel Comics, 2003). Written by Stan Lee and drawn by Steve Ditko.

Page 48 *Amazing Spider-Man # 44–46* (Marvel Comics, 1964), reprinted in *Marvel Masterworks: Amazing Spider-Man Volume 5* (Marvel, 2004). Written by Stan Lee and drawn by Steve Ditko.

Page 48 *Amazing Spider-Man # 121* (Marvel Comics, June 1973), reprinted in *Spider-Man: The Death of Gwen Stacy* trade paperback (Marvel Comics, 1999). Written by Gerry Conway and drawn by Gil Kane.

Page 48 *Amazing Spider-Man # 39* (Marvel Comics, Aug. 1964), reprinted in *Marvel Masterworks: Amazing Spider-Man Volume 4* (Marvel Comics, 2004). Written by Stan Lee and drawn by John Romita.

Page 51 "This question was listed..." Wizard: *The Comics Magazine # 100* (Gareb Shamus Enterprises, Jan. 2000).

Page 51 The towers of the George Washington Bridge are actually 604 feet above the water. See *The Bridges of New York*, Sharon Reier (Dover, 2000).

Page 53 "Col. John Stapp rode an experimental" *Wings & Airpower* magazine, Nick T. Spark (Republic Press, July 2003).

Page 54 *Spider-Man Unlimited # 2* (Marvel Comics, May 2004). Written by Adam Higgs and drawn by Rick Mays.

Page 55 *Wizard: The Comics Magazine # 104* (Gareb Shamus Enterprises, Apr. 2001).

Page 56 *Peter Parker: Spider-Man # 45* (Marvel Comics, Aug. 2002). Written by Paul Jenkins and drawn by Humberto Ramos.

第 4 章　闪电的真相

Page 57 "It was a dark and stormy night..." *Showcase # 4* (National Comics, Oct. 1956), reprinted in *Flash Archives Volume 1* (DC Comics, 1996). Written by Robert Kanigher and drawn by Carmine Infantino.

Page 57 Footnote. *Flash Comics # 110* (National Comics, Dec.–Jan. 1960), reprinted in *Flash Archives vol. 2* (DC Comics, 2000). Written by John Broome and drawn by Carmine Infantino.

Page 59 "Captain Cold, one of the first..." See, for example, *Showcase # 8* (National Comics, June 1957), reprinted in *Flash Archives Volume 1* (DC Comics, 1996). Written by John Broome and drawn by Carmine Infantino.

Page 59 "While friction's basic properties were..." *History of Tribology, 2nd edition*, Duncan Dowson (American Society of Mechanical Engineers, 1999).

Page 62 "This mechanism was proposed..." D. Hu, B. Chan, and J. W. M. Bush, *Nature* 424, pp. 663–666 (2003).

Page 62 Flash # 117 (National Comics, Dec. 1960), reprinted in *Flash Archives Volume 3* (DC Comics, 2002). Written by John Broome and drawn by Carmine Infantino.

Page 63 "One can, of course, move faster than the speed of sound..." "Breaking the Sound Barrier," Chuck Yeager, *Popular Mechanics* (Nov. 1987); *Yeager: An Autobiography*, Chuck Yeager (Bantam, reissue edition, 1986).

Page 64 Fig. 10 *Flash # 117* (second story) (National Comics, Dec. 1960), reprinted in *Flash Archives Volume 3* (DC Comics, 2002). Written by Gardner Fox and drawn by Carmine Infantino.

Page 67 *Flash # 124* (National Comics, Nov. 1961), reprinted in *Flash Archives Volume 3* (DC Comics, 2002). Written by John Broome and drawn by Carmine Infantino.

第 5 章 蚁人的大世界

Page 69 "In his first appearance..." *Tales to Astonish # 27* (Marvel Comics, Jan. 1962), reprinted in *Essential Ant-Man, Volume 1* (Marvel Comics, 2002). Written by Stan Lee and Larry Lieber and drawn by Jack Kirby.

Page 70 *The Incredible Shrinking Man: A Novel*, Richard Matheson (Tor Books, 2001).

Page 70 *Tales to Astonish # 35* (Marvel Comics, Sept. 1962), reprinted in *Essential Ant-Man, Volume 1* (Marvel Comics, 2002). Written by Stan Lee and Larry Lieber and drawn by Jack Kirby.

Page 71 "Given that ants actually communicate..." *Journey to the Ants*, Bert Holldobler and Edward O. Wilson (Belknap Press of Harvard University Press, 1994).

Page 71 "discussing the construction of 'time machines'" "Wormholes, Time Machines and the Weak Energy Condition," Michael S. Morris, Kip S. Thorne, and Ulvi Yurtsever, *Phys. Rev. Lett.* 61, 1446 (1998); "Warp Drive and Causality," Allen E. Everett, *Phys. Rev. D* 53, 7365 (1996); "Closed Timelike Curves Produced by Pairs of Moving Cosmic Strings: Exact Solutions," J. Richard Gott III, *Phys. Rev. Lett* 66, 1126 (1991); *Black Holes and Time Warps*, K. S. Thorne (Norton, 1994).

Page 72 See the novelization *Fantastic Voyage*, Isaac Asimov (based on a screenplay by Harry Kleiner) (Bantam Books, 1966).

Page 73 "As discussed in Isaac Asimov's..." Ibid, chapter 4.

Page 74 *Fantastic Voyage II: Destination Brain*, Isaac Asimov (Doubleday, 1987).

第 6 章 水下的英雄

Page 78 "Making his debut..." *More Fun Comics # 73* (National Comics, Nov. 1941), written by Mort Weisinger and drawn by artist Paul Norris.

Page 79 Footnote. *More Fun Comics # 106* (National Comics, Nov.-Dec. 1945), written by Joe Samachson and drawn by artist Louis Cazeneuve.

Page 79 Footnote "Sub-Mariner" *Marvel Comics # 1* (Timely Comics, Oct. 1939) written and drawn by Bill Everett.

Page 79 "alveoli" *Physics in Biology and Medicine*, 3rd Edition, Paul Davidovits (Academic Press, 2007) p.129.

Page 80 "water layer, gas exchange" Ibid, p. 132.

Page 80 "surface tension" *Capillarity and Wetting Phenomena: Drops, Bubbles, Pearls, Waves*, Pierre-Gilles de Gennes, Francoise Brochard-Wyart and David Quere (Springer, 2003).

Page 81 "pulmonary surfactant" *The Surgical Review*, 2nd ed., Pavan Alturi, Giorgos C. Karakousis, Paige M. Porrett and Larry R. Kaiser (Lippincott Williams & Wilkins, 2005) p. 369.

Page 82 "surfactants make water wetter..." *Fragile Objects: Soft Matter,*

Hard Science and the Thrill of Discovery, Pierre-Gilles de Gennes and Jacques Badoz (Springer, 1996).

Page 83 "a year later..." *More Fun Comics # 85* (National Comics, Nov1942), written by unknown and drawn by artist Louis Cazeneuve.

Page 85 *Justice League of America # 200* (DC Comics, Mar. 1982) written by Gerry Conway and drawn by George Perez and Brett Breeding.

Page 86 "dates back to ancient Mesopotamia" *The Sumerians: Their History, Culture and Character*, Samuel Noah Kramer (University of Chicago Press, 1971).

Page 89 "imploding tanker car" http://www.youtube.com/watch?v= E_hci9vrvfw

Page 90 "fish gas bladder" *Biology of Fishes* (2nd edition), Carl Bond (Brooks Cole, 1996).

Page 91 "chemical engineering professor Ed Cussler" "Will Humans Swim Faster or Slower in Syrup?" Brian Gettelfinger and E.L. Cussler, *AIChE Journal*, vol. 50, p. 2646 (2004).

Page 91 "dolphins are continuously shedding their skin" "The Physics of Swimming," Karen C. Fox, *Discover Magazine*, Feb. 2006.

第 7 章　蜘蛛侠荡起来

Page 95 "Dragline silk webbing..." "Stronger than Spider Silk," Eric J. Lerner, *The Industrial Physicist*, vol. 9, no. 5, p. 21 (Oct./Nov. 2003); Nature, vol. 423, pg. 703 (2003).

Page 95 "Spider-Man is able to alter the material properties..." *Spider-Man Annual # 1* (Marvel Comics, June 1963); reprinted in *Marvel Masterworks: Amazing Spider-Man Volume 2* (Marvel Comics, 2002). Written by Stan Lee and drawn by Steve Ditko.

Page 95 "Similarly, real spiders can control" C. L. Craig et al. *Molecular Biol. Evolution*, vol. 17, 1904 (2000); Frasier I. Bell, Iain J. McEwen and Christopher Viney, A. B. Dalton, S. Collins, E. Munoz, J. M. Razal, V. H. Ebron, J. P. Ferraris, J. N. Coleman, B. G. Kim and R. H. Baughman, Nature, vol. 416, p. 37 (2002).

Page 95 "genetic engineering experiments..." *The Goat Farmer Magazine* (May 2002) (Capricorn Publications, New Zealand).

Page 96 "other scientists have reported..." D. Huemmerich, T. Scheibel, F. Vollrath, S. Cohen, U. Gat, and S. Ittah, *Current Biology*, vol. 14, no. 22, p. 2070 (Nov. 2004).

Page 96 "The silk-producing gene..." Jurgen Scheller, Karl-Heinz Guhrs, Frank Grosse, and Udo Conrad, *Nature Biotechnology*, vol. 19, no. 6, p. 573 (June 2001); S. R. Fahnestock and S. L. Irwin, *Appl. Microbiol. Biotechnol.* Vol. 47, p. 23 (1997).

Page 96 "As Jim Robbins discussed..." "Second Nature," Jim Robbins, *Smithsonian*, vol. 33, no. 4, p. 78 (July 2002).

第 8 章　蚁人的阿喀琉斯之踵

Page 97 "he could ride on top of an ant..." See, for example, *Tales to Astonish # 35* (Marvel Comics, Sept. 1962), reprinted in *Essential Ant-Man Volume 1* (Marvel Comics, 2002). Written by Stan Lee and Larry Lieber and drawn by Jack Kirby.

Page 98 "to instruct hundreds of them..." *Tales to Astonish # 36* (Marvel Comics, Oct. 1962), reprinted in *Essential Ant-Man Volume 1* (Marvel Comics, 2002). Written by Stan Lee and Larry Lieber and drawn by Jack Kirby.

Page 98 *Tales to Astonish # 37* (Marvel Comics, Nov. 1962), reprinted in *Essential Ant-Man Volume 1* (Marvel Comics, 2002). Written by Stan Lee and Larry Lieber and drawn by Jack Kirby.

Page 101 "an ingenious series of levers..." *Intermediate Physics for Medicine and Biology* (3rd ed.), Russell K. Hobbie (American Institute of Physics, 2001); *Biomechanics of Human Motion*, M. Williams and H. R. Lissner (Saunders Press, 1962).

Page 101 "essentially the same as a fishing rod..." See, for example, *The Way Things Work*, David Macaulay (Houghton Mifflin, 1988) for an amusing illustration of different lever configurations.

Page 101 "The ratio of moment arms is thus 1:7," *Back-of-the-Envelope Physics*, Clifford Swartz (Johns Hopkins University Press, 2003).

Page 103 "What determines how high you can leap?" *On Growth and Form*, D'Arcy Thompson (Cambridge University Press, 1961).

Page 104 "It is an easy consequence of anthropomorphism," Ibid, page 27.

第 9 章　陀螺人为什么能转不停？

Page 105 "Beware the Atomic Grenade" *Flash # 122* (National Comics, Aug. 1961), reprinted in *Flash Archives Volume 3* (DC Comics, 2002). Written by John Broome and drawn by Carmine Infantino.

Page 106 *Tales to Astonish # 50* (Marvel Comics, Dec. 1963), reprinted in *Essential Ant-Man Volume 1* (Marvel Comics, 2002). Written by Stan Lee and drawn by Jack Kirby.

Page 107 "dropped from the Masters of Evil by Egghead" *Avengers # 228* (Marvel Comics, Feb. 1983) written by Roger Stern and drawn by Al Milgrom.

Page 110 "innovations in gyroscope design employ electrostatically levitated micro-discs," "Micromachined rotating gyroscope with electromagnetically levitated rotor," Wu, X.-S.; Chen, W.-Y.; Zhao, X.-L.; Zhang, W.-P., *Electronics Letters* vol. 42, p. 912 (2006).

Page 111 *Avengers # 139* (Marvel Comics, Sept. 1975) reprinted in *Essential Avengers Volume 6* (Marvel Comics, 2008). Written by Steve Englehart and drawn by George Tuska.

Page 111 "Helicopters hover in the air" *Principles of Helicopter Aerodynamics* (2nd ed.), J. Gordon Leishman (Cambridge University Press, 2006).

Page 113 "When the Norse god Thor needed to travel" *Journey into Mystery # 83* (Marvel Comics, Aug. 1962) reprinted in *Essential Uncanny Thor Volume 1* (Marvel Comics, 2001) written by Stan Lee and Larry Leiber and drawn by Jack Kirby.

Page 113 *Bartman Comics # 3* (Bongo Comics, Aug. 1994) written by Steve Vance and drawn by Bill Morrison.

Page 113 "the X-Men villain the Blob" *X-Men # 3* (Marvel Comics, Jan. 1964) reprinted in *Essential Uncanny X-Men Volume 1* (Marvel Comics, 1999) written by Stan Lee and drawn by Jack Kirby.

Page 114 "Observations of the Coma cluster of galaxies" Fritz Zwicky, *Helvetica Phys. Acta* vol. 6, p. 110 (1933).

Page 115 "there must be more mass in this galaxy than we can see" *In Search of Dark Matter*, Ken Freeman and Geoff McNamara (Springer, 2006).

第 10 章　蚁人真的听不见也看不见吗？

Page 118 "Galileo was perhaps not the first person to notice..." *Galileo's Pendulum*, Roger G. Newton (Harvard University Press, 2004).

Page 120 "A human vocal cord is..." *Intermediate Physics for Medicine and Biology* (3rd ed.), Russell K. Hobbie (American Institute of Physics, 2001).

Page 121 "Alternatively, if one is too close to the source,..." *On Growth and Form*, D'Arcy Thompson (Cambridge University Press, 1961).

Page 122 *Atom # 4* (National Comics, Dec./Jan. 1962), reprinted in *Atom Archives Volume One* (DC Comics, 2001). Written by Gardner Fox and drawn by Gil Kane.

Page 123 "An insect's eye is very good at..." C. J. van der Horst, "The Optics of the Insect Eye," *Acta Zool*, p. 108 (1933).

第 11 章　闪电侠与狭义相对论

Page 125 "or of Catwoman's whip..." *JLA # 13* (DC Comics, April 1998). Written by Grant Morrison and drawn by Howard Porter. The fact that the tip of Catwoman's whip is moving at roughly twice the speed of sound (the source of the loud crack it creates) was emphasized when she snapped the villain Prometheus in a particularly vulnerable area.

Page 125 DC: *The New Frontier # 2* (DC Comics, Apr. 2004), also reprinted in *DC: The New Frontier Volume 1* (DC Comics, 2004). Written and drawn by Darwyn Cooke.

Page 125 *Flash # 202* (vol. 2) (DC Comics, Nov. 2003). Written by Geoff Johns and drawn by Alberto Dose.

Page 126 "The Special Theory of Relativity can be boiled down…" *What Is Relativity?* L. D. Landau and G. B. Romer (Translated by N. Kemmer) (Dover, 2003).

Page 127 "with a sweeping motion…" *Flash # 124* (National Comics, Nov. 1961), reprinted in *Flash Archives Volume 3* (DC Comics, 2002). Written by John Broome and drawn by Carmine Infantino.

Page 127 "In order for this to be true, Einstein argued…" *Relativity and Common Sense*, Hermann Bondi (Dover, 1980).

Page 127 "two observers can disagree…." *What Is Relativity?* L. D. Landau and G. B. Romer (Translated by N. Kemmer) (Dover, 2003).

Page 128 *Flash # 175* (National Comics, Dec. 1967), reprinted in *Superman vs. the Flash* (DC Comics, 2005). Written by E. Nelson Bridwell and drawn by Ross Andru.

Page 128 "Negative Man" *My Greatest Adventure # 80* (National Comics, June 1963), reprinted in *The Doom Patrol Archives Volume 1* (DC Comics, 2002). Written by Arnold Drake with Bob Haney and drawn by Bruno Premiani.

Page 128 "Captain Marvel" *Avengers # 227* (Marvel Comics, Jan. 1983). Written by Roger Stern and drawn by Sal Buscema.

Page 129 *Flash # 132* (National Comics, Nov. 1962), reprinted in *Flash Archives Volume 4* (DC Comics, 2006). Written by John Broome and drawn by Carmine Infantino.

Page 129 *JLA # 89* (DC Comics, late Dec. 2003). Written by Joe Kelly and drawn by Doug Mahnke.

Page 130 *Legion of Superheroes # 16* (vol. 5), (DC comics, May 2006). Written by Mark Waid and drawn by Barry Kitson.

Page 132 *Flash # 141* (National Comics, Dec. 1963), reprinted in *Flash Archives Volume 5* (DC Comics, 2009). Written by John Broome and drawn by Carmine Infantino.

Page 133 "back in the 1950s, a group of physics majors….", private communication, Hal Weisinger.

第 12 章　吃货闪电侠

Page 137 "As you grew and matured, you needed" See, for example, *The Stuff of Life*, Eric P. Widmaier (Henry Holt and Company, 2002); *The Machinery of Life*, David S. Goodsell (Springer-Verlag, 1998); and *Stories of the Invisible*, Philip Ball (Oxford University Press, 2001).

Page 139 "Studies of the decay of radioactive nuclei…" *The Elusive Neutrino: A Subatomic Detective Story*, Nickolas Solomey (W. H. Freeman & Company, 1997).

Page 141 "An automobile's efficiency..." *New Directions in Race Car Aerodynamics: Designing for Speed,* Joseph Katz (Bentley Publishers, 1995).

Page 142 Footnote. "Positron Production in Multiphoton Light-by-Light Scattering," D. L. Burk et al., Phys. Rev. Lett. 79, 1626 (1997).

Page 144 *Flash # 106* (DC Comics, May 1959), reprinted in *Flash Archives Volume 1* (DC Comics, 1996). Written by John Broome and drawn by Carmine Infantino.

Page 144 *Flash # 25* (vol. 2) (DC Comics, Apr. 1989). Written by William Messner-Loebs and drawn by Greg LaRocque.

Page 145 "physicists were confused about energy..." See, for example, *Warmth Disperses and Time Passes: The History of Heat,* Hans Christian von Baeyer (Modern Library, 1998).

Page 147 "At one point in Flash comics..." See, for example, *Flash # 24* (vol. 2) (DC Comics, Apr. 1989). Written by William Messner-Loebs and drawn by Greg LaRocque.

Page 147 "consider some basic chemistry" See, for example, *The Periodic Kingdom,* P. W. Atkins (Basic Books, 1995).

Page 149 "all of life is possible because the mass of a helium nucleus" *Just Six Numbers,* Martin Rees (Basic Books, 1999).

Page 151 *Watchmen* (DC Comics, 1986, 1987) Written by Alan Moore and drawn by Dave Gibbons.

Page 153 "The volume of oxygen use by a runner..." *Energies: An Illustrated Guide to the Biosphere and Civilization,* Vaclav Smil (MIT Press, 1999).

Page 153 "the Earth's atmosphere contains..." There are approximately two hundred million trillion moles of gas in the Earth's atmosphere, while each mole contains Avogadro's number (0.6 trillion trillion) molecules. The Earth's atmosphere is thus estimated to contain 0.12 billion trillion trillion trillion gas molecules.

Page 154 *Flash # 167* (DC Comics, Feb. 1967). Written by John Broome and drawn by Carmine Infantino.

Page 155 "This is one reason why golf balls have dimples." *The Physics of Golf,* Theodore P. Jorgensen (Springer, second edition, 1999); *Golf Balls, Boomerangs and Asteroids: The Impact of Missiles on Society,* Brian H. Kaye (VCH Publishers, 1996); *500 Years of Golf Balls: History and Collector's Guide,* John F. Hotchkiss (Antique Trader Books, 1997).

Page 156 Footnote. Technically, *Superman # 130* ascribed the wrong mechanism to kryptonite's resistance to air friction when it claimed "kryptonite can't combine chemically with oxygen, which causes combustion." It may indeed not be chemically reactive with oxygen, but the heat generated when an object moves at high velocity through the atmosphere is due to the work needed to push the air molecules out of the way, and is a purely physical, rather than chemical, process.

Page 156 "The first such character" *Superman: The Complete History,* Les Daniels (Chronicle Books, 1998).

Page 157 "Not to be outdone..." *DC Comics: Sixty Years of the World's Favorite Comic Book Heroes,* Les Daniels (Bulfinch Press, 1995).

Page 157 "as far as most fans of the Silver Age..." "Comics That Didn't Really Happen," by Mark Evanier, reprinted in *Comic Books and Other Necessities of Life* (TwoMorrows Publishing, 2002).

第 13 章　缺失的功

Page 158 *Showcase # 34* (DC Comics, Sept./Oct. 1961), reprinted in *Atom Archives Volume 1* (DC Comics, 2001). Written by Gardner Fox and drawn by Gil Kane.

Page 160 Fig. *20 Atom # 4* (DC Comics, Dec./Jan. 1962), reprinted in *Atom Archives Volume One* (DC Comics, 2001). Written by Gardner Fox and drawn by Gil Kane.

Page 161 *Atom # 2* (DC Comics, Aug./Sept. 1962), reprinted in *Atom Archives Volume 1* (DC Comics, 2001). Written by Gardner Fox and drawn by Gil Kane.

Page 161 "The field of thermodynamics..." *Warmth Disperses and Time Passes: The History of Heat,* Hans Christian von Baeyer (Modern Library, 1998); *A Matter of Degrees,* Gino Segre (Penguin Books, 2002).

Page 164 "Another example:" *Energies: An Illustrated Guide to the Biosphere and Civilization,* Vaclav Smil (MIT Press, 1999).

Page 166 "This concept, called 'entropy,' is..." *Understanding Thermodynamics,* H. C. Van Ness (Dover Publications, 1969).

Page 168 *West Coast Avengers # 42* (Marvel Comics, Mar. 1989). Written and drawn by John Byrne.

Page 169 "Could I use the talents of the Atom..." *Warmth Disperses and Time Passes: The History of Heat,* Hans Christian von Baeyer (Modern Library, 1998).

Page 172 "radio-wave background radiation" *Temperatures Very Low and Very High,* Mark W. Zemansky (Dover Books, 1964).

Page 173 "Many of the elder statesmen of physics" *Philosophy of Science: The Historical Background,* Joseph J. Kockelmans (ed.) (Transaction Publishers, 1999).

Page 173 Planck quote *Scientific Autobiography and Other Papers,* Max K. Planck (translated by F. Gaynor) (Greenwood Publishing Group, 1968).

Page 173 "A key development" *An Introduction to Stochastic Processes in Physics,* Don S. Lemons (Johns Hopkins University Press, 2002).

Page 173 "it was not until 1905..." *Investigations of the Theory of the Brownian Movement,* Albert Einstein (Dover, 1956).

Page 174 "The random collisions of the air on our eardrums..." "How the Ear's Works Work," A. J. Hudspeth, *Nature* 341, 397 (1989); "Brownian Motion and the Ability to Detect Weak Auditory Signals," I. C.

Gebeshuber, A. Mladenka, F. Rattay, and W. A. Svrcek-Seiler, *Chaos and Noise in Biology and Medicine*, ed. C. Taddei-Ferretti (World Scientific, 1998). Note that this is not the high-pitch tone that many of us hear. That high-frequency sound is most likely tinnitus, resulting from damage (either from loud noises or old age) to the cilia that detect sound waves in the inner ear.

第 14 章　冰人如何克敌制胜？

Page 175 "Stan Lee, head writer and editor,..." *Excelsior!: The Amazing Life of Stan Lee*, Stan Lee and George Mair (Fireside, 2002).

Page 175 *X-Men # 1* (Marvel Comics, Sept. 1963), reprinted in *Marvel Masterworks: X-Men Volume 1* (Marvel Comics, 2002). Written by Stan Lee and drawn by Jack Kirby.

Page 176 *X-Men # 47* (Marvel Comics, Aug. 1968). Written by Arnold Drake and drawn by Werner Roth.

Page 176 *X-Men # 8* (Marvel Comics, Nov. 1964), reprinted in *Marvel Masterworks: X-Men Volume 1* (Marvel Comics, 2002). Written by Stan Lee and drawn by Jack Kirby.

Page 176 "A snowflake is created when..." *The Snowflake: Winter's Secret Beauty*, Kenneth G. Libbrecht and Patricia Rasmussen (Voyageur Press, 2003).

Page 177 "Einstein's equation for how far a fluctuating atom..." *Investigations of the Theory of the Brownian Movement*, Albert Einstein (Dover, 1956).

Page 177 "The exact details..." "Instabilities and Pattern Formation in Crystal Growth," J. S. Langer, *Reviews of Modern Physics* 52, 1 (1980).

Page 179 Fig. 22 *Amazing Spider-Man # 92* (Marvel Comics, Jan. 1971), reprinted in *Spider-Man: The Death of Captain Stacy* (Marvel Comics, 2004). Written by Stan Lee and drawn by Gil Kane and John Romita.

Page 180 *All-New, All-Different X-Men # 1* (Marvel Comics, 1975), reprinted in *Marvel Masterworks: Uncanny X-Men Volume 1* (Marvel Comics, 2003). Written by Len Wein and drawn by David Cockrum.

Page 181 "At its core, the weather..." *The Essence of Chaos*, Edward Lorenz (University of Washington Press, 1996); *The Coming Storm*, Mark Masline (Barron's, 2002).

Page 183 Fig. 24 *X-Men # 145* (Marvel Comics, May 1981). Written by Chris Claremont and drawn by Dave Cockrum and Joe Rubinstein.

Page 184 "A final thought..." *Lord Kelvin and the Age of the Earth*, Joe D. Burchfield (University of Chicago Press, 1990); *Degrees Kelvin*, David Lindley (Joseph Henry Press, 2004).

第 15 章　钢铁侠遭遇强敌

Page 186 *Tales of Suspense # 39* (Marvel Comics, Mar. 1963), reprinted in *Marvel Masterworks: The Invincible Iron Man Volume 1* (Marvel Comics, 2003). Written by Stan Lee and Larry Lieber and drawn by Don Heck.

Page 187 "When the Melter first appeared" *Tales of Suspense # 47* (Marvel Comics, Nov. 1963), reprinted in *Marvel Masterworks: The Invincible Iron Man Volume 1* (Marvel Comics, 2003). Written by Stan Lee and drawn by Steve Ditko.

Page 187 "When this happens, a chemical bond forms..." *The Periodic Kingdom*, P. W. Atkins (Basic Books, 1995).

Page 188 "What determines the exact temperature and pressure..." *Gases, Liquids and Solids*, D. Tabor (Cambridge University Press, 1979).

Page 188 "In a conventional oven..." *On Food and Cooking*, Harold McGee (Scribner, revised and updated edition, 2004); The Science of Cooking, Peter Barham (Spring, 2001).

Page 192 *Tales of Suspense # 90* (Marvel Comics, Jun. 1967), *Essential Iron Man Volume 2* (Marvel Comics, 2004). Written by Stan Lee and drawn by Gene Colan.

Page 192 "Such a microwave-based 'heat ray' that..." "Report: Raytheon 'heat beam' weapon ready for Iraq," *Boston Business Journal*, Dec. 1, 2004.

第 16 章　静电的意外魔力

Page 194 Footnote. *West Coast Avengers # 13* (vol. 2*)* (Marvel Comics, Oct. 1986). Written by Steve Englehart and drawn by Al Milgrom.

Page 195 *Adventure # 247* (National Comics, April 1958), reprinted in *Legion of Superheroes Archives Volume 1* (DC Comics, resissue edition, 1991). Written by Otto Binder and drawn by Al Plastino.

Page 196 *Adventure # 353* (National Comics, Feb. 1967) written by Jim Shooter and drawn by Curt Swan.

Page 197 *Amazing Spider-Man # 9* (Marvel Comics, Feb. 1963), reprinted in *Marvel Masterworks: Amazing Spider-Man Volume 1* (Marvel Comics, 2003). Written by Stan Lee and drawn by Steve Ditko.

Page 198 "is approximately the same size as a carbon atom..." *Back-of-the-Envelope Physics*, Clifford Swartz (Johns Hopkins University Press, 2003).

Page 200 "Wingless Wizard's anti-gravity discs" First seen in *Strange Tales # 118* (Marvel Comics, March 1964), reprinted in *Essential Human Torch Volume 1* (Marvel Comics, 2003). Written by Stan Lee and drawn by Dick Ayers.

Page 201 *Flash # 208* (vol. 2) (DC Comics, May 2004). Written by Geoff Johns and drawn by Howard Porter.

Page 202 "George de Mestral's investigations..." *Why Didn't I Think of That?*, Allyn Freeman and Bob Golden (John Wiley and Sons, 1997).

Page 202 "Evidence for Van der Waals Adhesion in Gecko Setae," K. Autumn, M. Sitti, Y. A. Liang, A. M. Peattie, W. R. Hansen, S. Sponberg, T. W. Kenny, R. Fearing, J. N. Israelachvili, and R. J. Full, *Proc. National Acad. Sciences* 99, 12,252 (2002).

Page 203 "development of 'gecko tape,'" "Microfabricated Adhesive Mimicking Gecko Foot-Hair," A. K. Geim, S. V. Dubonos, 2, I. V. Grigorieva, K. S. Novoselov, A. A. Zhukov, and S. Yu. Shapoval, *Nature Materials* 2, 461 (2003).

第 17 章　超人教给蜘蛛侠的电学知识

Page 205 *Amazing Spider-Man # 9* (Marvel Comics, Feb. 1963), reprinted in *Marvel Masterworks: Amazing Spider-Man Volume 1* (Marvel Comics, 2003). Written by Stan Lee and drawn by Steve Ditko.

Page 207 *Superman # 1* (National Comics, June 1939), reprinted in *Superman Archives Volume 1* (DC Comics, 1989). Written by Jerry Siegel and drawn by Joe Shuster.

Page 208 *Adventure # 301* (National Comics, Oct. 1962) written by Jerry Siegel and drawn by John Forte.

Page 209 *Amazing Spider-Man Annual # 1* (Marvel Comics, Feb. 1964), reprinted in *Marvel Masterworks: Amazing Spider-Man Volume 2* (Marvel Comics, 2002). Written by Stan Lee and drawn by Steve Ditko.

Page 210 "a comic-book writer would generate a script..." *Man of Two Worlds, My Life in Science Fiction and Comics*, Julius Schwartz with Brian M. Thomsen (HarperEntertainment, New York), 2000.

Page 210 "in 1965, to pick a particular year..." *Comic Book Marketplace # 99* (Gemstone Publishing, Feb. 2003).

Page 210 "With so many stories being created every month..." *Stan Lee and the Rise and Fall of the American Comic Book*, Jordan Raphael and Tom Spurgeon (Chicago Review Press, 2003); *Tales to Astonish: Jack Kirby, Stan Lee and the American Comic Book Revolution*, Ronin Ro (Bloomsbury, 2004).

Page 212 *Daredevil # 2* (Marvel Comics, June 1964), reprinted in *Marvel Masterworks: Daredevil Volume 1* (Marvel Comics, 2004). Written by Stan Lee and drawn by Joe Orlando.

第 18 章　电王跑起来就成了万磁王

Page 213 "a perfect illustration of one of the fundamental..." *Amazing Spider-Man # 9* (Marvel Comics, Feb. 1963), reprinted in *Marvel Master-*

works: Amazing Spider-Man Volume 1 (Marvel Comics, 2003). Written by Stan Lee and drawn by Steve Ditko.

Page 214 "This phenomenon, termed the Ampere effect,..." *Electric Universe: The Shocking True Story of Electricity*, David Bodanis (Crown, 2005).

Page 215 *Daredevil # 2* (Marvel Comics, June 1964), reprinted in *Marvel Masterworks: Daredevil Volume 1* (Marvel Comics, 2004). Written by Stan Lee and drawn by Joe Orlando.

Page 215 "I'll use a nice argument..." *Discovering the Natural Laws: The Experimental Basis of Physics*, Milton A. Rothman (Dover Press, 1989).

Page 216 "The test charge therefore sees..." *Electricity and Magnetism— Berkeley Physics Course* Vol. 2, Edward M. Purcell (McGraw Hill, 1963).

Page 217 *Superboy # 1* (National Comics, Mar.–Apr. 1949). Written by Edmond Hamilton and drawn by John Sikela and Ed Dobrotka.

第 19 章　万磁王跑起来就成了电王

Page 220 *X-Men # 1* (Marvel Comics, Sept. 1963), reprinted in *Marvel Masterworks: X-Men Volume 1* (Marvel Comics, 2002). Written by Stan Lee and drawn by Jack Kirby.

Page 221 Footnote. *Atom # 3* (DC Comics, Oct.–Nov. 1962), reprinted in *Atom Archives Volume 1* (DC Comics, 2001). Written by Gardner Fox and drawn by Gil Kane.

Page 222 "Hemoglobin is a very large molecule..." *The Machinery of Life*, David S. Goodsell (Springer-Verlag, 1998).

Page 222 Footnote. I thank Prof. E. Dan Dahlberg of the University of Minnesota and Dr. Roger Proksh of Asylum Research for demonstrating this low-tech "magnetic force microscope."

Page 224 "Materials that form magnetic domains..." *Magnets: The Education of a Physicist*, Francis Bitter (Doubleday, 1959).

Page 225 "It is through our diamagnetism" "Everyone's Magnetism," Andrey Geim, *Physics Today* 51, p. 36 (Sept. 1998); "Magnet levitation at your fingertips," A. K. Geim, M. D. Simon, M. I. Boamfa, and L. O. Heflinger. *Nature* 400, p. 323 (1999).

Page 225 See the web page for the High Field Magnetic Laboratory at the University of Nijmegen in the Netherlands: http://www.hfml.ru.nl/levitate.html for some great images of levitating objects.

Page 227 "Magnetism is, at its heart,..." *Discovering the Natural Laws: The Experimental Basis of Physics*, Milton A. Rothman (Dover Press, 1989).

Page 229 *The Dark Knight Strikes Again # 1* (DC Comics, 2001). Reprinted in *The Dark Knight Strikes Again* (DC Comics, 2003). Written and drawn by Frank Miller.

Page 229 "Nearly all commercial power plants..." *Energy: Its Use and the Environment,* Roger A. Hinrichs and Merlin Kleinbach (Brooks/Cole, 2002), Third Edition.

第 20 章　X 教授的超级力量

Page 231 "help keep comic-book publishers solvent" *Seal of Approval, The History of the Comics Code,* Amy Kiste Nyberg (University of Mississippi Press, Jackson, Mississippi), 1998.

Page 231 Western comics at DC and Marvel... *Comic Book Culture: An Illustrated History,* Ron Goulart (Collectors Press Inc., 2000); *DC Comics: Sixty Years of the World's Favorite Comic Book Heroes,* Les Daniels (Bulfinch Press, 1995); *Marvel: Five Fabulous Decades of the World's Greatest Comics,* Les Daniels (Harry Abrams, 1991).

Page 232 "It was the Scottish physicist..." *The Man Who Changed Everything: The Life of James Clerk Maxwell,* Basil Mahon (John Wiley & Sons, 2003).

Page 235 "600 million tons of hydrogen nuclei every second..." "The Evolution and Explosion of Massive Stars," S. E. Woolsey and A. Heger, *Rev. Modern Physics* 74, p. 1015 (Oct. 2002).

Page 235 "light generated from a nuclear fusion reaction..." "How Long Does It Take for Heat to Flow Through the Sun?" G. Fiorentini and B. Rici, *Comments on Modern Physics* 1, p. 49 (1999).

Page 236 "While his shattered spine may have left him..." *X-Men # 20* (Marvel Comics, May 1966), reprinted in *Marvel Masterworks: X-Men Volume 2* (Marvel Comics, 2003). Written by Roy Thomas and Drawn by Jay Gavin.

Page 236 "The role of nerve cells..." *Synaptic Self: How Our Brains Become Who We Are,* Joseph LeDoux (Penguin, 2002); I of the Vortex, R. R. Llinas (MIT Press, 2001).

Page 238 "Fish use these organs as a form of radar," "The Shark's Electric Sense," R. Douglas Fields, *Scientific American,* Aug. 2007.

Page 238 *More Fun Comics # 77* (National Comics, Mar. 1942) Written by unknown and drawn by Paul Norris.

Page 238 *X-Men # 7* (Marvel Comics, Sept. 1964), reprinted in *Marvel Masterworks: X-Men Volume 1* (Marvel Comics, 2002). Written by Stan Lee and Drawn by Jack Kirby.

Page 239 "Television signals consist of..." *See The Way Things Work,* David Macaulay (Houghton Mifflin Company, 1988), for an accessible, graphical illustration of the mechanisms underlying television broadcasts and reception, and *How Does It Work?* Richard M. Koff (Signet, 1961), for a more technical discussion.

Page 240 "A sensitive antenna placed near this monitor..." "Electromagnetic Radiation from Video Display Units: An Eavesdropping Risk?," Wim Van Eck, *Computers and Security* 4, p. 269 (1985).

Page 240 Footnote. "Electromagnetic Eavesdropping Risks of Flat Panel Displays" Markus G. Kuhn, presented at the *Fourth Workshop on Privacy Enhancing Technologies*, Toronto, Canada, May 2004.

Page 241 "Neuroscientists have developed a research tool..." "Experimentation with a Transcranial Stimulation System for Functional Brain Mapping," G. J. Ettinger, W. E. L. Grimson, M. E. Leventon, R. Kikinis, V. Gugino, W. Cote et al. *Med. Image Analysis* 2, p. 133 (1998); "Transcranial Magnetic Stimulation and the Human Brain," M. Hallett, Nature 406, p. 147 (2000). A technical overview can be found in *Transcranial Magnetic Stimulation: A Neurochronometrics of Mind*, Vincent Walsh and Alvaro Pascual-Leone (MIT Press, 2003).

第 21 章 微观宇宙之旅

Page 245 *Fantastic Four # 5* (Marvel Comics, July 1962), reprinted in *Marvel Masterworks: Fantastic Four Volume 1* (Marvel Comics, 2003). Written by Stan Lee and drawn by Jack Kirby.

Page 246 *Fantastic Four # 10* (Marvel Comics, Jan. 1963), reprinted in *Marvel Masterworks: Fantastic Four Volume 1* (Marvel Comics, 2003). Written by Stan Lee and drawn by Jack Kirby.

Page 246 *Fantastic Four # 16* (Marvel Comics, July 1963), reprinted in *Marvel Masterworks: Fantastic Four Volume 2* (Marvel Comics, 2005). Written by Stan Lee and drawn by Jack Kirby.

Page 246 *Fantastic Four # 76* (Marvel Comics, July 1968), reprinted in *Marvel Masterworks: Fantastic Four Volume 8* (Marvel Comics, 2005). Written by Stan Lee and drawn by Jack Kirby.

Page 247 *Atom # 5* (DC Comics, Feb./Mar. 1963), reprinted in *Atom Archives Volume 1* (DC Comics, 2001). Written by Gardner Fox and drawn by Gil Kane; Atom # 4 (DC Comics, Dec./Jan. 1962), reprinted in *Atom Archives Volume 1* (DC Comics, 2001). Written by Gardner Fox and drawn by Gil Kane; *Atom # 19* (DC Comics, Jun./Jul. 1965), reprinted in *JLA: Zatanna's Search* (DC Comics, 2004). Written by Gardner Fox and drawn by Gil Kane; Justice League of America # 18 (DC Comics, Mar. 1963), reprinted in *Justice League of America Archives Volume 3* (DC Comics, 1994). Written by Gardner Fox and drawn by Mike Sekowsky; *Brave and the Bold # 53* (DC Comics, Apr.–May, 1964). Written by Bob Haney and drawn by Alexander Toth.

Page 248 "At the end of the nineteenth century,..." *Thirty Years That Shook Physics: The Story of Quantum Theory*, G. Gamow (Dover, 1985).

Page 249 "This is how the surface temperature of the sun..." *Temperatures Very Low and Very High*, Mark W. Zemansky (Dover, 1964).

Page 251 "The fact that the energy of electrons..." *The New World of Mr. Tompkins*, G. Gamow and R. Stannard (Cambridge University Press, 1999).

Page 254 "Imagine an electron orbiting a nucleus..." *The Quantum World*, J. C. Polkinghorne (Princeton University Press, 1984).

Page 256 "The lighter-than-air element Helium..." *Helium: Child of the Sun*, Clifford W. Seibel (University Press of Kansas, 1968).

第 22 章　平行宇宙究竟在哪儿?

Page 259 *Showcase # 4* (National Comics, Oct. 1956), reprinted in *Flash Archives Volume 1* (DC Comics, 1996). Written by Robert Kanigher and drawn by Carmine Infantino.

Page 259 *Flash # 123* (DC Comics, Sept. 1961), reprinted in *Flash Archives Volume 3* (DC Comics, 2002). Written by Gardner Fox and drawn by Carmine Infantino.

Page 261 "The crossover meeting between the Silver Age and Golden Age Flash..." *Man of Two Worlds, My Life in Science Fiction and Comics*, Julius Schwartz with Brian M. Thomsen (HarperEntertainment, 2000).

Page 261 "So popular was this meeting of the two superteams..." See, for example, *Crisis on Multiple Earths* Volumes One, Two, Three (DC Comics, 2002, 2003, 2004).

Page 262 "Billy Batson, who could become a superhero by shouting 'Shazam!'" *DC Comics: Sixty Years of the World's Favorite Comic Book Heroes*, Les Daniels (Bulfinch Press, 1995).

Page 262 "The yearlong miniseries" *Crisis on Infinite Earths* (DC Comics, 2000). Written by Marv Wolfman and drawn by George Perez.

Page 263 "more like those described in the Marvel comic universe" *What If Classics* (Marvel Comics, 2004).

Page 263 "After a great deal of effort" *Thirty Years That Shook Physics: The Story of Quantum Theory*, G. Gamow (Dover Press, 1985).

Page 264 "two points about mathematics" *Euclid's Window: The Story of Geometry from Parallel Lines to Hyperspace*, Leonard Mlodinow (Touchstone, 2001).

Page 265 My *Greatest Adventures # 80* (DC Comics, June 1963), reprinted in *Doom Patrol Archives Volume 1* (DC Comics, 2002). Written by Arnold Drake and drawn by Bruno Premiani.

Page 265 *X-Men # 1* (Marvel Comics, Sept. 1963), reprinted in *Marvel Masterworks: X-Men Volume 1* (Marvel Comics, 2002). Written by Stan Lee and drawn by Jack Kirby.

Page 266 "research of comic-book historians" See, for example, *Comic Book Marketplace # 64* (Gemstone Publications, Nov. 1998).

Page 266 "Another publishing synchronicity" *Back Issue # 6* (TwoMorrows Publishing, Oct. 2004).

Page 267 "While we may not know how Schrödinger" *Schrödinger: Life and Thought*, Walter Moore (Cambridge University Press, 1989).

Page 268 "Given that the average values are the only quantities..." The notion that quantum mechanics is a complete theory that always provides accurate predictions of experimental observations, but does not necessarily describe an external reality, is not universally accepted among physicists. The growing body of experiments on macroscopic quantum behavior would, however, tend to support this interpretation (see "The Quantum Measurement Problem," A. J. Leggett, *Science* 307, p. 871 (2005)).

Page 270 "They posed the following situation..." *Schrödinger's Rabbits: The Many Worlds of Quantum,* Colin Bruce (Joseph Henry Press, 2004).

Page 271 *JLA # 19* (DC Comics, June 1998). Written by Mark Waid and drawn by Howard Porter.

Page 271 "In 1957, Hugh Everett III argued..." *The Many-Worlds Interpretation of Quantum Mechanics,* edited by Bryce S. DeWitt and Neill Graham (Princeton University Press, 1973). Contains a reprint of Everett's Ph.D. thesis and a longer discussion of his ideas, along with articles by other physicists. Interestingly, Everett referred to his theory as involving "Relative States," and it was DeWitt who coined the expression "Many Worlds."

Page 271 Footnote. *Animal Man # 32* (DC Comics, Feb. 1991). Written by Peter Milligan and drawn by Chas Troug.

Page 273 "A gross oversimplification of string theory..." An excellent introduction to String Theory can be found in *The Elegant Universe,* Brian Greene (W. W. Norton, 1999).

Page 273 Footnote. *Strange Tales # 129* (Marvel Comics, Feb. 1965), reprinted in *Essential Dr. Strange Volume 1* (Marvel Comics, 2001). Written by Don Rico and drawn by Steve Ditko.

Page 274 "This may be dangerous;..." See *The Pleasure of Finding Things Out,* Richard P. Feynman (Perseus Books, 1999).

Page 274 "Physicists investigating quantum gravity..." *The Fabric of Reality: The Science of Parallel Universes and Its Implications,* David Deutsch (Penguin, 1997); *Parallel Worlds,* Michio Kaku (Doubleday, 2005).

Page 274 "Recently some scientists have claimed that time travel..." *The Future of Spacetime,* Stephen W. Hawking, Kip S. Thorne, Igor Novikov, Timothy Ferris, and Alan Lightman (W. W. Norton and Company, 2002); *Time Travel in Einstein's Universe,* J. Richard Gott (Mariner Books, 2001).

Page 274 *Superman # 146* (DC Comics, July 1961). Written by Jerry Siegel and drawn by Al Plastino.

Page 278 *Avengers # 267* (Marvel Comics, May 1986), reprinted in *Avengers: Kang—Time and Time Again* (Marvel Comics, 2005). Written by Roger Stern and drawn by John Buscema and Tom Palmer.

第 23 章　幻影猫为什么能够隧穿？

Page 279 *Flash # 116* (National Comics, Nov. 1960), reprinted in *Flash Archives Volume 2* (DC Comics, 2000). Written by John Broome and drawn by Carmine Infantino.

Page 280 Fig. 35 *X-Men # 130* (Marvel Comics, Feb. 1980). Written by Chris Claremont and drawn by John Byrne.

Page 280 "This is an intrinsically quantum mechanical phenomenon..." A mathematical discussion of this phenomenon can be found in *Quantum Theory of Tunneling*, Mohsen Razavy (World Scientific, 2003).

Page 281 Fig. 36 *Flash # 123* (DC Comics, Sept. 1961), reprinted in *Flash Archives Volume 3* (DC Comics, 2002). Written by Gardner Fox and drawn by Carmine Infantino.

Page 282 "Scanning Tunneling Microscope" "The Scanning Tunneling Microscope," *G. Binnig and H. Rohrer*, Scientific American 253, p. 40 (1985); "Vacuum tunneling: A new technique for microscopy." C. F. Quate, *Physics Today* 39, p. 26 (1986); *Solid State Electronic Devices* (5th ed.), Ben G. Streetman and Sanjay Banerjee (Prentice Hall, 2000).

Page 285 *X-Men # 141* (Marvel Comics, Jan. 1981), reprinted in *Days of Future Past* (Marvel Comics, 2004). Written by Chris Claremont and drawn by John Byrne.

Page 286 *Astonishing X-Men # 4* (Marvel Comics, Oct. 2004). Written by Joss Whedon and drawn by John Cassaday.

第 24 章　被固体物理学痛击的钢铁侠

Page 287 "The solid-state transistor is the fountainhead..." *Crystal Fire: Birth of the Information Age*, Michael Riordan (Norton, 1997).

Page 288 *Showcase # 22* (DC Comics, Oct. 1959), reprinted in *Green Lantern Archives Volume 1* (DC Comics, 1998). Written by John Broome and drawn by Gil Kane.

Page 288 *Showcase # 6* (National Comics, Jan.–Feb. 1957), reprinted in *Challengers of the Unknown Archives Volume 1* (DC Comics, 2003). Written by Dave Wood and drawn by Jack Kirby.

Page 288 "The Marvel Age of Comics began..." *Marvel Comics Presents Fantastic Firsts* (Marvel Comics, 2001).

Page 288 *Tales of Suspense # 39* (Marvel Comics, Mar. 1963), reprinted in *Marvel Masterworks: The Invincible Iron Man Volume 1* (Marvel Comics, 2003). Written by Stan Lee and Larry Lieber and drawn by Don Heck.

Page 289 *Iron Man # 144* (Marvel Comics, Mar. 1981). Written by David Michelinie and drawn by Joe Brozowski and Bob Layton.

Page 289 "And boy, did Shellhead..." See *Essential Iron Man Volume 1* and 2 (Marvel Comics, 2000, 2004).

Page 290 "The weapons that were distributed..." *Tales of Suspense # 55* (Marvel Comics, Jul. 1963), reprinted in *Essential Iron Man Volume 1* (Marvel Comics, 2000). Written by Stan Lee and Larry Lieber and drawn by Don Heck.

Page 294 *Iron Man # 132* (Marvel Comics, Mar. 1980). Written by David Michelinie and drawn by Jerry Bingham and Bob Layton.

Page 296 "the phenomenon of diamagnetic levitation..." See the Web page for the High Field Magnetic Laboratory at the University of Nijmegen in the Netherlands: http://www.hfml.ru.nl/levitate.html for some great images of levitating objects.

Page 297 "hand-held pulsed-energy weapons..." "*Star Wars* Hits the Streets," David Hambling, *New Scientist*, no. 2364 (October 12, 2002).

Page 301 "Semiconductor devices are typically constructed..." *Quantum Electronics*, John R. Pierce (Doubleday Anchor, 1966).

Page 302 *Watchmen* (DC Comics, 1986, 1987) written by Alan Moore and drawn by Dave Gibbons.

Page 303 "we all possess cells..." "Dying to See," Ralf Dahm, *Scientific American* 291, p. 83 (Oct. 2004); "Lens Organelle Degradation," Steven Bassnett, *Experimental Eye Research* 74, p. 1 (2002).

Page 303 *Fantastic Four # 62,* (vol. 3) (Marvel Comics, Dec. 2002). Written by Mark Waid and drawn by Mike Wieringo.

Page 308 "on the day Bardeen learned..." *The Chip: How Two Americans Invented the Microchip and Launched a Revolution*, T. R. Reid (Simon & Shuster, 1985).

第 25 章　制服的诱惑

Page 311 Footnote. *Ultimates # 5* (Marvel Comics, Jul. 2002) written by Mark Millar and drawn by Bryan Hitch.

Page 311 "They depended at the time upon their competitor, National Periodicals..." *Men of Tomorrow: Geeks, Gangsters and the Birth of the Comic Book*, Gerard Jones (Basic Books, 2004).

Page 311 *Fantastic Four # 3* (Marvel Comics, Mar. 1962) written by Stan Lee and drawn by Jack Kirby.

Page 312 *Fantastic Four # 7* (Marvel Comics, Oct. 1962) written by Stan Lee and drawn by Jack Kirby.

Page 313 "Carbon achieves the greatest lowering in energy..." *Valence* (3rd ed.) C. A. Coulson (Oxford University Press, 1985).

Page 314 "Liquid crystals are a familiar example..." *Liquid Crystals: Nature's Delicate Phase of Matter* (2nd ed.), Peter J. Collins, (Princeton University Press, 2001).

Page 315 "shape-memory materials undergo a transformation..." *Shape Memory Materials*, K. Otsuka and C. M. Wayman eds. (Cambridge University Press, 2008); *Shape Memory Alloys: Modeling and Engineering Applications*, ed. Dimitris C. Lagoudas (Springer, 2008).

Page 316 "shape-memory thermoplastic polymer for surgical applications...", "Biodegradable, Elastic Shape-Memory Polymers for Potential Biomedical Applications," A. Lendlein and R. Langer, *Science* vol. 296, p. 1673 (2002).

Page 316 "Certain fabrics expand in response...." *Intelligent Macromolecules for Smart Devices*, Liming Dai (Springer, 2004).

Page 316 *Hulk # 1* (Marvel Comics, May 1962) written by Stan Lee and drawn by Jack Kirby.

Page 316 *Tales to Astonish # 60* (Marvel Comics, Oct. 1964) written by Stan Lee and drawn by Steve Ditko.

Page 317 "the Atom had a unique solution to the problem of needing a costume" *Showcase # 34* (National Comics, Sept./Oct. 1961) written by Gardner Fox and drawn by Gil Kane.

Page 318 *Detective Comics # 27* (National Comics, 1939) written by Bill Finger and drawn by Bob Kane.

Page 319 *More Fun Comics # 73* (National Comics, Nov. 1941) written by Mort Weisinger and drawn by George Papp.

Page 319 *Justice League of America # 4* (National Comics, May 1961) written by Gardner Fox and drawn by Mike Sekowsky.

Page 319 "Diamonds are hard to break...," *Valence* (3rd ed.) C. A. Coulson (Oxford University Press, 1985).

Page 321 "It has been said that the British longbow archers..." *The Book of Archery: Being the Complete History and Practice of the Art* George A. Hansard (Henry G. Bohn, 1841); *The History of Archery*, Edmund H. Burke (Greenwood Press Reprint, 1971).

Page 322 Footnote. "Determination of Young's and shear moduli of common yew and Norway spruce by means of ultrasonic waves," D. Kennecke, W. Sonderegger, K. Pereteann, T. Luthi and P. Niemz, *Wood Science and Technology*, vol. 41, p. 309 (2007).

Page 322 "Holless Allen invented the compound bow" "Archery Bow with Draw Force Multiplying Attachments" U.S. Patent no. 3,486,495 (Dec. 1969).

Page 323 "Flaming arrows" *A History of Greek Fire and Gunpowder*, J. R. Partington (Johns Hopkins University Press, 1998); *Greek Fire, Poison Arrows and Scorpion Bombs*, Adrienne Mayor (Overlook TP, 2004).

Page 324 "In 1921, Marston had a B.A.," *Wonder Woman: The Complete History*, Les Daniels (Chronicle Books, 2001).

Page 324 "when only approximately 3.3 percent of the American population had a college degree" *Education of the American Population*, John K. Folger and Charles B. Nam (Ayer Pub., 1976).

Page 325 *All-Star Comics # 8* (National Comics, Dec. 1941) written by Charles Moulton and drawn by Harry G. Peter.

Page 325 *Wonder Woman # 1* (National Comics, Summer 1942) written by Charles Moulton and drawn by Harry G. Peter.

Page 328 "one-of-a-kind alloy of steel and Vibranium" *Captain America # 303* (Marvel Comics, Mar. 1985) written by Mike Carlin and drawn by Paul Neary.

Page 328 "Vibranium is an extraterrestrial material" *Fantastic Four # 52* (Marvel Comics, July 1966) written by Stan Lee and drawn by Jack Kirby.

Page 328 *Avengers # 4* (Marvel Comics, 1964) written by Stan Lee and drawn by Jack Kirby.

Page 328 *Avengers # 66* (Marvel Comics, July 1969) written by Roy Thomas and drawn by Barry Smith.

Page 329 "Daniels' 2001 excellent history" *Wonder Woman: The Complete History*, Les Daniels (Chronicle Books, 2001).

Page 330 *Tales to Astonish # 48* (Marvel Comics, Oct. 1963), reprinted in *Essential Ant-Man Volume 1* (Marvel Comics, 2002). Written by Stan Lee and H. E. Huntley and drawn by Don Heck.

Page 330 *Tales to Astonish # 49* (Marvel Comics, Nov. 1963), reprinted in *Essential Ant-Man Volume 1* (Marvel Comics, 2002). Written by Stan Lee and drawn by Jack Kirby.

Page 330 "Yellowjacket" *Avengers # 59* (Marvel Comics, Dec. 1968), *Avengers # 63* (Marvel Comics, Apr. 1969), reprinted in *Essential Avengers Volume 3* (Marvel Comics, 2001). Written by Roy Thomas and drawn by John Buscema and Gene Colan.

Page 330 "Goliath" *Avengers # 28* (Marvel Comics, May 1966), reprinted in *Essential Avengers Volume 2* (Marvel Comics, 2000). Written by Stan Lee and drawn by Don Heck.

Page 330 *Ultimates # 3* (Marvel Comics, May 2002). Written by Mark Millar and drawn by Bryan Hitch.

Page 331 *Fantastic Four # 271* (Marvel Comics, Oct. 1984). Written and drawn by John Byrne.

Page 331 "Orrgo" *Strange Tales # 90* (Marvel Comics, Nov. 1961). Written by Stan Lee and drawn by Jack Kirby.

Page 331 "Bruttu" *Tales of Suspense # 22* (Marvel Comics, Oct. 1961). Written by Stan Lee and drawn by Jack Kirby.

Page 331 "Googam (son of Goom)" *Tales of Suspense # 17* (Marvel Comics, May 1961). Written by Stan Lee and drawn by Jack Kirby.

Page 331 "Fin Fang Foom" *Strange Tales # 89* (Marvel Comics, Oct. 1961). Written by Stan Lee and drawn by Jack Kirby.

Page 332 Footnote. *On Growth and Form*, D'Arcy Thompson (Cambridge University Press, 1961).

Page 333 *Fantastic Four Annual # 1* (Marvel Comics, 1963), reprinted in *Marvel Masterworks: Fantastic Four Volume 2* (Marvel Comics, 2005). Written by Stan Lee and drawn by Jack Kirby.

Page 334 *Ultimates # 2* (Marvel Comics, May 2002). Written by Mark Millar and drawn by Bryan Hitch.

Page 334 "If you've ever thought that the bubbles..." *200 Puzzling Physics Problems*, Peter Gnädig, Gyula Honyek, and Ken Riley (Cambridge University Press, 2001).

第 26 章　超级英雄的失误

Page 339 "The first young mutant..." See, "Call Him...Cyclops!" in *X-Men # 43* (Marvel Comics, Apr. 1968). Written by Roy Thomas and drawn by Werner Roth.

Page 341 "in the early days of the Golden Age..." *Superman # 1* (National Comics, June 1939), reprinted in *Superman Archives Volume 1* (DC Comics, 1989). Written by Jerry Siegel and drawn by Joe Shuster.

Page 342 "Before long he was lifting..." See *Superman: The Man of Tomorrow Archives Volume 1* (DC Comics, 2004) for a selection of feats of superstrength.

Page 342 "even hold up a mountain..." *Secret Wars # 4* (Marvel Comics, Aug. 1984), reprinted in *Marvel Super Heroes Secret Wars* (Marvel Comics, 2005). Written by Jim Shooter and drawn by Bob Layton.

Page 342 *World's Finest # 86* (National Comics, Jan.–Feb. 1957), reprinted in *World's Finest Comics Archives Volume 2* (DC Comics, 2001). Written by Edmond Hamilton and drawn by Dick Sprang.

Page 343 *Fantastic Four # 249* (Marvel Comics, Dec. 1982), reprinted in *Essential John Byrne Volume 2* (Marvel Comics, 2004). Written and drawn by John Byrne.

Page 344 "two mathematicians, Euler and LaGrange, proved..." Euler, Acta Acad. Sci. Imp. Petropol., pp. 163–193 (1778); G. Greenhill, Proc. Camb. Phil. Soc. 4, p. 65 (1881); *On Growth and Form*, D'Arcy Thompson (Cambridge University Press, 1961).

Page 345 "Just such a fate inevitably befell Stilt-Man..." *Daredevil # 8* (Marvel Comics, June 1965), reprinted in *Essential Daredevil Volume 1* (Marvel Comics, 2002). Written by Stan Lee and drawn by Wallace Wood. *Daredevil # 26* (Marvel Comics, Mar. 1967), reprinted in *Essential Daredevil Volume 2* (Marvel Comics, 2004). Written by Stan Lee and drawn by Gene Colan. *Daredevil # 48* (Marvel Comics, Jan. 1969), reprinted in *Essential Daredevil Volume 2* (Marvel Comics, 2004). Written by Stan Lee and drawn by Gene Colan.

Page 345 "Doctor Octopus, is able to walk." See *Amazing Spider-Man # 3, 11, 12* (Marvel Comics, July 1963, Apr. 1964, May 1964), reprinted in *Essential Spider-Man Volume 1* (Marvel Comics, 2002). Written by Stan Lee and drawn by Steve Ditko.

Page 346 *JLA # 58* (DC Comics, Nov. 2001). Written by Mark Waid and drawn by Mike Miller.

Page 346 *Detective Comics # 225* (National Comics, Nov. 1955) written by Joe Samachson and Jack Miller and drawn by Joe Certa.

Page 348 "A common misconception is that the pressure change..." K. Weltner, *American Journal of Physics* 55, pp. 50–54 (1987).

Page 350 "Birds such as the California condor..." "The Simple Science of Flight: From Insects to Jumbo Jets," Henk Tennekes (MIT Press, 1997).

Page 350 *Avengers # 57* (Marvel Comics, Oct. 1967), reprinted in *Essential Avengers Volume 3* (Marvel Comics, 2001). Written by Roy Thomas and drawn by John Buscema.

Page 352 *Power of the Atom # 12* (DC Comics, May 1989). Written by William Messner-Loebs and drawn by Graham Nolan.

Page 352 *Showcase # 34* (DC Comics, Sept./Oct. 1961), reprinted in

Atom Archives Volume 1 (DC Comics, 2001). Written by Gardner Fox and drawn by Gil Kane.

Page 353 "When you speak, complex sound waves..." *The Way Things Work*, David Macaulay (Houghton Mifflin Company, 1988) has an accessible description of the physics underlying telephones. See also *How Does It Work?* by Richard Mikoff (Signet, 1961).

Page 355 "When a low mass star..." *Astronomy. The Solar System and Beyond* (2nd ed.), Michael A. Seeds (Brooks/Cole, 2001).

Page 356 "Some astrophysicists have suggested..." "Disks of Destruction," Robert Irion, *Science* 307, pp. 66–67 (2005).

后　记

Page 358 *Fantastic Four # 22* (Marvel Comics, Jan. 1964). Reprinted in *Marvel Masterworks: Fantastic Four Volume 3* (Marvel Comics, 2003). Written by Stan Lee and drawn by Jack Kirby.

Page 358 Footnote. *Green Lantern # 24* (DC Comics, Oct. 1963), reprinted in *Green Lantern Archives Volume 4* (DC Comics, 2002). Written by John Broome and drawn by Gil Kane.

Page 358 *JLA # 19* (DC Comics, June 1998). Written by Mark Waid and drawn by Howard Porter.

Page 359 "turned him into a human marionette." *Flash # 133* (DC Comics, Dec. 1962). Written by John Broome and drawn by Carmine Infantino.

Page 359 "if you could travel one thousand years into the past..." In *What If Tale # 33* (Marvel Comics, Jun. 1982), written by Steven Grant and drawn by Don Perlin, Iron Man is trapped back in the days of King Arthur by a double-crossing Doctor Doom. With no way to return to the present, he employs his twentieth-century knowledge of science and engineering to usher in a millennium of worldwide peace and prosperity.

Page 360 "Knowledge is itself the basis of civilization." "To the United Nations," *Niels Bohr, Impact of Science on Society* 1, p. 68 (1950).

Page 361 "A New Model Army Soldier Rolls Closer to the Battlefield," Tim Weiner, *New York Times*, Feb. 16, 2005; "Who Do You Trust: G.I. Joe or A.I. Joe?," George Johnson, *New York Times*, Ideas and Trends, Feb. 20, 2005.

Page 361 *Superman # 156* (DC Comics, Oct. 1962), reprinted in *Superman in the Sixties* (DC Comics, 1999). Written by Edmond Hamilton and drawn by Curt Swan.

Page 361 "Face Front," à la Stan Lee, in practically every Marvel Comic in the 1960s.